*Statistics : An Introduction using R*
*Second Edition*

# 統計学：
# R
## を用いた入門書
### 改訂 第2版

Michael J.Crawley 著

野間口謙太郎・菊池泰樹 訳

共立出版

***Statistics: An Introduction Using R, 2nd Edition***
by Michael J. Crawley

© 2015 John Wiley & Sons, Ltd

The right of the author to be identified as the author of this work has been asserted in accordance with the Copyright, Designs and Patents Act 1988.

All Rights Reserved. Authorised translation from the English language edition published by John Wiley & Sons Limited. Responsibility for the accuracy of the translation rests solely with Kyoritsu Shuppan Co., Ltd. and is not the responsibility of John Wiley & Sons Limited. No part of this book may be reproduced in any form without the written permission of the original copyright holder, John Wiley & Sons Limited.

Japanese edition published by KYORITSU SHUPPAN CO., LTD.

# 第2版・訳者まえがき

　原著初版は，モデル単純化の原則に則って，さまざまなデータへの線形モデルあるいは一般化線形モデルの具体的当てはめを，初心者向けに丁寧に紹介していることで好評を得ていた．本著はその第2版の翻訳である．

　原著第2版は，訳者の見るところ，初版の3割強が改訂された．主立った変更点を挙げると

1. 本書を開いてみるすぐに分かるが，多色刷りになった．Rのコマンドや変数は赤色で，実行結果は青色で表示され，視覚的に分かりやすい．
2. 初版の第7章は削除された．そこには，モデル当てはめのためのRの関数の解説と引数の指定の仕方，またモデル式の与え方などがまとめられていた．これらは必要かつ適切な章に分散されて記述されることになり理解しやすいものになった．
3. 第12章に離散型応答変数を一般化線形モデルで扱うための概説が追加された．そのため，全体の総章数には初版と第2版で違いはない．
4. 付録は全面的に書き換えられた．初心者向けのRの易しい入門として最適である．

　初版の翻訳においては，原著者の承諾を得て，原著の記述を少々変更している．今回の翻訳においても初版に改訂のなかった部分に関しては，訳者による変更をほぼそのまま継承した．ただし，変更個所が分かるように，なるべく訳注を入れるようにしてある．訳文も全面的に見直している．原著第2版で改訂された部分に関しては，今回は原文に則してそのまま訳出するように努めた．そのため，翻訳者の所感等は訳注として記述するに留めている．ただし，日本語版は黒・赤・青の三色刷りとしたため，原著でその三色を用いて表せない図などは彩色等の変更を行っている．そのRコマンドも変更している．

　最後に，今回も共立出版の皆様にはお世話になりました．特に，担当の三浦拓馬氏には丁寧に全文に目をとおしてもらい，貴重なご意見を多々頂きました．本書はより親しみやすいものになりました．感謝します．

2016年3月　　　　　　　　　　　　　　　　　　　　　　　　　　　　野間口謙太郎・菊池泰樹

# 第1版・訳者まえがき

## 始めに

本書は Michael J. Crawley 著：*Statistics: An Introduction using R* の翻訳である．訳者の1人は以前，『一般線形モデルによる生物科学のための現代統計学』(A. Grafen and R. Hails 著，共立出版 (2007年)) の訳出にかかわっている．この本も初心者向けの快著であると考えているが（拙訳ながら，是非御一読をお勧めする），惜しむらくは線形モデルが主に扱われているだけという点と，それを扱う標準的な統計プログラムパッケージが，高価であまり日本でなじみのない MiniTab であるという点に少々不満が残った．書名にある一般線形モデルとは，回帰分析と分散分析が本質的には同じ手法であるとみなす，いわゆる線形モデルと呼ばれるものである（本当は，一般という言葉は付けない方が良いのかもしれない）．しかし昨今，データ解析の流れは一般化線形モデルと呼ばれるさらに拡張されたモデル群を利用するようになってきている．また，世間からはフリーの統計解析ソフトである R の快進撃が聞こえてくる．そのため，この2点を補い易く解説したものはないだろうかと考えていた．たまたま目にした Crawley の本書がその目的にぴったりと当てはまり，その平易で丁寧な書きっぷりが気に入って翻訳を思い立った次第である．また，著者の「まえがき」にあるように，本書に記載されている統計処理，グラフィクス作成のための R の実行コード，サンプルデータが著者のウェブサイトからダウンロードできることも魅力的である．

## 本書の概要

本書で前提とする数学的知識は2次関数の取扱い程度で，それが理解できれば数学的には十分である．さらに，指数関数とその逆関数である対数関数の知識があれば事前の数学的素養としては完璧である．もちろん，高度な数学を用いた統計学の結果を利用はするのであるが，その具体的な計算はフリーソフト R に任せて，読者はその解釈に集中せよと教える．統計学の煩雑な数値計算に悩まされることなく，統計学の基本的な考え方になじめるような構成になっている．

第1章から第6章までは，統計学の基本中の基本の解説である．データの出現する中心的な値とその散らばりを表わす変動が重要であることや，1標本データと2標本データの取扱いが解説される．第7章には R での統計モデルの取扱い方の一般的な解説が置いてあるが，最初は読み流す程度にして，必要になったときに辞書的に該当する箇所を参照するとよいだろう．第8章以降を理解するのにすべてが絶対必要というものではない．とりあえずは，モデル式の R での表記法が理解できればよいだろう．第8章から第12章までは線形モデルの解説である．

（重）回帰・分散分析・共分散分析などを扱う．第13章以降は一般化線形モデルの解説である．離散データに回帰モデルを当てはめるときの考え方など現代的なデータ解析の概要を知ることができる．これらの解析法のすべてにRのコードが付いているから，実際にRで実行することにより，実践的な理解が得られると思う．

付録にはRの簡単な解説がある．まったくRに不慣れな方も，その前半部分を解説に従い実行してみるだけで，慣れないRに対する不安感の大部分が解消するのではないだろうか．後半部分で紹介してあるコマンドのなかには，本文を読むのには必ずしも必要としないものも含まれているが，実行してみるとRの表現力の豊かさが楽しめるだろう．

## Rのインストール

原著では，Rのインストールについて細かく解説はしていない．CRAN プロジェクトのウェブサイトを紹介しているだけである．本書でも，日本語版Rのインストールについては，Rユーザの情報交換のためのウェブサイト RjpWiki

http://www.okada.jp.org/RWiki/

を紹介するに留めたいと思う．そこにある [Rのインストール] を参考にしてほしい．丁寧にインストール法が解説してある．迷うところはほとんど無いだろうから，屋上屋を重ねるような本書での解説は控えることにする．

## ホームページ

本書のサポートページとして下記のウェブサイトを開設している．誤植などの訂正，原著からの変更点，統計的発展事項，数学的補遺などについて随時更新していく予定である．ご参考になれば幸いである．

http://www.am.nagasaki-u.ac.jp/gen/tigers/crawley/

## 翻訳に関して

本書は原著と少々異なる所がある．すべて著者の許可をとって変更した．主なものは以下のとおりである．

- Rのコードには，Rのプロンプトである > や + を追加した．これは訳者達の気分である．
- 原著では和を

$$\sum (y - \bar{y})^2, \quad \sum_{i=1}^{k} \sum (y - \bar{y}_i)^2$$

などのように記述してあるが，これらを適宜

$$\sum_{i=1}^{n}(y_i-\bar{y})^2, \quad \sum_{i=1}^{k}\sum_{j=1}^{n}(y_{ij}-\bar{y}_i)^2$$

のように書き換えた．日本の読者にはたぶんこの方が分かりやすいと考えたからである．
- 原著にある第 6 章の Box をいくつか省略し，その言わんとする所を本文中に書き込んだ．その方が数学的に正確になり，理解しやすくなるだろうと考えたからである．また，第 8 章でも Box の記述を少々書き換えたり，省略したものもある．これも数学的な理由からである．
- 原著では R 1.8.1 に基づいて，本書では R 2.5.1 に基づいて記述されている．このバージョンの違いによる出力の相違については，次のように処理した．
  - `plot(model)` による出力では R 1.9.0 以降ではデフォルトでクック距離を出力しない．原著本文の解説に合わせるため，該当箇所を `plot(model, which = 1:4)` のように変更した．`which = 1:4` を省略した出力と比較してほしい．
  - `wilcox.test` などの出力も変更になっている．新しい方を採用した．
- 図については以下のような変更を行っている．
  - 図番号を付け，キャプションを付けた．その方が本文で参照しやすいと考えたからである．
  - 本文中，あるいは別行仕立てで R のコードが記述されているものについてはその図を追加した．逆に R のコードが省略してある図についてはそのコードを追加した．
  - par による表示形式の変更は必ずデフォルトに戻すよう `par(mfrow = c(1,1))` を追加した．
- その他，原著の明らかな誤りについても著者の了解を得た上で修正している．
- 読者の理解の一助にと，原著にはない脚注を適宜挿入している．脚注はすべて訳者によるものである．

おおよそこのような変更であるが，原著と比較しながら読まれる場合は，以上の点について考慮してほしい．原著の良さは一切損なっていないと考えているが，その稚拙な所にお気づきになられた場合は，お知らせいただければ幸いである．サポートページで公開するほか，改訂版が出せるようならば（？），その際に修正したいと考えている．

## 訳語について

専門用語にどのような訳語を与えるか，非常に迷うところである．本文を読まれて何の事だと戸惑われないよう，前もって主なものについて解説しておく．

- deviance：本質的には最大対数尤度の $-2$ 倍のことであるが，まだ適切な訳が無いようである．尤離度と訳される場合もあるようであるが，その直訳的な意味合いから，逸脱度とした．
- factor：因子または要因と訳される．統計全般では，最近は要因と訳される方が多いように感じるのであるが，R 関係の書籍では因子と表現する方が圧倒的に多いようである．しかし，本書では訳者の好みにより要因と訳している．
- generic function：統括関数とした．例えば plot 関数は，引数に与えられたオブジェクトに

依存して，さまざまな表示をしてくれる．それは，`plot` 関数がオブジェクトの型から判断して，それに適したプロットを行う関数をさらに呼び出して表示するように命じるからである．その意味合いから，統括という名を与えた．全称関数と表現することも多いようである．

- aliasing：別名表記とした．母数の表記に最小限必要な個数よりも多くの母数名を用いることがある．そうならざるを得ないという場合もあるが，多くの場合はその方が便利だからという理由からである．そのとき，他の母数の値が定まると，ある母数の値も定まってしまうということになる．つまり，その後者の母数は別名のもので表記されることになるので，別名表記と訳した．

- subscript：言葉としては単にベクトル・行列などでの要素の位置を与える添字のことであるが，R ではその操作の意味合いが少々加わる．添字を利用した，ベクトル・行列の要素の取扱い易さは，R のもつ大きな魅力の 1 つである．そこで，そのような取扱い全般を指して添字選択と訳した．

## 謝辞

翻訳としては，少々原著に手を入れすぎたかもしれません．しかし，著者 M.J.Crawley 氏の快諾も得られました．ここに，深く感謝致します．また，共立出版（株）の國井和郎氏には，翻訳の構想段階からいろいろとお世話になりましたが，特にこの件に関してはハラハラされたのではないかと憶測致します．ご心配をおかけしましたことも含め，感謝の意を表したいと思います．

2008 年 3 月

野間口謙太郎・菊池泰樹

# 著者まえがき

　本書は，数学や統計学の基礎知識をほとんど，あるいはまったくもたない学生向けに統計解析を紹介する．読者としては，理学，工学，医学および経済学部の1学年あるいは2学年の学生を想定している．もちろん，すでに履修済みの学生でも，またその知識を十分にもっている学生でも，統計学をもう一度勉強しなおしたいとか，Rという新しい強力な言語に乗り換えたいと考えているならば，大歓迎である．

　多くの学生にとって，大学での全履修期間を通して，統計学は最も人気のない講義である．この理由の1つに，学生の一部は計算がまったくできないと信じ込んでいて，受講科目を選択する際に少しでも計算に関係がありそうだとその履修を避けたがる，というものがある．そのため，統計学が必修科目であると知ると，うろたえてしまうのである．またこの問題のもう1つの理由は，統計学を教えている教師の側にもある．統計学の教材のいくつかは統計家でない者にはどれほど難しいものなのか理解していないことも多いからである．そうなると学生達はしばしば，込み入った問題点を理解しようとせずに，それらをどのように扱えばよいのか考えたりすることを放棄して，解析法の料理本的学び方に陥ってしまうのである．

　本書で採用した方針には，実質的に統計理論を含めなかった．代わりに，いろいろな統計モデルの設定に関して詳細に議論している．そのため，統計モデルを実践的に厳しく吟味するということを推奨している．また，モデルの単純化という考え方を進展させている．特に，データから効果の大きさを推定し，その推定値に対して信頼区間を定めるということに力点を置いている．そこでは，$\alpha = 0.05$のように任意に設定された有意水準での検定の役割は低いものになる．本書の内容は基礎の基礎から始めるので，統計学や数学の基礎知識をまったく仮定しないで記述している．

　講義に関して言えば，ここでの背景となる教育内容は一連の1時間授業で覆えるものである．そのとき，コンピュータに自ら向かって学習する学生には，実際的な演習や自宅学習の手引きとしてこの本が使えるだろう．私の経験によると，その内容は10時間から30時間の講義で扱える．これらは，学生の基礎知識や，達成させたい水準に依存している．その演習も，おおよそ1.5時間の10コマあるいは15コマでできるように意図してある．これもまた，学習内容の広さや深さに関係しているし，学生がコンピュータを使って学習するときに1対1の補助がどれほど付くかにもよっている．

　統計計算用の言語であるRは面白い履歴をもっている．まず，AT&Tのベル研究所においてRick Becker, John ChambersおよびAllan WilksによってS言語が開発された．Rはそれに端を発している．S開発の目的は，モデル当てはめのための強力な機能と洗練されたグラフィクスを結合させたい，と望む専門的統計家のためにソフトウェアによる道具を提供すること

あった．そのSは3つの要素から成り立っている．まず第一に，Sは統計モデル構成のための強力な道具である．データにモデルを指定して当てはめ，その当てはまりの良さを評価し，その推定値，標準誤差，モデルから導かれる予測値などを表示できる．また，データを定義し取り扱うための手続きも備えている．しかし，モデルを構成するとき，そのやり方が既成のものとして確立されているわけではない．モデル当てはめの全過程において，あくまでも利用者の判断が最優先されることになる．第二に，Sはデータ探索に用いることができる．データを数表化したり，並べ替えたり，散布図を描いてデータのもつ傾向を探したり，外れ値の存在を視覚的に調べたりすることができる．第三に，複雑な算術式を評価するために高機能の計算機として，さらには大規模データの計算を行うための柔軟かつ一般的なオブジェクト指向のプログラミング言語として利用できる．ベクトル（数値の並び）を扱うとき，その取り扱い方はSのもつ大きな強みの1つである．これは，一般的な式表現，つまり和などの計算式，不等式などの関係式，対数や確率の積分などの変換演算と組み合わせて利用できる．よく用いられる一連の命令をまとめて関数を作る能力は，Sをして強力なプログラミング言語たらしめている．利用者の具体的な統計上の要求に答えて仕立てるのに理想的なほどに適している．通常と異なる扱いにくいデータを処理するときにも特に便利である．なぜならば，釣り合っていない反復，欠損値，直交していない計画などの問題にうまく対処する柔軟性をもっているからである．さらには，独自のアイデアを育て上げ，新しい概念へと発展させるためにも，Sの開かれた様式は特に適している．Sを学ぶことの大いなる利点の1つは，Sの根底にある単純な概念が，統計的思考法を一般的に学ぶための統一的な枠組みをもたらしている，というところにある．一般的な文脈において特定のモデルを眺めることにより，Sは統計的な手法間にある根本的な類似性を浮かび上がらせて，表面的な違いに惑わされないよう助けてくれるのである．SはS-PLUSに発展し，市販されることになった．しかし，ここで問題が生じた．S-PLUSが非常に高価だったのである．特に，多くの学生の授業用にライセンス供与される大学用は異常に高価であった．そのため，ニュージーランドのオークランド大学に所属する2人の統計学者，Ross IhakaとRobert Gentlemanが講義用にとSの簡略版を書くことを決意した．アルファベットのRは「Sの直前」にある．また，2人の頭文字も'R'である．これらが相俟って，その創作物にRと名付けるのに，これほど自然なものがあっただろうか？ Rのソースコードは，一般公的使用許諾規約（General Public License）の下，1995年に公開されている．そして，コアチーム（R Core Team）は迅速に15名へと拡大され（下記のウェブサイトで確かめることができる），Ver.1.0.0が2000年2月29日に公開されることになった．本書はVer.3.0.1に基づいて書かれている．しかし，すべてのコードはそれよりも古いバージョンでも実行可能だろう[1]．

現在，全世界的に互いに関数を交換し合うようなRユーザーの巨大なネットワークが存在する．そこでのデータやプログラムを含んだパッケージ群は巨大な資産となっている．また，The R Journal（以前のR News）と呼ばれる有益なジャーナルも存在し，CRANで読むことができる．Rを用いて得た成果を公表する場合は，R Core Teamを引用すべきである．例えば次のように引用するとよい．

---

[1] 訳出にあたってはR 3.2.2で実行を確認した．2016年1月時点で公開されている最新版はR 3.2.2である．

R Core Team (2014). *R: A Language and Environment for Statistical Computing*, R Foundation for Statistical Computing, Vienna. Available from http://www.r-project.org/.

Rはオープンソース化されているので，自由にダウンロードできる．Googleで，CRANと入力することにより，ダウンロードできる最寄りのサイトを見つけることができるだろう．あるいは，直接次を訪れてもよい．

http://cran.r-project.org

本書も自身のウェブサイトをもっている．

http://www.imperial.ac.uk/bio/research/crawley/statistics

ここでは，本書で使われるすべてのデータファイルを入手できる．ハードディスクにダウンロードすると，本文で記述されたすべての例を実行することができる．本文内の実行可能文は`CourierNew`フォントを用いて赤色で表記してある．各章ごとにすべての命令を含んだファイルがあるので，本文から読み取って打ち込む必要が無く，それらのコードを直接Rに貼り付けることができる．また，統計解析の広範囲を覆った，十分に工夫した独立的な12個の実習用のセッションも用意してある．Rの学習は容易ではないかもしれないが，その基本を修得するために費やした努力を後悔することはないだろう．

Michael J. Crawley<br>
Ascot<br>
April 2014

# 目　次

第2版・訳者まえがき　　　　　　　　　　　　　　　　　　　　　　　　i

第1版・訳者まえがき　　　　　　　　　　　　　　　　　　　　　　　　iii

著者まえがき　　　　　　　　　　　　　　　　　　　　　　　　　　　　vii

## 第1章　基　本　　　　　　　　　　　　　　　　　　　　　　　　　1

　すべては変動する ....................................... 2
　有意性 ................................................ 3
　良い仮説，悪い仮説 ..................................... 3
　帰無仮説 .............................................. 3
　$p$ 値 ................................................. 4
　解釈 .................................................. 4
　モデル選択 ............................................ 5
　統計モデル ............................................ 5
　最大尤度 .............................................. 6
　実験計画 .............................................. 8
　節約の原則（オッカムの剃刀） ............................ 9
　観測，理論，実験 ....................................... 9
　管理 .................................................. 9
　反復：「平均」を正当化する $n$ 個のもの ................... 10
　何回の反復が必要か？ ................................... 10
　検出力 ................................................ 11
　無作為化 .............................................. 12
　強い推測 .............................................. 15
　弱い推測 .............................................. 16
　どこまで続けるか？ ..................................... 16

|  |  |
|---|---|
| 擬似反復 | 17 |
| 初期状態 | 18 |
| 直交計画と非直交観測データ | 18 |
| 別名表記 | 18 |
| 多重比較 | 19 |
| R における統計モデルのまとめ | 20 |
| 作業の組織化 | 21 |
| R での段取り | 22 |
| 参考文献 | 24 |
| 発展 | 24 |

## 第2章　データフレーム　　25

|  |  |
|---|---|
| データフレームの一部分を選択する：添字選択 | 28 |
| ソート（並べ替え） | 30 |
| データフレームの要約 | 32 |
| 説明変数による要約 | 33 |
| 最初にすべきことは真っ先に：自分のデータをまず知ろう | 34 |
| 関係 | 38 |
| 連続変数間の交互作用を探る | 40 |
| 重回帰分析を補助してくれるグラフィックス | 42 |
| カテゴリカル型変数を含む交互作用 | 43 |
| 発展 | 45 |

## 第3章　さまざまな中心値　　47

|  |  |
|---|---|
| 発展 | 55 |

## 第4章　分　散　　57

|  |  |
|---|---|
| 自由度 | 60 |
| 分散 | 61 |
| 分散：計算例 | 63 |
| 分散と標本数 | 66 |
| 分散を用いる | 68 |
| 非信頼度の指標 | 68 |
| 信頼区間 | 69 |

| | | |
|---|---|---|
| | ブートストラップ | 70 |
| | 分散の非均一性 | 73 |
| | 発展 | 74 |

## 第 5 章　1 標本データ　75

| | | |
|---|---|---|
| | 1 標本データの要約 | 75 |
| | 正規分布 | 79 |
| | 正規分布の $z$ 変換を用いた計算 | 86 |
| | 1 標本問題における正規性検定のためのプロット | 89 |
| | 1 標本データに関する推測 | 91 |
| | 1 標本仮説検定問題におけるブートストラップ法 | 91 |
| | スチューデントの $t$ 分布 | 93 |
| | 高次のモーメント | 94 |
| | 歪度 | 95 |
| | 尖度 | 97 |
| | 参考文献 | 98 |
| | 発展 | 98 |

## 第 6 章　2 標本データ　99

| | | |
|---|---|---|
| | 2 つの分散の比較 | 99 |
| | 2 つの平均の比較 | 101 |
| | スチューデントの $t$ 検定 | 102 |
| | ウィルコクソンの順位和検定 | 105 |
| | 対標本データの検定 | 107 |
| | 2 項検定 | 109 |
| | 2 つの比率を比較する 2 項検定 | 111 |
| | 分割表データに関する $\chi^2$ 検定 | 111 |
| | フィッシャーの正確確率検定 | 116 |
| | 相関と共分散 | 118 |
| | 変数間の差の相関と分散 | 120 |
| | 階層に依存した相関 | 121 |
| | 参考文献 | 123 |
| | 発展 | 123 |

## 第 7 章　回帰　　125

線形回帰　127
R での線形回帰　128
線形回帰に関係する計算　134
回帰における平方和の分解：$SSY = SSR + SSE$　138
適合度の指標：$r^2$　145
モデル検査　146
変換　148
多項式回帰　153
非線形回帰　156
一般化加法モデル　160
影響　162
発展　164

## 第 8 章　分散分析　　165

1 元配置分散分析　165
簡便な計算式　171
処理効果の大きさ　174
1 元配置分散分析を解釈するためのプロット　177
要因実験　183
擬似反復：入れ子の計画と分割区画　190
分割区画実験　190
変量効果と入れ子の計画　193
固定効果それとも変量効果？　194
擬似反復の除去　194
経時データの解析　194
要約変数の分析　195
擬似反復の取り扱い　196
分散成分分析　200
参考文献　201
発展　201

## 第 9 章　共分散分析　　203

発展　211

## 第 10 章　重回帰　　213

モデル単純化の各段階 ................................. 215
警告 ................................................ 216
除去の順番 .......................................... 216
重回帰の例 .......................................... 217
さらに扱いにくい例 .................................. 224
発展 ................................................ 232

## 第 11 章　対比　　235

対比係数 ............................................ 236
R での対比の取扱い例 ................................ 237
事前対比 ............................................ 238
処理対比 ............................................ 240
段階的に減少させるモデル単純化 ...................... 242
対比平方の和の手計算 ................................ 245
3 種類の対比の比較 .................................. 247
参考文献 ............................................ 247
発展 ................................................ 248

## 第 12 章　いろいろな応答変数　　249

一般化線形モデルの導入 .............................. 251
誤差構造 ............................................ 252
線形予測子（Linear Predictor） ...................... 252
適合値 .............................................. 253
変動の一般的な指標 .................................. 253
連結関数 ............................................ 254
標準連結関数 ........................................ 255
モデル適合度を測る赤池情報量規準（AIC） ............. 255
発展 ................................................ 256

## 第 13 章　計数データ　　257

ポアソン誤差を仮定した回帰 .......................... 257
計数データの逸脱度分析 .............................. 260

分割表のもつ危険性 .................................................. 268
　　　計数データにおける共分散分析 ...................................... 271
　　　頻度分布 ............................................................ 275
　　　発展 ................................................................ 280

# 第 14 章　比率データ　　　　　　　　　　　　　　　　　　　　281

　　　1 標本あるいは 2 標本比率データの解析 ............................. 282
　　　比率データの平均 .................................................... 282
　　　比率としての計数データ ............................................. 282
　　　オッズ（Odds） ..................................................... 284
　　　過分散と仮説検定 .................................................... 286
　　　応用 ................................................................ 287
　　　2 項誤差を仮定したロジスティック回帰 ............................. 287
　　　カテゴリカル型の説明変数を複数個もつ比率データ .................. 291
　　　2 項データの共分散分析 ............................................ 295
　　　発展 ................................................................ 300

# 第 15 章　2 項応答変数　　　　　　　　　　　　　　　　　　　　301

　　　発生関数 ............................................................ 302
　　　2 項応答変数の共分散分析 .......................................... 307
　　　発展 ................................................................ 314

# 第 16 章　死亡および故障データ　　　　　　　　　　　　　　　　315

　　　打ち切りをもつ生存解析 ............................................. 318
　　　発展 ................................................................ 321

# 付録 A　R 言語の基礎　　　　　　　　　　　　　　　　　　　　323

　　　電卓としての R ..................................................... 323
　　　組込み関数 .......................................................... 324
　　　指数部をもつ数値 .................................................... 325
　　　mod と整数部 ....................................................... 326
　　　付値（代入） ........................................................ 326
　　　数値の丸め .......................................................... 327

| | |
|---|---|
| 無限大と数ではないもの（NaN） | 327 |
| 欠測値（NA） | 328 |
| 演算子 | 329 |
| ベクトルの生成 | 330 |
| ベクトル内の要素の名前 | 330 |
| ベクトル関数 | 331 |
| ベクトルの要素を群別して要約する | 331 |
| 添字と添字選択 | 333 |
| ベクトルに対する論理的添字選択の例 | 333 |
| ベクトル内の番地 | 335 |
| 負の添字選択によるベクトル要素の削除 | 336 |
| 論理計算 | 336 |
| 繰返しの生成 | 336 |
| 要因水準の生成 | 337 |
| 等差数列の生成 | 338 |
| 行列 | 339 |
| 文字列 | 340 |
| R での関数の作成 | 341 |
| 1 標本データの算術平均 | 342 |
| 1 標本データの中央値 | 342 |
| ループと反復 | 343 |
| `ifelse` 関数 | 344 |
| `apply` 関数を利用した関数計算 | 345 |
| 等号の検出 | 346 |
| 型の検査と強制変換 | 346 |
| 日付と時刻（日時データ） | 348 |
| 日付と時刻データを使った計算 | 352 |
| `str` 関数を用いて R オブジェクトの構造を理解する | 353 |
| 参考文献 | 356 |
| 発展 | 356 |

## 索引　　357

# 第1章

# 基 本

　とにかく始めること，統計解析ではこれがいちばん難しい．中でもとりわけ難しいのは，適切な統計解析法を選択するときである．扱っているデータの性質にもよるし，解決したい固有の問題にもよる．真実は，「経験に勝るものはない」という言葉の中にあるのかもしれない．過去に幾度となく適切に処理できているならば，やるべきことも分かるというものだろう．

　扱う**応答変数**（**response variable**）や**説明変数**（**explanatory variable**）がどのようなものなのか，これらを理解することが重要である．応答変数は作業の対象であり，その変動を理解したいと願う変数である．この変数はグラフで言えば $y$ 軸（縦軸）に置かれ，説明変数は $x$ 軸（横軸）に置かれる．応答変数の変動のどれぐらいが説明変数の変動に関連付けられるのかという点に興味がある．連続型の測定値とは高さや重さのように任意の実数値をとるような変数である．カテゴリカル型の変数とは 2 **水準**（**level**）以上の値をとる**要因**（**factor**）のことである．例えば，虹の色は 7 水準（赤，橙，黄，緑，青，藍，紫）をもつ要因である．

　以下のことを確かめておくことは重要である．

- どの変数が応答変数なのか
- どの変数が説明変数なのか
- 説明変数は連続型かカテゴリカル型か，それともそれらが混在しているのか
- 応答変数の種類は何か，連続型の測定値か，計数か，比率か，死亡に至るまでの時間か，それともカテゴリカル型の要因か

このような単純な問いかけに答えることにより，適切な統計手法にたどり着ける．

1. 説明変数（次のどれかを選択する）

    (a) すべての説明変数が連続型 　　　　　　　　　　　　　　　　　　　　　回帰
    (b) すべての説明変数がカテゴリカル型 　　　　　　　　　　　　分散分析（ANOVA）
    (c) 説明変数に連続型とカテゴリカル型が混在 　　　　　　　　共分散分析（ANCOVA）

2. 応答変数（次のどれかを選択する）

    (a) 連続型 　　　　　　　　　　　　　　　　　　　　　回帰，分散分析，共分散分析
    (b) 比率 　　　　　　　　　　　　　　　　　　　　　　　　　　　　ロジスティック回帰
    (c) 計数 　　　　　　　　　　　　　　　　　　　　　　　　　　　　　対数線形モデル

|  |  |
|---|---|
| (d) 2値 | **2値ロジスティック解析** |
| (e) 死亡に至るまでの時間 | **生存解析** |

前もって理解しておいた方が良い，核となる概念がある．いろいろな統計モデルを詳しく見ていく前に，まずはそれらについて説明しておこう．

## すべては変動する

同じものを2回測定したとしよう．そのとき，2つの異なった値が得られるに違いない．異なる時間に同じものを測れば，異なる値になる．物は時間と共に変化するからである．異なる個人を測定すると，遺伝的な理由や環境的な理由から（氏と育ちの違いによって）異なることだろう．異質であるということが普通である．空間的異質性とは場所がただ異なっているだけであり，時間的異質性とは時間が異なっているだけである．

すべてのものが変動するので，物事は変動を伴って出現するものだと納得するだけでは面白くない．科学的に興味のもてる変動と，ただ単に背後にある異質性を反映しているだけの変動とを区別する方法が欲しいのである．それが，統計学を必要とする理由であり，本書を通して扱いたいものである．

科学的に面白いことが何も起こっていないときに，偶然のみによって引き起こされる変動量というものがカギとなる概念になる．偶然によって期待される変動よりも大きなものが測定されたとき，その結果は統計的に有意であると呼ばれる．偶然のみにより合理的に予測できる変動しか測定できなかったならば，その結果は統計的には有意でないと呼ぶ．このとき，その結果が重要でないと言いたいのではない．このことを理解しておくことは重要である．2種類の薬を使った療法において，人間の寿命に有意な違いは生じないと結論が出たならば，それはそれで非常に重要な結論だろう（特に，それにかかわる患者においては）．有意でないということは，「違いがない」ということと同値ではない．有意性が見られないということは，ただ単に，実験の反復数が少なすぎただけのことかもしれない．

ところで，何も本当に起こっていないのなら，そのときもそのことを知りたいのである．$y$と$x$の間に関係がないと合理的に確かめられるならば，物事はより単純になるというものである．学生によっては，「有意な結果のみが良い結果である」と考えるかもしれない．「AはBに有意な影響を与えない」と示されると，研究が何か失敗したような気持ちになるのだろう．人間の性として理解できない過ちではないが，良い科学的態度であるとは言いがたい．どちらであるにせよ，真実を知りたいということが重要である．結果として起こることにあまりにも思い込みが有り過ぎてもいけない．それが道徳的に超越した態度であると言いたいのではなく，そうすることでたまたま科学が最もうまく機能してきたからである．もちろん，科学者達が真にとるべき態度がこれであると主張するのはあまりにも観念的であるかもしれない．ある特殊な実験結果が統計的に有意であると堅く信じ，その結果高名な専門雑誌ネイチャーに論文を公表できることになり，そして昇進したといった科学者もいることだろう．しかし，それですべてが正当化できるというわけでもないだろう．

## 有意性

結果は**有意**（significant）である，と言うとき一体何を意味しているのだろうか？ 普通の辞書によれば，「有意」の定義は「意味があること」，あるいは「印象的であること，魅力的な深くて明瞭に述べられない意味合いを含意する，あるいは示唆する」とある[1]．しかし，統計学においては，実に明確明瞭なものを意味している．「その結果は偶然に起こっているようではない」ということを意味している．さらに詳しく述べると，「帰無仮説が正しいならば，起こるようなものではない」ことを意味している．そこには2つのものが関係している．「ようではない」という言葉と「帰無仮説」という言葉の意味を正確に知る必要がある．「ようではない」で何を意味するのか統計学者の間では慣習的に合意ができている．5％以下の確率で起こるような事象に対して使うのである．このようにあらかじめ定められた確率を**有意水準**（**significant level**）と呼ぶ．また，一般的には，「帰無仮説」とは「何も特別なことは起こっていない」ことを意味しているので，その反対は「何か特別なことが起こっている」ということを意味することになる．

## 良い仮説，悪い仮説

良い仮説とは**棄却**（reject）される可能性のある仮説であると最初に指摘したのはカール・ポパー（Karl Popper）である．**良い仮説とは反証可能な仮説である**と主張した．次の2つの言明について考えてみよう．

A．その公園にはハゲタカがいる
B．その公園にはハゲタカはいない

どちらも本質的には同じことについて述べている．しかし，一方は反駁できるが，もう一方はできない．言明Aをどのようにしたら否定できるか考えてみたらよい．まず，その公園に行って，ハゲタカを探したが，見つからなかったとしよう．これで否定できたことになるだろうか？ もちろん，そうではないだろう．いまいましくもハゲタカたちは，探しに来た人間を見て隠れてしまったのかもしれない．そう考えると，どんなに時間をかけて，どんなに一所懸命探したとしても，その仮説を否定することはできない．結局，「探しに行ったが，ハゲタカを見つけることはできなかった」と言えるだけである．最も重要な科学的概念の1つは**証拠の非存在は非存在の証拠ではない**というものである．

言明Bはまったく異なる．公園でハゲタカを1羽見つけただけで，その仮説を否定できる．最初のハゲタカを見つけるまでは，その仮説は正しいという前提のもとで行動するが，1羽見つけたとたんに，その仮説は明らかに誤ったものになり，それを棄却できる．

## 帰無仮説

**帰無仮説**（**null hypothesis**）とは「何も特別なことは起こっていない」というものである．

---

[1] 日本の国語辞典には「思慮のあること，したごころのあること，意図のあること」などとある．

例えば，2つの標本平均を比較するとき，帰無仮説は「2つの平均は同じ」である．また，回帰問題で，$x$ に対して $y$ のグラフを考えるとき，帰無仮説は「その関係式の傾きは 0」である．つまり，$y$ は $x$ の関数ではない，あるいは，$y$ は $x$ とは無関係である，と主張する．ここで重要なことは，帰無仮説は反証可能であるということである．帰無仮説が十分に不確実である，とデータから読み取れるようならば，帰無仮説は棄却される．

## $p$ 値

かなり誤解されている話題について述べよう．$p$ 値とは帰無仮説が正しい確率のことではない．そのようなことを幾度となく聞かされているかもしれないが，実際は，**帰無仮説が正しいという仮定の下で計算される確率**のことである．$p$ 値は帰無仮説の尤もらしさに関係している，それもかなり巧妙なやり方で，というのは正しい．

後に見るように，典型的な仮説検定法は**検定統計量**と言われているものに基づいて実行される．多分，これらの幾つかにはすでに馴染んでいることだろう（例えば，スチューデントの $t$ 統計量，フィッシャーの $F$ 統計量，ピアソンの $\chi^2$ 統計量）．$p$ 値は検定統計量の大きさについて述べている．正確には，**帰無仮説が正しいときに偶然に検定統計量の観測値以上の値が出現する確率**を求めたものが $p$ 値である．検定統計量が大きいときは，帰無仮説が正しくなさそうだということになる．検定統計量が十分に大きな値であれば，帰無仮説を棄却し，対立仮説を採択する．

また，次のことにも注意する．「帰無仮説を棄却しない」ということと「帰無仮説は正しい」ということとはまったく異なるものである．例えば，標本数が少なすぎたり，測定誤差が大きすぎたりしたために，正しくない帰無仮説を棄却しそこなっているのかもしれない．つまり，$p$ 値は興味の対象ではあるが，それですべてというわけではない．効果の大きさや標本数も結論を導くためには等しく重要なものなのである．現代的なやり方では，「帰無仮説を棄却する」と述べるよりは，$p$ 値について述べる方を好んでいる．効果の大きさやその非信頼性について読者自身の判断をもつことができる．

## 解釈

ここまでの議論により，統計モデルを解釈するときに 2 種類の間違いを犯す可能性がある，ということは明らかだろう．

- 帰無仮説が正しいときに，帰無仮説を**棄却**する
- 帰無仮説が正しくないときに，帰無仮説を**採択**する

これらはそれぞれ，**第 1 種の過誤（type I error）**，**第 2 種の過誤（type II error）**と呼ばれている．もしも実際の状態が分かっているようならば（もちろん，そのようなことはほとんどありえない），それらは表 1.1 のようにまとめられる．

表 1.1 2 種類の過誤

| 帰無仮説 | 実際の状態 | |
| --- | --- | --- |
| | 真 | 偽 |
| 採択 | 正しい決定 | 第 2 種の過誤 |
| 棄却 | 第 1 種の過誤 | 正しい決定 |

## モデル選択

データにあてはめられるモデルは数百と存在し，どのモデルを選ぶかにはかなりの技能と経験を要する．どのモデルにも欠点はあり，優劣を比較できるだけである．統計学習において，最も頻繁に無視される題材がモデル選択でもある．

以前の初等統計学は，考える必要もない従うべきレシピ集として教えられていた．これには2 つの大きな問題点があった．そんな風に教えられると，モデル選択が現実的に重要なものであるとは決して認識することはできなかった（「$t$ 検定をやっておけばよい」）．また，統計上の仮定には，成り立つかどうか検査も必要だと決して理解することもできなかった（「$p$ 値が求まれば十分だ」）．

本書を通して，重要な仮定について学ぶことが推奨される．その重要性の順序で述べると，

- 無作為抽出
- 均一な分散
- 正規誤差
- 独立な誤差
- 加法的効果

実際に出会うデータがこれらの仮定を満足しないのは希なことではない．そのため，そのときどうするのか学ぶ大きな必要がある．そうすることが易しい場合もあれば（例えば，加法的でない効果），非常に難しい場合もある（例えば，無作為的でない標本抽出）．

また本書において，言葉通り数百とある適用可能なモデルの中から最良のモデルを選択するということは，統計解析において必須の過程であることを理解してほしい．モデルにどの説明変数を含めるか，各変数にどのような変換を施すか，これらすべては各自が解決すべき重要な問題である．

無作為な適度の反復をもち，巧みに計画された実験，そのような最も単純な問題が存在する．一方，多くの（おそらくは関連しあう）説明変数があり，無作為化はほとんどあるいは全くなされていず，さらには少ない標本点などという観測研究に見られる相当に難しい問題もある．実際に出会う多くのデータは後者のタイプからのものになりがちである．

## 統計モデル

目的は，具体的なモデルの母数を決定して，そのモデルをデータに最も良く当てはめることにある．データが神聖で絶対なのであり，それこそがいろいろな状況の中で実際に起こってい

ることを我々に教えてくれるのである．よくある間違いに，「データをモデルに当てはめる」と言うことがある．あたかも，データとは何か融通がきくものである一方，モデルの構造は鮮明な像として描けているかのようである．しかし，それとは逆である．求めたいのはデータを記述できるような最小十分なモデルである．**モデルがデータに当てはめられる**のであり，その反対ではありえない．最良のモデルとは，そのモデルの中のすべての母数が統計的に有意であるという条件の下で，説明できない変動（残差逸脱度，**residual deviance**）を最小にするモデルのことである．

モデルを指定しなければならない．そうすることによってのみ，関連する要因とそれが応答変数に及ぼす関係を構造的に理解でき実体化できる．節約の原則（p.9を参照）に従い，モデルは**最小**（**minimal**）であってほしい．また，データのもつ変動を有意に説明できないような不十分なモデルには利用価値がないという理由で，モデルは**十分**（**adequate**）であってほしい．そのようなモデルは唯一とは限らないと認識しておくことも大変重要である．伝統的解析法である回帰や分散分析においても，あからさまになることは少ないがよく起こる間違いである．そこでは，無批判に，同じモデルが繰り返し繰り返し利用されるのである．たいていの状況では，どのようなデータセットにおいても，それに当てはまるようなそれなりに尤もらしいモデルが多く存在している．データ解析の仕事の1つは，可能な複数のモデルがあるならばどれが適切なのか，またその適切なモデル群から最小十分なモデルはどれなのか選択することである．最良のモデルがただ1つに決められず，一群の異なるモデルがどれもデータを等しくうまく説明するという場合もあるかもしれない（あるいは，変動が大きすぎるため，どれでもうまく説明できないという場合もありうる）．

## 最大尤度

母数の推定値は「データへのモデルの最良の当てはめ」であるべきであるというとき，これは一体何を意味しているのだろうか？ ここで採用する慣習的な手法から，**不偏最小分散推定量**（**unbiased minimum variance estimator**）というものが導かれる[2]．**最大尤度**（**maximum likelihood**）という考え方に基づき，「最良」という言葉を定義するのである．この考え方はよく知られていないようなので，その感触を得るために説明の時間をとることにしよう．これは次のような質問に基づいている．

- 観測データが与えられ
- モデルが選ばれたときに
- そのモデルのどの母数値が
- 観測データを最も出現しやすくするのだろうか

線形回帰に関する簡単な例を考えてみよう．当てはめたいモデルは $y = a + bx$ であり，散布図上のデータから2個の母数（切片 $a$ と傾き $b$）の最良の推定値を得たいとしよう．

---

[2] 以下の説明では，一般的に，最大尤度を与える最尤推定量（値）について述べている．

```
x <- c(1, 3, 4, 6, 8, 9, 12)
y <- c(5, 8, 6, 10, 9, 13, 12)
windows(14, 6)
par(mfrow = c(1, 3))
plot(x, y, pch = 21, bg = "blue", ylim = c(0, 15))
abline(0, 0.6793, col = "red")
plot(x, y, pch = 21, bg = "blue", ylim = c(0, 15))
abline(8, 0.6793, col = "red")
plot(x, y, pch = 21, bg = "blue", ylim = c(0, 15))
abline(lm(y ~ x), col = "blue")
```

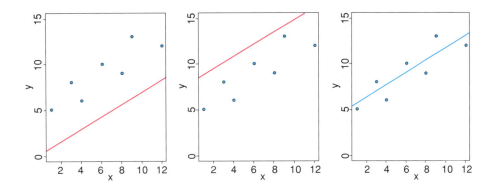

図 1.1 傾きが同じ回帰直線

切片が 0 であったとすると（図 1.1 の左側のグラフ），ありえそうなデータになっているだろうか？ 答えはもちろんそうではない．切片が 8 の場合（図 1.1 の中央のグラフ）はどうだろうか？ これも明らかにありえない．切片の最尤推定値は図 1.1 の右側のグラフで与えられる（その切片の値は 4.827）．このグラフのように **R** に勝手に軸を選ばせて表示させると，グラフ上で $y$ 軸と交わっている点は必ずしも切片とはなっていないことに注意する．

傾きに関しても同様のことが言える．切片が 4.827 であると分かったとしよう．そのとき，データは 1.5 の傾き（図 1.2 の左側のグラフ）をもっているように見えるだろうか？

```
plot(x, y, pch = 21, bg = "blue", ylim = c(0, 15))
abline(4.8273, 1.5, col = "red")
plot(x, y, pch = 21, bg = "blue", ylim = c(0, 15))
abline(4.8273, 0.2, col = "red")
plot(x, y, pch = 21, bg = "blue", ylim = c(0, 15))
abline(lm(y ~ x), col = "blue")
```

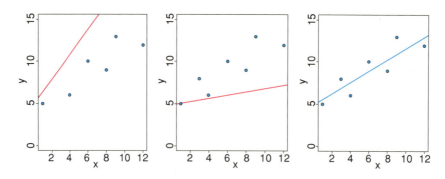

図 1.2　切片が同じ回帰直線

もちろん答えは否定的である．傾き 0.2（図 1.2 の中央のグラフ）はどうだろうか？そのような緩やかな傾きでは，データはまったくありえそうではない．このデータに対する最大尤度を与えるモデルは傾き 0.678（図 1.2 の右側のグラフ）であると求められる．

ここでの議論では実際の計算を与えていないが，**あるモデルが正しいとしたらデータがどれぐらい起こりやすいのか**，というものを基準においてそのモデルを評価しよう，とここでは主張したいのである．正式に解析するときには，2 つの母数は同時に推定される．

## 実験計画

2 つの重要な概念がある．

- 反復
- 無作為化

反復は信頼性を増すために行われる．無作為化は偏りを減少させるためである．十分に反復し，適切に無作為化がなされるならば，失敗することはまずない．

データ解析を改善し悪化させることのない他の論点もいくつか存在する．精通すると尤度を増加させることができる．

- 節約の原則
- 統計的検定の検出力
- 管理
- 擬似反復を見つけ，その処理の仕方を知ること
- 実験データと（直交性をもたない）観測データの違い

自分自身で高度な統計的解析が行えなくとも，それはたいした問題ではない．実験が適切に計画されているならば，たいていは統計解析の手助けをしてくれる誰かを見つけることができるものである．しかし，実験が適切に計画されていないときには，あるいは十分に無作為化されていなかったり，然るべき管理に欠けるところがあるときには，いかに統計学に通じていたとしても，実験にかけた努力の幾分かが（ときにはすべてが）無駄になることになる．高度に

機能化された統計解析といえども，質の悪い実験を良いものへとは変えられないのである．確かに **R** は優れているが，そこまで求めるには無理がある．

## 節約の原則（オッカムの剃刀）

　これは，本書で扱う最も重要な主題の 1 つであるモデル単純化に関係している．節約の原則は 14 世紀のイギリスの唯名論哲学者ウィリアム・オッカム（William of Occam）に由来する．彼は，与えられた現象に同程度に良い説明が複数存在するならば，**正しい説明は最も単純な説明である**と主張した．これはオッカムの剃刀と呼ばれる．なぜならば，説明がぎりぎり最小のものへと削ぎ取られるからである．統計モデルにおいては，節約の原則は次のようなものを意味する．

- モデルの母数はできる限り**少なく**すべきである
- 線形モデルが非線形モデルよりも好まれるべきである
- 仮定の少ない実験が，多い実験よりも好まれるべきである
- モデルは**最小十分**になるまで削ぎ取られるべきである
- 単純な説明が複雑な説明より好まれるべきである

　モデル単純化の過程は，**R** での統計解析において必要不可欠なものである．一般的に言えば，ある変数をモデルに残すためには，**その変数を現在のモデルから除くと説明できない変動（残差逸脱度）が有意に増加する**ようでなければならない．単純化を模索し，そしてその行為を疑おう！！

　モデルの単純化に熱心なあまり，いわば汚点を除こうとして美点を損なうことが無いようにしなければならない．アインシュタイン（Einstein）はオッカムの剃刀を少し言い換えた彼なりの言葉を残している．曰く，「モデルはできる限り単純であってほしいが，単純過ぎてもダメなんだ．」

## 観測，理論，実験

　観測，理論および実験について考え抜きそれらを融合させること，科学的問題を解くための最良の方法がここにあることに間違いはない．しかし，できることとそのやり方にはいろいろな制約がある．つまり，この三者のいくつかが損なわれることもある．例えば，思いどおりに実験を行おうとしても倫理的にあるいは論理的に不可能な場合も多く存在する．そのような場合の統計解析では，できうる限り厳しい判断の下で，できうる限り明確な疑いのない結論が導けるように保証することこそが通常に倍して重要になる．

## 管理

　管理なきところに，結論もなし！！

## 反復：「平均」を正当化する $n$ 個のもの

　反復（replication）が必要になるのは，異なる個体に同じことを試してみても異なる反応が返ってくることが多いからである．この反応の違いを引き起こす原因としては，多くのいろいろなものが考えられる（遺伝子型，年齢，性別，状態，履歴，基質，局所気象など）．反復の目的は母数の推定値の信頼度を増すことにある．また，同じ処理内に存在する変動を見積もることにもある．反復と認められるためには，繰り返し測定されたものが次のような条件を満足する必要がある．

- 独立でなければならない
- 時系列からの部分データであってはならない（同じ場所で連続的に測定したデータは独立でない）
- 1 地点で収集されたデータであってはならない（反復を 1 地点に集中させると，空間的に独立でなくなる）
- 適当な間隔を空けて測定されなければいけない
- 理想的には，各処理に 1 反復を割り当てるブロックを考えるべきであり，それぞれの処理が多くの異なるブロックで繰り返されるべきである
- 繰返し測定（つまり，同じ個体からの，あるいは同じ場所での測定）は反復ではない（統計的研究において，これがたぶん最も代表的な擬似反復の原因だろう）

## 何回の反復が必要か？

　誰でも口にしそうなのは「提供できるならいくらでも」という答えだろう．よく使われる経験則からの答えは，30 である．30 以上ならば多い標本，30 未満は少ない標本とみなす．もちろん，この法則がいつも成り立つわけではない．例えば，世論調査ならば，30 という標本数は嘲笑の対象でしかないだろう．また別の状況では，30 回もの実験を繰り返すことは資金的に不可能ということもあるだろう．にもかかわらず，これは実際的で大変便利な基準なのである．反復 300 回の実験を計画しようとするときに考え直す機会を与えてくれるだろう．これは確かにちょっと多すぎる．また逆に，わずか 5 個の反復で済ませる実験にも反省の機会を与えるだろう．

　与えられた仮説を検定するために必要な反復の求め方にもいろいろなやり方がある（これについては後に述べる）．実験の計画段階において，応答変数の分散についてあまり知らない，あるいはまったく知らない場合がある．実験は重要である，ゆえに，予備調査が重要になる．実験を行う前に，その調査によりデータのもつ分散を見積もることができるので，実験結果のおおよその大きさがどの程度になるのか分かるのである．時には，実験の適用範囲と複雑性を制限する必要があるかもしれない．そうすると，より簡単な問題に明白な答えを与えるために，どうしようもなく限られている資源，つまり人的労力と資金を集中させることができる．全実験を終えるのに 3 年もかけて，結局その実験結果では $p$ 値 $= 0.08$ 程度の有意性しか得られなかったとすると，途方もなく歯がゆいものである．処理の数を減らせば，結果が明らかに有意になりそうな対象に対して反復数を増やすことができるだろう．

## 検出力

検定の**検出力**（**power**）とは，帰無仮説が正しくないときにその仮説を棄却する確率である．これは第 2 種の過誤（p.4 を参照）に関係している．その誤りの確率，つまり帰無仮説が正しくないときにその仮説を採択する確率を $\beta$ とおく．理想的には明らかに，$\beta$ をできるだけ小さくしたいのだが，それには制約がある．第 2 種の過誤を犯す確率 $\beta$ を減少させようとすると，第 1 種の過誤（p.4 を参照）を犯す確率（帰無仮説が正しいときにそれを棄却する確率，通常 $\alpha$ で表す）を増加させるのである．これには妥協点が必要である．多くの統計家は，$\alpha = 0.05$ と $\beta = 0.2$ とおく．この設定の下での検定の検出力は $1 - \beta = 0.8$ である．これは，誤差分散が既知（あるいは推定可能）なとき，指定された違いを検出するために必要な標本数を計算するのに用いられる．

2 標本の平均を比較するスチューデントの $t$ 検定を使って，検出力に関係した問題について考えてみよう．p.102 で説明するように，検定統計量 $t$ は 2 つの平均の差をその差の標準誤差で割ったものである．これを変形して，与えられた差 $d$ が統計的に有意になるために必要な標本数 $n$ を求める公式が次のように求められる．

$$n = \frac{2s^2 t^2}{d^2}$$

分散 $s^2$ が増加すると，あるいはまた差の大きさが減少すると，必要な標本数は増加することがこれから分かる．$t$ 統計量の値は第 1 種と第 2 種の過誤の確率に依存する（ここでは，慣習的な 0.05 と 0.2 を採用する）．これらに関する（標本数が 30 のときの）$t$ 値はそれぞれ，1.96 と 0.84 である[3]．これらを加えて 2.80 となり，その平方は 7.84 となる．最も近い整数値を採用することにして，分子の定数は $2 \times t^2 = 2 \times 8 = 16$ と見積もれる．ゆえに，良い経験則として，2 つの標本において必要な標本数は次で与えられる．

$$n = \frac{16 s^2}{d^2}$$

単純に，標本分散（文献上で得られないなら，予備的な小実験により推定する）に 16 を掛けて，検出したい差の平方で割るだけである．現時点でのある穀物の収穫量が $10\,\mathrm{t/ha}$ であり，その標準偏差は $2.8\,\mathrm{t/ha}$（$s^2 = 7.84$）であるとし，別の穀物の収穫量増加 $d$ が $2\,\mathrm{t/ha}$ のときの検出力が 80% であるように 5% 有意性検定を設定したいとすると，$16 \times 7.84 / 4 = 31.36$ 個の標本がそれぞれに必要である．**R** の組込み関数を用いると

```
power.t.test(delta = 2, sd = 2.8, power = 0.8)
    Two-sample t test power calculation
            n = 31.75716
        delta = 2
           sd = 2.8
    sig.level = 0.05
```

---

[3] $t$ 統計量の自由度 $2(n-1)$ は大きくなるだろうから，その分布は正規分布に近づく．**R** ならば，`qnorm`(0.975) = 1.96，`qnorm`(0.80) = 0.84 で求まる．

```
        power = 0.8
    alternative = two.sided
 NOTE: n is number in *each* group
```

切り上げて，それぞれの標本に 32 個の反復が必要である．

## 無作為化

誰もがやっているというが，適切にやるには誰にも難しいもの，それが**無作為化（randomization）**である．簡単な例を考えてみよう．光合成率を調べるために，ある森の中から 1 本の木を選びたい．偏りを避けるために，その木は無作為に選ばれるものとする．どう選んだらよいだろうか？ 例えば，葉が地面近くまで茂って扱いやすい木，研究所に近い木，健康そうな木，虫食い葉などもたない木などに誘惑されやすい．これらの木を使って光合成について推定したときに，どのような偏りが生じることになるのか，それらを書き出すのは読者に任せよう．

無作為に木を選び出す普通のやり方は，問題の森の地図を取り出して，無作為に 1 対の座標を選ぶことである（例えば，基準点から，東へ 157 m，北へ 228 m という風に）．そして，その座標を歩測して，森のその特定の地点に到り，そこからいちばん近い木を選ぶことになる．しかし，これで本当に木を無作為に選べたことになるのだろうか？

それが無作為に選ばれているならば，**その木が選ばれる確率は，その森の他のすべての木に対しての確率と正確に同じになるはず**である．これについて考えてみよう．図 1.3 は，地上における木の散布を表したものである．初めは木が規則正しく並べて植えられていたとしても，事故や倒木や下層土のもつ不均一性の影響を受け，その木の分布はすぐに塊状にばらついたものになるだろう．ここでは，ある木が選ばれることになるような無作為な点がどれぐらいあるのか考えてみるとよい．ではまず，(a) の木について考えてみると，大きく影の付いた領域に座

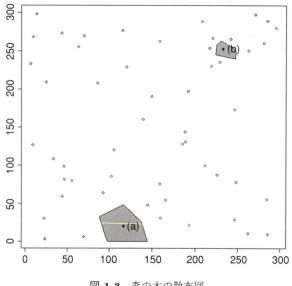

図 **1.3** 森の木の散布図

標点が落ちると選ばれることになる．次に (b) の木について考えてみると，その周りの狭い領域に無作為な座標点が落ちたときに選ばれるだけである．木 (a) は木 (b) よりも選ばれる確率が非常に大きいことが分かる．つまり，**無作為な点に最も近い木を選んでも，木を無作為に選んだことにはならない**．空間的に不均一な森では，孤立した木や密集地の縁にある木は，その密集地の中心にある木よりも選ばれる確率が常に高い．

　正解はつまり，木を無作為に選ぶには，森にあるすべての木に番号を割り振り（ここでは全部で 24683，これ以外であっても同様に），1 から 24683 の中から乱数を 1 個取り出さなければならない．他に選択肢はありえない．これ以外は無作為化とは言えないのである．

　このことが実際にどれぐらい実行されているか考えてみたらよい．そうすると，無作為化とは「学んだとおりに実行せよ，見てまねをするな！！」ということの典型的な例であると分かることだろう．真の無作為化がどれほど重要なものなのかという例をもう 1 つ挙げよう．5 種類の接触性の殺虫剤をシャーレの中の濾紙に浸し，そこに一群の甲虫コクヌストモドキ（小麦粉を好む）を入れて毒性を試験するという実験を考えてみよう．甲虫はシャーレの中を歩き回り，足から毒を摂取する．飼育ツボを大型の受け皿に小麦粉ごとひっくり返し，その中から這い出してきたコクヌストモドキを採集する．5 種類の化学薬品に 3 つずつのシャーレを準備し，薬品の順番で並べ，各シャーレには 10 匹のコクヌストモドキを割り振る．それらは這い出てきた順番にシャーレに入れていく．このやり方でデータが偏る原因を読者は指摘できるだろうか？

　コクヌストモドキの活動は個体ごとに異なる（性別，体重差，年齢などによって）というのは，まったく疑いのないところだろう．最も活動的な甲虫は小麦粉の山から最初に這い出てくるに違いない．これらはすべて 1 番目の殺虫剤での処理に用いられる．5 番目の殺虫剤の最後のシャーレ用の甲虫を見つけようとする頃には，最後に残った甲虫を探そうとして小麦の山の中央を掘り起こさなければならないかもしれない．これは問題である．というのも，甲虫に摂取される殺虫剤の量はその活動量の多さに依存するからである．活動すればするほど，摂取量は増え，より死にやすくなる．かくして，無作為化に失敗して，1 番目の殺虫剤に有利な結果に偏ることになる．なぜならば，この処理に最も活動的な甲虫が使われたからである．

　やるべきだったことは次のとおりである．甲虫の活動性は実験に重要な影響をもつと考えるなら，実験の計画段階で考慮すべきであった．例えば，その活動性に 3 水準を想定できるかもしれない：活発，普通，非活発．小麦粉の山の中から最初に這い出してきた活発な甲虫を 10 匹ずつ 5 個のシャーレに入れる．次の 50 匹を「普通」とラベルを貼った 5 個のシャーレに 10 匹ずつ入れ，最後の 50 匹も同様に「不活発」とラベルされた 5 個のシャーレに 10 匹ずつ入れる．この操作により活動性の 3 水準に基づく 3 つの**ブロック**が生成された．なぜ甲虫の活動性に違いがあるのか正確には分からないが，その違いは重要であると考えた．活動水準は**変動効果**と呼ばれ，3 水準をもつ要因である．次に行うべきが無作為化である．5 種類の殺虫剤の名前を書いた名札を帽子の中に入れ，よく混ぜ，1 つずつ無作為に取り出す．そして，最初に取り出された名前の殺虫剤を「活発」な甲虫が入れてあるシャーレの最初のものに入れる．これを続けることにより，5 つの活発な甲虫の入れてあるシャーレにはすべて異なる殺虫剤が入れられることになる．次に，5 つの名札を帽子に入れ直し，再度よく混ぜ，前と同じことを繰り返して 5 つの「普通」の甲虫が入っているシャーレに殺虫剤を割り付ける．最後にまた，名札を帽子に

入れ，よく混ぜ，「不活発」な甲虫の入っているシャーレにも殺虫剤を割り付ける．

それにしても，なぜこのような面倒なことをするのだろう．その答えは非常に重要なので，読者は理解できるまで幾度となく読み返すべきである．甲虫はバラバラに異なり，殺虫剤もそうである．しかし，シャーレもそうなのかもしれない．特に，少し異なる環境で保管してあった場合などはそうである（例えば，よく管理された温度の収納庫の近くとか，あるいは離れてその裏側とかに）．つまり，全実験でのすべての甲虫（$3 \times 5 \times 10 = 150$）が死ぬまでの時間についての全変動というものが存在する，という点が肝心なところである．この変動は，殺虫剤にある違いで説明できるものと，そうでないものとに分けられる．

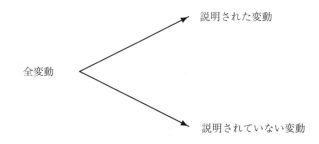

殺虫剤の違いで説明できる変動量が大きければ，死ぬまでの平均時間についての殺虫剤の効果は有意に異なる，との結論を引き出すことができる．この判断は，説明できた変動 $SSA$ と説明できなかった変動 $SSE$ との比較に基づいてなされる．もしも説明できなかった変動が大きかった場合は，**固定効果**（ここでは，殺虫剤の効果）に関して何らかの結論を導くことは非常に難しくなるだろう．

ブロック化がもたらす大きな利点は，説明できなかった変動の大きさを減少させる，というところにある．今の例では，活動性が死亡時間に強い影響（ブロック変動）をもつとすると，説明できなかった変動 $SSE$ は，活動性を無視したときのものよりもかなり小さくできることになる．その結果，固定効果の有意性は高くなるだろう．

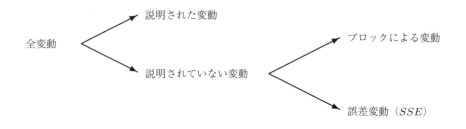

良い実験計画とは，$SSE$ をより小さくするように立てられたものである．そうするためには，ブロック化が最も効果的な手法である．

無作為化は **R** ではとても簡単に行える．`sample` という名前の組込み関数が要因水準を無作為に並べかえてくれるからである．次のように，5 種類の殺虫剤の名前でベクトルを作る．

```
treatments <- c("aloprin", "vitex", "formixin", "panto", "allclear")
```

`sample` を用いて，まず，シャーレ 1 から 5 までに「活発」な甲虫を無作為に割り付ける．

```
sample(treatments)
[1] "formixin" "vitex"    "panto"    "aloprin"  "allclear"
```

次に，シャーレ 6 から 10 までに「普通」な甲虫を無作為に割り付ける．

```
sample(treatments)
[1] "formixin" "allclear" "vitex"    "aloprin"  "panto"
```

最後に，シャーレ 11 から 15 までに「非活発」な甲虫を無作為に割り付ける．

```
sample(treatments)
[1] "panto"    "vitex"    "formixin" "aloprin"  "allclear"
```

最近は「ただデタラメであればよい」とする標本抽出の傾向があるが，それは言い逃れに他ならない．その意味するところは，「確かに無作為化は行っていないが，これで特別な偏りが入ることはなかったという私の言葉を信じてほしいね」と言っているにすぎない．指摘するまでもなく，自ずと結論は明らかだろう．

## 強い推測

ある着想が正しいことを明らかにしたいとしよう．そのための最も強力な方法の 1 つは，注意深く定式化した仮説から導いた予想を実験により確かめることである．**強い推測**の構成要素として 2 つの極めて重要なものがある（プラット，Platt, 1964）．

- 明確な仮説を立てること
- 好ましい試験を考案すること

どちらが欠けてもよろしくない．例えば，その仮説から導かれる予想が，他の本質的でないものからでも出現するようであってはならない．同様に，仮説が正しいかどうかをはっきりと示すような試験でなければならない．

非常に多くの科学的実験が，特定の仮説をまったく前もって想定することなく，ただ何が起こるか知りたいがためだけに実行されているように見える．研究の初期段階ではそうした実験がもてはやされるとしても，そのような実験の結果は結局は弱いものになりがちである．というのも，そのような結果には同じくらいに尤もらしい説明がいろいろと考えられるからである．深く熟考しないと実験で確かめられるような予想は立てられない．そのような予想がないと実験上の創意工夫もありえないだろう．創意工夫のない実験では十分な管理もままならず，つまりは曖昧な解釈に終わることになる．さまざまな結果は無数の原因に由来する．自然は科学者

に理解されることなど気にもしていないのだから，科学者は自然に働きかけなければならない．反復，無作為化，しっかりとした管理なくしては，進歩はあまり望めないだろう．

## 弱い推測

**弱い推測**という言葉は，観察に基づく研究や，いわゆる「自然実験」解析の解釈を指すものとして（しばしば，悪意を込めて）用いられる．しかし，これらのデータをおとしめるのは愚かというものである．なぜならば，入手可能なデータがそのようなものしかないということがしばしば起こるからである．正しい統計解析の目的は，**与えられたデータセットのもつ限界をしっかりと認識しながら**，そのデータから最大の情報を引き出すことにある．

ある事象（多くは珍しい事象と想定されるが，しばしば珍しいとも判断しがたいような場合もある）が起こり，それが実験処理のように見なされるとき，自然実験が生じるといってよい．例えば，ハリケーンが森の半分をなぎ倒したり，地すべりが下地層を剥き出しにしたり，株式市場の崩壊が突然に貧しい人々を大量に生み出したりしたときである．ヘアーストーン（Hairston, 1989）は次のように述べている．「初期条件についての十分な知識を要求することは，多くの自然実験の妥当性に関して重要な意味をもっている．「実験」は完了した後にのみ，あるいは早くともその最中に認知されるだけなので，そのような「実験」が始まる前に存在した条件をはっきりと確かめることは不可能である．そこで，これらの条件について仮定を立てる必要がある．そのため，自然実験に基づいて導かれた結論は，仮説であるという程度にまで弱められる．それらはそういうものとして記述されるべきである．」

## どこまで続けるか？

理想的には，次の2つの誘惑に負けることがないように，実験期間は前もって決めておくべきである．

- 望ましい結果が得られしだい実験を中止する
- 「正しい」結果が得られるまで実験を継続する（グレゴール・メンデル効果，Gregor Mendel effect[4]）

実際には，多くの実験期間はたぶん短すぎるだろう．科学基金の特殊な事情によるためである．短期間の実験は医学や環境科学においては特に危険である．というのも，脈拍に関する実験後に現れる短期間での状態変動は，その同じ実験を長期間で行ったものとはまったく異なる性質をもつ．脈拍や血圧の類いは長期間に渡る実験こそが，全期間における状態変動を理解するために必要なものである．他にも，広範囲に渡る傾向（例えば，数年単位の）を実験するときにも，長期間の実験の大きな利点が現れるだろう．

---

[4] メンデルの法則は10年間にも及ぶ実験期間を経て発見された．

## 擬似反復

実際の自由度よりも大きい自由度をもっているかのようにデータを解析するとき，**擬似反復（pseudoreplication）**が出現する．2 種類の擬似反復が存在する．

- 時間的擬似反復：同じ個体を繰り返し測定する
- 空間的擬似反復：同じ近辺で繰り返し測定する

標準的な統計解析での最も重要な仮定の 1 つである**誤差の独立性（independence of errors）**という点において擬似反復には問題がある．同じ個体を時間を追って繰り返し測定すると，独立でない誤差を生じることになる．その個体のもつ特性がその測定全体に影響を与えるからである．同じ地点での標本も独立でない誤差をもつ．その地点の特性をすべての標本が共有し互いに関連しあうからである．

擬似反復を見つけることは，一般的に言ってかなり簡単である．その実験が本当にもっている誤差の自由度はいくつか，と問えばよい．野外実験が大きな自由度をもっているようならば，それはたぶん擬似反復になっている．植物の害虫駆除の例を見てみよう．20 区画あり，その 10 区画には殺虫剤を噴霧し，残りはそうでなかったとする．各区画には 50 本の植物がある．どの植物もその成長期間中 5 回測定された．すると，この実験には $20 \times 50 \times 5 = 5000$ 個の測定値があることになる．噴霧するかしないかの 2 個の処理しかないので，噴霧に関する自由度は 1，誤差に関する自由度は 4998 ということになる．はたしてそうだろうか？この実験の反復数を数え上げなければならない．同じ植物についての繰返し測定（5 回）は確かに反復ではない．各区画内での 50 本の植物についても，同じく反復ではない．というのも，同じく区画内の条件はそれぞれにおいて特徴的なので，その 50 本の植物全体が，噴霧の有無に関する影響と無関係に，多かれ少なかれその同じ特徴的な条件の影響を受けているからである．実際は，この実験には各 10 個の反復があるだけである．10 個の噴霧された区画と 10 個のそうでない区画であり，それぞれが応答変数（例えば，害虫によって食べられてしまった葉の割合）にただ 1 つのデータを寄与するだけである．

このように 2 つの処理内でそれぞれ自由度 9 があり，全体では実験の誤差の自由度として $2 \times 9 = 18$ をもっているだけである．この手の擬似反復例を文献上で見つけることは難しくない（ハールバート，Hurlbert, 1984）．問題は，擬似反復が見せかけだけの有意な結果を大量に生み出すということにある（誤差に 4998 もの自由度があるならば，有意な違いをもたない方が難しい）．実験に携わる初心者がまず初めに身に付けるべき技能は，適切な反復をもつ実験を計画する能力である．

データが擬似反復であるときでも，できることはいくつかある

- 擬似反復の平均をとり，その平均について統計解析を行う
- 各時間ごとで別々の解析を行う
- 時系列解析や混合効果モデルのようなさらに進んだ統計手法を用いる

### 初期状態

そうでなければ素晴らしい科学的実験になっていたはずなのに，初期状態についての情報を欠いたばかりに，多くの実験が失敗してきた．初めにどうであったのか知ることなしに，何かが変化したと知ることなどできるだろうか！しばしば暗黙的に，実験のすべての要素はその始まりにおいて似たようなものであると仮定したがる傾向がある．これは，そう信じるのではなく，実際に示すべきものである．初期状態のデータを利用する最も重要な方法の1つに，十分な無作為化がなされているか調べるというものがある．例えば，ある生育実験の初期状態において個々の植物の平均的な大きさに有意な差はないということを示すために，統計解析が利用できるに違いない．初めの大きさを測ることがなければ，実験の最終結果を初期状態での違いのせいにすることは常に可能である．初期状態を測定しておくもう1つの理由は，その情報を使った共分散分析を利用して，最終解析の結論をしばしば改良することができるからである（第9章を参照）．

### 直交計画と非直交観測データ

本書のデータは，明確に識別できる2種類に分けられる．実験計画では，処理の組合せのすべてが等しく使われ，事故を避けるように計画されるので，欠損値が現れない．そのような実験は**直交的**（**orthogonal**）であると呼ばれる．しかしながら，観測に基づく研究では，データをとる対象数や，観測環境の組合せにおいて管理できない場合が多い．説明変数の多くは応答変数と関連しあうばかりでなく，説明変数間でも互いに相関をもちやすい．処理の組合せがいくつか失われるのもよくあることである．このようなデータは非直交的であると呼ばれている．これは統計モデルを作るときに重要な違いをもたらす．なぜならば，直交計画においては，個々の要因によって説明できる変動は定まっており，モデルから要因を除くときの順序に関係しないからである．一方，非直交データにおいては，個々の要因で説明できる変動は，その要因がどの順序で除かれるのかということに関係する．そのため，非直交的な研究においては，ある要因を最大モデル（要因およびそれらが交絡するときの交互作用項をすべて含んだモデル）から取り除こうとするとき，その要因の有意性の判断には十分な注意を払う必要がある．**非直交データには順序の問題がある**と覚えておこう．

### 別名表記

モデルの解析結果に突然にいくつかのNAの行が表示されて正体を現す．そうなって初めてこの話題には興味が湧いてくる．母数の別名表記は，すべての母数の推定値をきっちりと得るための情報が存在しないときに起こる．**内因的な別名表記はモデルの構造**に由来して引き起こされ，**外因的な別名表記はデータの質**に由来して引き起こされる．母数は次の2つの理由で別名表記される．

- その母数を推定するために必要なデータがデータフレームに存在しない（欠損値，部分計画，説明変数間の相関などによる）

- その母数が推定できないような構造のモデルである（モデルを記述するのに必要以上の母数が組み込まれている）

今，4 水準（無，軽，中，重）をもつ要因を扱っているとしよう．データからそれぞれの水準に対する平均を推定できる．しかし，モデルは次のような形式である．

$$y = \mu + \beta_1 x_1 + \beta_2 x_2 + \beta_3 x_3 + \beta_4 x_4$$

ただし，$x_i$ は要因水準に対応する，0 または 1 をとるダミー変数である（p.175 を参照）．また，$\beta_i$ は効果の大きさを，$\mu$ は全平均を表す．4 つの平均を推定するだけならば，モデルに 5 つの母数を入れる理由はない．母数の 1 つは内因的な別名表記で表されなければならない．この話題については第 11 章でさらに詳しく説明する．

重回帰において，ある連続型説明変数が，すでにモデルに組み込まれた別の変数と完璧に相関しているとき（たぶん，別の変数の定数倍になっているときなど），そのあとから追加された項は別名表記されて，モデルに何も付け加えることはないだろう．例えば $x_2 = 0.5 x_1$ であったとすると，項 $x_1 + x_2$ をもつモデルの当てはめにおいては**内因的に別名表記**された $x_2$ を導くことになり，その母数の推定値は NA となるだろう．

ある説明変数の値が，特定の水準において，すべて 0 に設定されるとき，その水準は**意図的に別名表記**されたことになる．この種の別名表記は分散分析における有用なプログラミング技法である．要因のいくつかの水準にのみ共変量を設定したいときに使える．

最後に，要因実験において，食餌（要因 A）の第 2 水準と温度（要因 B) の第 3 水準に配置された動物が菌類病原性の病因ですべて死亡してしまったとしよう．すると，この食餌水準と温度水準の組合せにはデータが存在しないことになり，交互作用項 A(2) : B(3) は推定できなくなる．これが**外因的な別名表記**を引き起こし，その母数の推定値は NA に設定される．

## 多重比較

多重比較には厄介な問題が存在する．複数回の検定を行うと，水増しされた確率で誤って**検出し易くなるからである**（帰無仮説が正しいときに，$\alpha$ に指定された値よりも大きな確率で棄却することになる）．これに対する古い手法はボンフェローニの修正を用いるというものである．スチューデントの $t$ 検定に対する棄却限界点を求めるとき，行う比較の回数の 2 倍で $\alpha$ を割ったものを用いる．それでも有意であれば，すべて安泰ということになるが，そうはならないことがしばしばである．ボンフェローニの修正は非常に厳しいので，角を矯めて牛を殺すことになりかねない．もう 1 つの古い手法はダンカンの多重比較範囲検定法（Multple Range test[5]）である（古い統計の教科書で，推定値の棒グラフの各頂点に小文字が書いてあって，同じ文字ならば有意に異なっていない，違う文字ならば有意に異なっている，というものを見たことがあるかもしれない）．近年の考え方は，可能な限り対比を利用せよ，というものである．多重比較を行うことが必要な場合は，テューキーの正直有意差（Tukey's honestly significant differences）という愉快な名前をもった手法を用いるとよい（?TukeyHSD で調べよ）．

---

[5] 棄却確率の評価が誤っているので現在は使われない．

# R における統計モデルのまとめ

次のモデル当てはめ関数のいずれかを用いてモデルはデータに当てはめられる（データがモデルに，ではない）．

- `lm`：正規誤差と均一的な分散をもつ線形モデルを当てはめる．一般的に，これは連続型の説明変数を用いた回帰分析に利用される．デフォルトの出力は `summary.lm` である
- `aov`：`lm` の代替物．デフォルトの出力は `summary.aov`．一般的に，複雑な誤差項が推定されなければならないようなときにのみ用いられる（例えば，実験区画分割計画において，異なる処理が大きさの異なる区画に適用されるような場合）
- `glm`：カテゴリカル型または連続型の変数を用いた一般化線形モデルを当てはめる．その際，誤差構造（例えば，計数データにはポアソン誤差，比率データには2項誤差）と特定の連結関数を指定する
- `gam`：一般化加法モデルを当てはめる．誤差構造（例えば，計数データにはポアソン誤差，比率データには2項誤差）を指定する．ただし，連続型説明変数には特定のパラメトリック関数ではなく，任意のノンパラメトリック平滑子を用いた平滑化関数を当てはめることもできる
- `lmer`：線形混合モデルを当てはめる．固定効果と変量効果の混在を許す．説明変数間に相関構造を指定したり，応答変数に自己相関（繰返し測定での時系列効果）を指定することもできる．古い `lme` の代替物
- `nls`：非線形回帰モデルを当てはめる．指定された非線形関数の母数を最小2乗法により推定する
- `nlme`：混合効果モデルにおいて非線形関数を当てはめる．非線形関数の母数が変量効果であると仮定される．説明変数間に相関構造を指定したり，応答変数に自己相関（繰返し測定での時系列効果）を指定することもできる
- `loess`：いくつかの連続型説明変数をもつ局所回帰モデルを当てはめる．滑らかなモデル曲面を生成するようなノンパラメトリック手法が用いられる
- `rpart`：再帰的に分割し2進木を作るような回帰樹木モデルを当てはめる．説明変数の座標軸に沿って応答変数の要素は分割され，どの節点においても，左枝と右枝にある要素が最大限に判別できるような分割が得られる．カテゴリカル型応答変数に対しては，その木は分類木と呼ばれ，分類に対して用いられるモデルにおいては応答変数が多項分布に従うと仮定する

これらのほとんどのモデルにおいて，そのモデルについての情報を得るための一連の**統括関数**（**generic function**）が利用できる．最も重要で最も頻繁に用いられるものを以下に挙げよう（表1.2）．

表 1.2　統括関数 - 1

| | |
|---|---|
| `summary` | `lm` で得られる母数の推定値とその標準誤差，`aov` で得られる分散分析表，を生成する．`lm` と `aov` のどちらを選択するのか迷うとき，この関数が決めてくれることも多いだろう．`lm` または `aov` のどちらの出力結果であっても，他方の形式の出力を得るために `summary.aov` または `summary.lm` を利用することもできる．（分散分析表，または母数の推定値とその標準誤差の表，p.145 を参照）． |
| `plot` | モデル検査のための診断用プロットを生成する．適合値に対する残差，影響度の検査なども含む． |
| `anova` | 複数のモデルを比較するときに役に立つ関数である．分散分析表を生成してくれる（`AIC` の代替品） |
| `update` | 現在得られているモデルを修正するのに用いる．入力と計算時間を節約してくれる． |

また，他にも便利な統括関数が存在する（表 1.3）．

表 1.3　統括関数 - 2

| | |
|---|---|
| `coeff` | モデルから得られる係数（母数の推定値）を生成する． |
| `fitted` | 適合値，つまり説明変数の（データフレームで与えられた）値によりモデルから予測される値を生成する． |
| `resid` | 残差（測定値 y とその予測値との差）を生成する． |
| `predict` | 当てはめたモデルからの情報を利用して，データの散布図に適合曲線を描くための滑らかな関数を生成する．モデルにあるすべての説明変数（連続型もカテゴリカル型も）に値を設定するときはリストで与えること，また説明変数のベクトルはすべて同じ長さでなければならないこと，などの注意が必要である（実際例は p.273 を参照）．引数に `type = "response"` を指定すると，自動的に逆変換してくれる． |

## 作業の組織化

R セッションを行う際に知っておくべきことが 3 つある．

- データフレームはコンマで区切られたファイル（`.csv`）またはタブ（あるいは空白で）区切られたファイル（`.txt`）に保存される．
- スクリプトはテキストファイル（`.txt`）に保存される．
- セッションで得られた**結果**（表，グラフ，モデルオブジェクトなど）は PDF ファイルに保存される．これにより，モデル解析の出力と一緒にグラフィックスも保持できる．

どのデータファイルや結果がどのスクリプトに関係していたか，しっかりと忘れないようにするためには，中身を表す名前のフォルダーにスクリプト・結果・データファイルを一緒に保存しておくのが良い習慣である．

データは入力ミスの検査と修正を済ませてしまうと，そのデータファイルを変更したいとはあまり思わないだろう．一方，作業中のセッションに対するスクリプトは切り離して使い続けたいと思うだろう．スクリプトを用いる大きな利点は，以前にうまくいったセッションのコードの（多分に大きな）部分をコピーして，新しい入力の手間を大いに省ける（そして，コードの見直しを促せる）ところにある．

仕事の進め方には賢明なやり方が 2 通りある．最も適していると考える方を選ぶと良い．1 つはスクリプトエディターですべてのコードを書くというやり方である．それを定期的に保存し，大量に注も付ける（コメントには開始記号 `#` を先頭につける）．

```
# this is a comment
```

ミスしたら，それをスクリプトから取り除くことになるが，その際大事な部分も削ってしまわないように気を付けるべきである．

　もう1つは，セッションを終えるときセッション全体を保存するやり方である．これは，R では `history` ファイル呼ばれるものに保存される．セッションの最後に

```
history(Inf)
```

と命令すると，R は "R History" という名前のスクリプトウィンドウを開く．そこにはセッション中に入力したすべてのコマンド（正しいものも間違っているものも）の記録が複写されている．テキストファイルにすべての内容をコピーし，間違いを修正し（ここでも，コードの重要な部分を捨ててしまわないようにしよう），必要な注を入れ，セッションのスクリプトとしてそのテキストファイルを保存する．データファイルや結果（表の出力，モデル，グラフィックスなど）と一緒の専用のフォルダーがよい．

　どの方法を選んでも，保存されたスクリプトは作業の（そうした理由を正確に記述するコメント付きの）永久的な記録になる．将来のセッションで，同様の解析をやりたいときや，連続的に仕事を進めたいときなどに（意図せずに，重要なコード行を削除していなければ），そこにあるコードをコピーし貼り付けることができるだろう．

　ワープロでスクリプトを作るのはよくない．用いた幾つかの記号が R には読めないかもしれない．二重引用符がその典型的な例である．ワープロには " （開始記号）と " （終了記号）があるだろうが，R は単純な " と読むだけである．しかし，R の結果をワープロに保存したいということもあるには違いない．というのも，同じファイルに，入力・出力に加えてグラフも含めておきたいこともあるだろう．

## R での段取り

　作業を最も単純に行うには，新しい R セッションはそれぞれ別々に始動させるのがよい．このやり方の利点は，あるセッションからのものと別のセッションからのものとを混同することがない，という点にある．例えば，ある解析で $x$ という名前の変数が 30 個の数値をもち，別の解析での $x$ は 50 個の数値をもっていたとしよう．少なくともこのとき，$x$ の長さを調べればどちらからのものか分かりはする（長さが 50 だったら，2 番目の解析の $x$ である）．この 2 つの別々の $x$ がどちらも同じ長さをもっていたとしたら，もっと混乱が生じる．どこで何をやっているのか，まったくもって分からなくなってしまうだろう．

　同じ R セッションで複数の仕事を同時にどうしてもやりたい場合は，本当によく準備する必要がある．本書では，データフレームをアタッチ（`attach`）する．その結果，どのデータフレーム名を参照せずに，そこにある変数名を利用できるようになる（熟練すると，一般に `attach` 関数は使わなくなる）．`attach` 関数を用いるときのまずい点は，複数のデータフレームをアタッチしたとき，同じ名前の変数が存在するかもしれない，というところにある．あるデータフレームをアタッチしたとき，別のすでにアタッチされているデータフレームの中にある変数名を含

んでいるならば，R は次のように警告を発する．

```
The following object(s) are masked from 'first.frame':
    temp, wind
```

この警告は，新しいデータフレームをアタッチしたら，その中に 2 つの変数 `temp` と `wind` が存在し，それらはすでにアタッチしてある `first.frame` という名前のデータフレームの中にもある，ということを意味している．こういった事態は混乱の元であり，好ましいものではない．これを避けるために，新しいデータフレームをアタッチする前に，すべての不要なデータフレームをデタッチ（`detach`）しておく方が良い．次はその問題となるような例である．

```
first.frame <- read.csv("c:\\temp\\test.pollute.csv")
second.frame <- read.csv("c:\\temp\\ozone.data.csv")
attach(first.frame)
attach(second.frame)
The following object(s) are masked from 'first.frame':
    temp, wind
```

この問題を避けるには[6]，

```
first.frame <- read.csv("c:\\temp\\test.pollute.csv")
second.frame <- read.csv("c:\\temp\\ozone.data.csv")
attach(first.frame)
```

最後に，`first.frame` からの情報を基に作業し，それを終えたらデタッチでそのデータフレームを切り離す．

```
detach(first.frame)
attach(second.frame)
```

このとき，`temp` と `wind` はもはや重複した変数名ではないので，警告は何もない．

もう 1 つ大きな問題が存在する．セッション中に代入で変数を生成するときである（例えば典型的には，乱数や数列を生成するために，R のデータ生成関数を利用して計算させたりするときである）．最初のセッションで変数 $x$ に $\sqrt{2}$ に代入したいとき，次のように行うだろう．

```
x <- sqrt(2)
```

その後のセッションでグラフの座標に $x$ を使いたいので，次のように 0:10 を代入する

```
x <- 0:10
```

---

[6] 上記のコマンドを実行した時点で，下記のコマンドを実行すると，上と同様の警告が出る．以下の説明は，初めて `first.frame, second.frame` をアタッチするときの説明である．

こうしたことを忘れてしまって，$x$ は単数 $\sqrt{2}$ であると考え，そのように使いたいかもしれない．しかし，**R** はそれが 0 から 10 までの長さ 11 のベクトルであることを忘れてはいけない．この結果，深刻な悪影響を及ぼすかもしれない．このような問題を避けるには，同じ **R** セッション内で別の仕事を始める前に，計算に使った変数のすべてを削除した方が良い．そのための関数が `rm`（あるいは `remove`）である．

`rm(x)`

存在しない変数を削除しようとすると，**R** は警告を発する．

`rm(y, z)`

```
    警告メッセージ:
1:  In rm(y, z) :   オブジェクト 'y' がありません
2:  In rm(y, z) :   オブジェクト 'z' がありません
```

　では，本格的に **R** を使い始める時が来たようである．最初に学ぶことは，データフレームの作り方と **R** へのデータフレームの読み込ませ方である．この第一段階を正確に理解するのは初心者にはかなり難しいことが多く，非常にいらいらさせるようである．しかし，一旦データが **R** に読み込まれると，そのあとには平穏な航海が待っているだけである．

## 参考文献

Hairston, N. G. (1989) *Ecological Experiments: Purpose, Design and Execution*, Cambridge University Press, Cambridge.（邦訳：堀道雄，中田兼介，立澤史郎，足羽寛 訳，『野外実験生態学入門：生物の相互作用をどう調べるか』，蒼樹書房，1996.）

Hurlbert, S. H. (1984) Pseudoreplication and the design of ecological field experiments, *Ecological Monographs*, **54**, 187–211.

Platt, J. R. (1964) Strong inference, *Science*, **146**, 347–353.

## 発展

Atkinson, A. C. (1985) *Plots, Transformations, and Regression*, Clarendon Press, Oxford.

Box, G. E. P., Hunter, W. G. and Hunter, J. S. (1978) *Statistics for Experimenters: An Introduction to Design, Data Analysis and Model Building*, John Wiley & Sons, New York.

Chambers, J. M., Cleveland, W. S., Kleiner, B. and Tukey, P. A. (1983) *Graphical Methods for Data Analysis*, Wadsworth, Belmont, CA.

Winer, B. J., Brown, D. R. and Michels, K. M. (1991) *Statistical Principles in Experimental Design*, McGraw-Hill, New York.

# 第2章

# データフレーム

　データの扱い方，コンピュータへの取り込み方，そして R に読み込むやり方を学ぶことは非常に重要であり，修得しておくべきである．R は，データをデータフレームと呼ばれるオブジェクト[1]として扱う．データフレームとは行と列をもつオブジェクトである（2 次元の行列に似ている）．各行には調査での観測値や実験での測定値などそれぞれの個体がもつ値がおかれ，各列にはそれぞれの変数がとる値がおかれる．データフレーム本体の値は数値（数学での行列に入れられような値）であったり，文字列（要因「性別 (gender)」のようなカテゴリカル型変数がもつ水準名「男性 (male)」や「女性 (female)」など）であったり，カレンダーの日付（23/05/04 など）や論理値（「真 (TRUE)」や「偽 (FALSE)」）であったりといろいろである．表 2.1 には，7 つの変数をもつデータフレーム形式のものが与えてある．その左端は行名を表

**表 2.1** データフレーム形式の表

| Field name | Area | Slope | Vegetation | Soil pH | Damp | Worm density |
|---|---|---|---|---|---|---|
| Nash's Field | 3.6 | 11 | Grassland | 4.1 | F | 4 |
| Silwood Bottom | 5.1 | 2 | Arable | 5.2 | F | 7 |
| Nursery Field | 2.8 | 3 | Glassland | 4.3 | F | 2 |
| Rush Meadow | 2.4 | 5 | Meadow | 4.9 | T | 5 |
| Gunness' Thicket | 3.8 | 0 | Scrub | 4.2 | F | 6 |
| Oak Mead | 3.1 | 2 | Grassland | 3.9 | F | 2 |
| Church Field | 3.5 | 3 | Grassland | 4.2 | F | 3 |
| Ashurst | 2.1 | 0 | Arable | 4.8 | F | 4 |
| The Orchard | 1.9 | 0 | Orchard | 5.7 | F | 9 |
| Rookery Slpoe | 1.5 | 4 | Grassland | 5 | T | 7 |
| Garden Wood | 2.9 | 10 | Scrub | 5.2 | F | 8 |
| North Gravel | 3.3 | 1 | Grassland | 4.1 | F | 1 |
| Sourth Gravel | 3.7 | 2 | Grassland | 4 | F | 2 |
| Observatory Ridge | 1.8 | 6 | Grassland | 3.8 | F | 0 |
| Pond Field | 4.1 | 0 | Meadow | 5 | T | 6 |
| Water Meadow | 3.9 | 0 | Meadow | 4.9 | T | 8 |
| Cheapside | 2.2 | 8 | Scrub | 4.7 | T | 4 |
| Pound Hill | 4.4 | 2 | Arable | 4.5 | F | 5 |
| Gravel Pit | 2.9 | 1 | Grassland | 3.5 | F | 1 |
| Farm Wood | 0.8 | 10 | Scrub | 5.1 | T | 3 |

---

[1] R では取り扱う対象物をすべてオブジェクトと呼ぶ．関数，ベクトルなどすべてオブジェクトである．

**表 2.2** データフレーム形式ではない表

| Control | Pre-heated | Pre-chilled |
|---------|------------|-------------|
| 6.1 | 6.3 | 7.1 |
| 5.9 | 6.2 | 8.2 |
| 5.8 | 5.8 | 7.3 |
| 5.4 | 6.3 | 6.9 |

し，列には数値型変数（Area, Slope, Soil pH, Worm density など），カテゴリカル型変数（Field Name や Vegetation），あるいは論理型変数（Damp は 真 = T または 偽 = F をもつ）が存在している．

データを適切に解析するときに最も重要なことはたぶん，そのデータフレームを完璧に正しいやり方で作成することである．エクセルのような表計算ソフトを使ってデータを入力し修正したり，あるいはまた誤入力の検出のために図示したり，そのようにやったらよいのだろうと思うかもしれない．しかし，表計算の表に数値をどのように入力すればよいのか正しく学ぶことには，少々経験を要するのである．入力するのに間違った方法なら無数にあるが，正しく行う方法はただ 1 つだけである．しかし，その方法とは，大多数が直感的に最も明らかだろうと考えるような方法ではない．

要点は，**ある変数のもつすべての値は同じ 1 つの列の中に入れなければならない**ということである．たいしたことではないと思うかもしれないが，多くの人が間違うところである．例えば，3 処理（control, pre-heated, pre-chilled）をもつ実験において，各処理 4 回の測定を行ったとしよう．このとき，次のような表 2.2 を作るとよいだろうと考えるかもしれない．

しかし，これはデータフレームではない．応答変数の値が 1 列内ではなく，3 列に渡って表されているからである．これらのデータを正しく入力するためには 2 列を用いる．1 列目は応答変数に用い，2 列目は実験の要因水準（`control`, `pre-heated`, `pre-chilled`）に用いる．表 2.3 がデータフレームとして正しく入力された同じデータである．このデータ配置にうまく慣れるには，自分自身のデータにピボットテーブルといわれるエクセル関数を用いてみるとよい（エクセルのメニューバーの Insert tab の下に見つけることができる）．その表ではデータフレームの形式と同じものが要求され，説明変数のどれもがその固有の列に納められる．

エクセルでデータフレームを作り，避けがたいミス（データ入力や綴りのミス）をすべて修正してしまうと，最後に必要なのは **R** で読み込めるようなファイル形式でデータフレームを保存することである．最も簡単なのは，すべてのデータファイルをコンマで区切られた文書として保存するやり方である．つまり，[ファイル]-->[名前を付けて保存] において，[ファイルの種類] で [CSV(*.csv)] を選択し保存する．拡張子を付ける必要は無い．エクセルが出力ファイル名に自動的に".csv"を追加してくれる．このファイルは **R** で `read.csv` 関数を用いることにより，データフレームとして直接読み込むことができる．

データフレームには名前を付ける（ここでは `worms` とする）．それには，2 つの記号 `<`（不等号）と `-`（ハイフン）を組み合わせた記号 `<-`（左向き矢印）を次のように用いる．

```
worms <- read.csv("c:\\temp\\worms.csv")
```

表 2.3 データフレーム形式の表

| Response | Treatment |
|---|---|
| 6.1 | Control |
| 5.9 | Control |
| 5.8 | Control |
| 5.4 | Control |
| 6.3 | Pre-heated |
| 6.2 | Pre-heated |
| 5.8 | Pre-heated |
| 6.3 | Pre-heated |
| 7.1 | Pre-chilled |
| 8.2 | Pre-chilled |
| 7.3 | Pre-chilled |
| 6.9 | Pre-chilled |

データフレームの中に含まれている変数を知りたいときは names 関数を用いる．

```
names(worms)
[1] "Field.Name"   "Area"      "Slope"       "Vegetation"
[5] "Soil.pH"      "Damp"      "Worm.density"
```

変数名を直接参照したいときは（データフレーム名を前に付けずに）attach 関数を用いる．

```
attach(worms)
```

データフレームの中身を見たいときは，ただその名前をコマンドラインに入力するだけである．

```
worms
      Field.Name     Area Slope Vegetation Soil.pH  Damp Worm.density
1     Nashs.Field    3.6   11   Grassland    4.1   FALSE      4
2     Silwood.Bottom 5.1    2   Arable       5.2   FALSE      7
3     Nursery.Field  2.8    3   Grassland    4.3   FALSE      2
4     Rush.Meadow    2.4    5   Meadow       4.9    TRUE      5
5     Gunness.Thicket 3.8   0   Scrub        4.2   FALSE      6
6     Oak.Mead       3.1    2   Grassland    3.9   FALSE      2
7     Church.Field   3.5    3   Grassland    4.2   FALSE      3
8     Ashurst        2.1    0   Arable       4.8   FALSE      4
9     The.Orchard    1.9    0   Orchard      5.7   FALSE      9
10    Rookery.Slope  1.5    4   Grassland    5.0    TRUE      7
11    Garden.Wood    2.9   10   Scrub        5.2   FALSE      8
12    North.Gravel   3.3    1   Grassland    4.1   FALSE      1
13    South.Gravel   3.7    2   Grassland    4.0   FALSE      2
14    Observatory.Ridge 1.8 6   Grassland    3.8   FALSE      0
```

| | | | | | | | |
|---|---|---|---|---|---|---|---|
| 15 | Pond.Field | 4.1 | 0 | Meadow | 5.0 | TRUE | 6 |
| 16 | Water.Meadow | 3.9 | 0 | Meadow | 4.9 | TRUE | 8 |
| 17 | Cheapside | 2.2 | 8 | Scrub | 4.7 | TRUE | 4 |
| 18 | Pound.Hill | 4.4 | 2 | Arable | 4.5 | FALSE | 5 |
| 19 | Gravel.Pit | 2.9 | 1 | Grassland | 3.5 | FALSE | 1 |
| 20 | Farm.Wood | 0.8 | 10 | Scrub | 5.1 | TRUE | 3 |

第 1 行目には変数名が表示される．ユーザがよく用いる省略記号 T と F は，正式にそれぞれ TRUE と FALSE と表されていることに注意する．

## データフレームの一部分を選択する：添字選択

　データフレームの一部分を取り出したいことも多い．R では，非常に一般的な手法である**添字選択**によって実行できる．添字とは，ベクトルや行列やデータフレーム内の番地であると思えばよい．R の添字は角括弧 [ ] 内に書かれる．y[7] はベクトル $y$ の 7 番目の要素を指し，z[2,6] は 2 次元である行列 $z$ の 2 行 7 列目の要素を指している．この表記は，R の関数で引数を指定するときに丸括弧 ( ) を使った (4,7) のような表記と対照的である．

　ときには，データフレームの列はいくつか指定するが，行はすべて選びたい，ということもある．あるいは，行を指定して列はすべて選ぶというときもあるだろう．R の約束事では，添字をまったく指定しないことが，すべての行あるいはすべての列を選ぶことになる．この記法には初め戸惑うかもしれないが，ともかく，2 個の記号を組み合わせた記号列 [, は「すべての行」を意味し，また記号列 ,] は「すべての列」を意味すると解釈する．部分的に列を選択したいときは，その列番号のベクトルを指定する．例えば，データフレームの第 1 列を選ぶには添字選択 [,1] を使う．worms の最初の 3 列を選びたいときは，次のように指定する．

```
worms[, 1:3]
       Field.Name Area Slope
1      Nashs.Field  3.6   11
2   Silwood.Bottom  5.1    2
3    Nursery.Field  2.8    3
4      Rush.Meadow  2.4    5
5  Gunness.Thicket  3.8    0
6         Oak.Mead  3.1    2
7     Church.Field  3.5    3
8          Ashurst  2.1    0
9       The.Orchard 1.9    0
10    Rookery.Slope 1.5    4
11     Garden.Wood  2.9   10
12     North.Gravel 3.3    1
13     South.Gravel 3.7    2
```

```
14 Observatory.Ridge  1.8   6
15       Pond.Field   4.1   0
16      Water.Meadow  3.9   0
17         Cheapside  2.2   8
18        Pound.Hill  4.4   2
19        Gravel.Pit  2.9   1
20         Farm.Wood  0.8  10
```

データフレームの中央部の 11 行を選ぶには，添字を次のように [5:15, ] と指定する．

```
worms[5:15, ]
```

```
         Field.Name Area Slope Vegetation Soil.pH  Damp Worm.density
5    Gunness.Thicket  3.8   0       Scrub     4.2 FALSE            6
6           Oak.Mead  3.1   2   Grassland     3.9 FALSE            2
7       Church.Field  3.5   3   Grassland     4.2 FALSE            3
8            Ashurst  2.1   0      Arable     4.8 FALSE            4
9        The.Orchard  1.9   0     Orchard     5.7 FALSE            9
10     Rookery.Slope  1.5   4   Grassland     5.0  TRUE            7
11       Garden.Wood  2.9  10       Scrub     5.2 FALSE            8
12      North.Gravel  3.3   1   Grassland     4.1 FALSE            1
13      South.Gravel  3.7   2   Grassland     4.0 FALSE            2
14 Observatory.Ridge  1.8   6   Grassland     3.8 FALSE            0
15        Pond.Field  4.1   0      Meadow     5.0  TRUE            6
```

行または列を選ぶときに，いくつかの変数についての論理式を用いる方法も便利である．例えば， Area > 3 であり Slope < 3 であるような行をすべて選ぶには次のように書けばよい．ただし，すべての列を選ぶために，「コンマと空白」を用いている．

```
worms[Area > 3 & Slope < 3, ]
```

```
         Field.Name Area Slope Vegetation Soil.pH  Damp Worm.density
2     Silwood.Bottom  5.1   2      Arable     5.2 FALSE            7
5    Gunness.Thicket  3.8   0       Scrub     4.2 FALSE            6
6           Oak.Mead  3.1   2   Grassland     3.9 FALSE            2
12      North.Gravel  3.3   1   Grassland     4.1 FALSE            1
13      South.Gravel  3.7   2   Grassland     4.0 FALSE            2
15        Pond.Field  4.1   0      Meadow     5.0  TRUE            6
16      Water.Meadow  3.9   0      Meadow     4.9  TRUE            8
18        Pound.Hill  4.4   2      Arable     4.5 FALSE            5
```

## ソート（並べ替え）

指定しだいでデータフレームの行あるいは列をソートすることができる．しかし，典型的なのは，列のすべてを見てみたり，1つまたは2つ以上の列の値を使ってソートしたりすることだろう．デフォルトで，**R** の要素は昇順に（文字列だったらアルファベット順で，数値だったら増加するように）並べかえられる．変数名を使えば，最も簡単にソートできる．では，変数 `Area` を使ってデータフレーム全体をソートしてみよう．

```
worms[order(Area), ]
```

|    | Field.Name | Area | Slope | Vegetation | Soil.pH | Damp | Worm.density |
|----|------------|------|-------|------------|---------|------|--------------|
| 20 | Farm.Wood | 0.8 | 10 | Scrub | 5.1 | TRUE | 3 |
| 10 | Rookery.Slope | 1.5 | 4 | Grassland | 5.0 | TRUE | 7 |
| 14 | Observatory.Ridge | 1.8 | 6 | Grassland | 3.8 | FALSE | 0 |
| 9  | The.Orchard | 1.9 | 0 | Orchard | 5.7 | FALSE | 9 |
| 8  | Ashurst | 2.1 | 0 | Arable | 4.8 | FALSE | 4 |
| 17 | Cheapside | 2.2 | 8 | Scrub | 4.7 | TRUE | 4 |
| 4  | Rush.Meadow | 2.4 | 5 | Meadow | 4.9 | TRUE | 5 |
| 3  | Nursery.Field | 2.8 | 3 | Grassland | 4.3 | FALSE | 2 |
| 11 | Garden.Wood | 2.9 | 10 | Scrub | 5.2 | FALSE | 8 |
| 19 | Gravel.Pit | 2.9 | 1 | Grassland | 3.5 | FALSE | 1 |
| 6  | Oak.Mead | 3.1 | 2 | Grassland | 3.9 | FALSE | 2 |
| 12 | North.Gravel | 3.3 | 1 | Grassland | 4.1 | FALSE | 1 |
| 7  | Church.Field | 3.5 | 3 | Grassland | 4.2 | FALSE | 3 |
| 1  | Nashs.Field | 3.6 | 11 | Grassland | 4.1 | FALSE | 4 |
| 13 | South.Gravel | 3.7 | 2 | Grassland | 4.0 | FALSE | 2 |
| 5  | Gunness.Thicket | 3.8 | 0 | Scrub | 4.2 | FALSE | 6 |
| 16 | Water.Meadow | 3.9 | 0 | Meadow | 4.9 | TRUE | 8 |
| 15 | Pond.Field | 4.1 | 0 | Meadow | 5.0 | TRUE | 6 |
| 18 | Pound.Hill | 4.4 | 2 | Arable | 4.5 | FALSE | 5 |
| 2  | Silwood.Bottom | 5.1 | 2 | Arable | 5.2 | FALSE | 7 |

注意すべき重要な点は，`order(Area)` がコンマの前にあり，そのコンマの後には空白が来ているということである（これはすべての列を選択するという意味である）．また，ソートされたデータフレームには本来の行番号も左側に表示されている．

では，数値データだけからなる列（列番号 2, 3, 5, 7）のみを出力させたいとしよう．

```
worms[order(Area), c(2, 3, 5, 7)]
```

|    | Area | Slope | Soil.pH | Worm.density |
|----|------|-------|---------|--------------|
| 20 | 0.8 | 10 | 5.1 | 3 |
| 10 | 1.5 | 4  | 5.0 | 7 |

| | | | | | |
|---|---|---|---|---|---|
| 14 | 1.8 | 6 | 3.8 | | 0 |
| 9 | 1.9 | 0 | 5.7 | | 9 |
| 8 | 2.1 | 0 | 4.8 | | 4 |
| 17 | 2.2 | 8 | 4.7 | | 4 |
| 4 | 2.4 | 5 | 4.9 | | 5 |
| 3 | 2.8 | 3 | 4.3 | | 2 |
| 11 | 2.9 | 10 | 5.2 | | 8 |
| 19 | 2.9 | 1 | 3.5 | | 1 |
| 6 | 3.1 | 2 | 3.9 | | 2 |
| 12 | 3.3 | 1 | 4.1 | | 1 |
| 7 | 3.5 | 3 | 4.2 | | 3 |
| 1 | 3.6 | 11 | 4.1 | | 4 |
| 13 | 3.7 | 2 | 4.0 | | 2 |
| 5 | 3.8 | 0 | 4.2 | | 6 |
| 16 | 3.9 | 0 | 4.9 | | 8 |
| 15 | 4.1 | 0 | 5.0 | | 6 |
| 18 | 4.4 | 2 | 4.5 | | 5 |
| 2 | 5.1 | 2 | 5.2 | | 7 |

値を降順[2]に並べかえたいときは，逆転関数 rev を次のように用いる．

```
worms[rev(order(worms[, 5])), c(5, 7)]
```

| | Soil.pH | Worm.density |
|---|---|---|
| 9 | 5.7 | 9 |
| 11 | 5.2 | 8 |
| 2 | 5.2 | 7 |
| 20 | 5.1 | 3 |
| 15 | 5.0 | 6 |
| 10 | 5.0 | 7 |
| 16 | 4.9 | 8 |
| 4 | 4.9 | 5 |
| 8 | 4.8 | 4 |
| 17 | 4.7 | 4 |
| 18 | 4.5 | 5 |
| 3 | 4.3 | 2 |
| 7 | 4.2 | 3 |
| 5 | 4.2 | 6 |
| 12 | 4.1 | 1 |

---

[2] 指定された列の値が小さくなるような並べ替えを降順という．

```
1       4.1         4
13      4.0         2
6       3.9         2
14      3.8         0
19      3.5         1
```

これは `Soil.pH` が減少するようにソートしている．表示は `Soil.pH` と `Worm.density` のみである（`c(5,7)` を指定したので）．ソートに使う変数を名前を使って指定しても（上では `Area` を用いた），列番号で指定しても（上では，列番号 5 を指定して `Soil.pH` を用いた）よいということが分かる．

## データフレームの要約

オブジェクト `worms` にはデータフレームのすべての特徴が備わっている．例えば，`summary` 関数を使えば，その要約が得られる．

```
summary(worms)
    Field.Name        Area            Slope          Vegetation
 Ashurst    : 1   Min.   :0.800   Min.   : 0.00   Arable   :3
 Cheapside  : 1   1st Qu.:2.175   1st Qu.: 0.75   Grassland:9
 Church.Field: 1  Median :3.000   Median : 2.00   Meadow   :3
 Farm.Wood  : 1   Mean   :2.990   Mean   : 3.50   Orchard  :1
 Garden.Wood: 1   3rd Qu.:3.725   3rd Qu.: 5.25   Scrub    :4
 Gravel.Pit : 1   Max.   :5.100   Max.   :11.00
 (Other)    :14

    Soil.pH         Damp         Worm.density
 Min.   :3.500   Mode :logical   Min.   :0.00
 1st Qu.:4.100   FALSE:14        1st Qu.:2.00
 Median :4.600   TRUE :6         Median :4.00
 Mean   :4.555   NA's :0         Mean   :4.35
 3rd Qu.:5.000                   3rd Qu.:6.25
 Max.   :5.700                   Max.   :9.00
```

連続型の変数の値は 6 行に要約される：1 つはパラメトリックで（算術平均 `Mean`），後の 5 つはノンパラメトリックである（最大値 `Max.`，最小値 `Min.`，中央値 `Median`，25%点あるいは第 1 四分位点 `1st Qu.`，75%点あるいは第 3 四分位点 `3rd Qu.`）．カテゴリカル型の変数の各水準の値は計数である．

## 説明変数による要約

データフレームがもっている量的な情報の要約を得るために習得しておくべき関数が aggregate である．1個以上のカテゴリカル型変数の水準の組合せすべてにおいて，データフレームの中の連続型変数の平均値をまとめて知りたいということも多い．例えば，植物群落のそれぞれにおいて，虫の個体数の平均値を知りたかったとしよう．Worm.density のような1つの応答変数に対して，次のように tapply と with を組み合わせて使うことができる．

```
with(worms, tapply(Worm.density, Vegetation, mean))
    Arable Grassland    Meadow   Orchard     Scrub
  5.333333  2.444444  6.333333  9.000000  5.250000
```

しかし，解析の初期段階では，すべての連続型変数の平均値を同時にまとめて見てみたいことも多々あるので，そんなときには aggregate の登場を願うことになる．その前に，ちょっと準備しておこう．平均を求めることに意味があり役立つような変数がおいてある列番号を（つまり，実数をもっている列の番号）を調べておこう．Area と Slope がそれぞれ2列目と3列目にあり，Soil.pH は第5列，Worm.density が第7列にある．これらの平均を植物群落（Vegetation）で分類して求めるためには，次のようにするだけである．

```
aggregate(worms[, c(2, 3, 5, 7)], list(Vegetation), mean)
     Group.1     Area    Slope  Soil.pH Worm.density
1     Arable 3.866667 1.333333 4.833333     5.333333
2  Grassland 2.911111 3.666667 4.100000     2.444444
3     Meadow 3.466667 1.666667 4.933333     6.333333
4    Orchard 1.900000 0.000000 5.700000     9.000000
5      Scrub 2.425000 7.000000 4.800000     5.250000
```

これですべての平均値が表示される．コマンド内にある worms の左括弧 [ の後にコンマがあるが，なぜだろうか（答えは最後に）？ Vegetation の水準を並べた列の頭に Group.1 とあるが，これは aggregate の用いるデフォルトである．その列の Vegetation の水準はアルファベット順である．列の頭を Community としたければ，次のようにリストに指定する．

```
aggregate(worms[, c(2, 3, 5, 7)], list(Community = Vegetation), mean)
  Community     Area    Slope  Soil.pH Worm.density
1    Arable 3.866667 1.333333 4.833333     5.333333
2 Grassland 2.911111 3.666667 4.100000     2.444444
3    Meadow 3.466667 1.666667 4.933333     6.333333
4   Orchard 1.900000 0.000000 5.700000     9.000000
5     Scrub 2.425000 7.000000 4.800000     5.250000
```

複数個のカテゴリカル型の説明変数を用いて多重に分類することもできる．Vegetation の各水準内の土壌湿度（Damp）それぞれの水準において平均値を求めた要約が次である．

```
aggregate(worms[, c(2, 3, 5, 7)],
          list(Moisture = Damp, Community = Vegetation), mean)
  Moisture Community      Area     Slope  Soil.pH Worm.density
1    FALSE    Arable  3.866667  1.333333 4.833333     5.333333
2    FALSE Grassland  3.087500  3.625000 3.987500     1.875000
3     TRUE Grassland  1.500000  4.000000 5.000000     7.000000
4     TRUE    Meadow  3.466667  1.666667 4.933333     6.333333
5    FALSE   Orchard  1.900000  0.000000 5.700000     9.000000
6    FALSE     Scrub  3.350000  5.000000 4.700000     7.000000
7     TRUE     Scrub  1.500000  9.000000 4.900000     3.500000
```

これを見て次のことに気づくだろう．aggregate は出力の存在するような行のみを表示する（そこには，乾いた牧草地（dry meadows），湿った耕作地（wet arable），湿った果樹園（wet orchards）などは存在しない）．これに対して，tapply は，そのような組合せが無い場合は，NA（not available）を出力する．

```
with(worms, tapply(Slope, list(Damp, Vegetation), mean))
        Arable Grassland   Meadow Orchard Scrub
FALSE 1.333333     3.625       NA       0     5
TRUE        NA     4.000 1.666667      NA     9
```

今の解析に必要適切なものを提供するのはどれなのか，という判断で aggregate と tapply のどちらかを選択するとよい．ただし，tapply は一度に 1 変数しか要約できないことを記憶しておこう．

　この節の中頃にある質問の答えは，角括弧の後のコンマは「データフレームの中にあるすべての行を選択せよ」というものである．複数行を選びたければ，列を選ぶのに c(2, 3, 5, 7) を指定したのと同様に，どの行を選ぶのか指定しなければいけない．

## 最初にすべきことは真っ先に：自分のデータをまず知ろう

　コンピューターにデータを読み込むと，解析にまっしぐらという誘惑が存在する．これは絶対にやってはならないことである．まずは，自分のデータについて知っておく必要がある．プロジェクトの初期の段階では極めて重要である．データに間違いがあるというのは高い確率で起こりうるからである．明らかに，思慮ある何かをしたければ，これらが修正されてからのことだろう．

　同様に重要なのが，データの見かけがどのような感じなのか知らなければ，データにどのようなモデルを当てはめられるか分からないということである（直線か曲線か）．また，意図するモデルの仮定（分散の均一性や誤差の正規性など）が，そのデータで満たされているのかも分からない．

　勧められる手順は次のとおりである．まず，応答変数をそのままにプロットしてみる．これ

はインデックスプロットと呼ばれる．データに目立った誤りがあったり，データフレームに並べられた順番での応答変数値に傾向や繰り返しがあるようなら，それだけで分かるだろう．

```
data <- read.csv("c:\\temp\\das.csv")
attach(data)
head(data)
         y
1 2.514542
2 2.559668
3 2.460061
4 2.702720
5 2.571997
6 2.412833
```

データ検査は簡単そのものである．変数 y に plot(y) とやってプロットするだけである．これで，y の値が左から右へとデータフレームに並べてある順番で表示される散布図が得られる（図 2.1）．

```
plot(y)
```

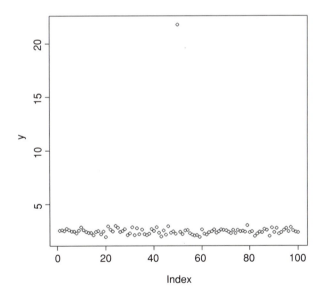

図 **2.1** 変数 y のインデックスプロット

1 個のデータ点が痛めた親指のように気障りである．実験記録に戻って，このことを確かめるべきである．この異常に大きな y の値が，表計算ソフトの集計表のどの行にあるのか知ることは有益である．関数 which を用いると簡単にできる．プロットを見ると，問題のデータ点は 10 よりも大きいので，次のように which 関数を用いるとよい．

```
which(y > 10)
[1] 50
```

この外れ値は 50 行目にある．そこで，実験記録を調べてそうなのか調べる．この外れ値の正確な値は何か？ そのために，添字番号を角括弧 [ ] で括って，y の 50 番目の値を求めると

```
y[50]
[1] 21.79386
```

実験記録はというと，その値は **2.179386** となっている．タイプミスで間違った所に小数点を打ったことが分かる．集計表のその値を修正してやり直すことになる．そのデータを検査するために plot を再度用いると，次が得られる（図 2.2）．

```
y[50] <- 2.179386
plot(y)
```

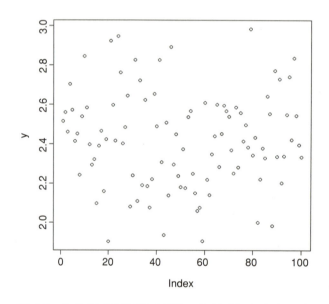

図 **2.2** タイプミスを修正した変数 y のインデックスプロット

どのデータ点にも疑わしいところは見あたらない．並んだ順番に傾向も見られない．散らばり具合も左から右へと同じように見える．これは良い知らせだ．

　外れ値は必ずしも誤謬というわけではない，このことの認識は重要である．ほとんどの外れ値は正式な応答値である．外れ値に関して重要なことは，その存在に気づいていること（プロットで分かるだろう），選択したモデルにおいて効果の大きさと標準偏差を求めるとき，どの程度の影響を外れ値が与えるのか理解しておくこと，などである．この極めて重大な話題については p.147 で議論する．現時点では，他の連続型の説明変数についても同じことを順番に繰り返すだけに留めておこう．

カテゴリカル型説明変数の要因水準を検査するときは，`table` 関数を用いる．これで，要因水準がデータフレームの特定の列に何回出現しているのかが分かる．データに間違いがあれば，本来あるべき水準数よりも多くなることから明らかになるだろう．ここでは，肥料散布と穀物収穫量に関する実験での `treatment` と呼ばれる変数について考えてみよう．この要因には 4 つの水準がある：対照（`control`），窒素（`nitrogen`），リン（`phosphorus`），その両方（`bothNandP`）．これを次のように検査する．

```
yields <- read.csv("c:\\temp\\fertyield.csv")
attach(yields)
head(yields)
   treatment      yield
1    control  0.8274156
2    control  3.6126275
3    control  2.6192581
4    control  1.7412190
5    control  0.6590589
6    control  0.4891107
```

見てのとおり，変数 `treatment` は文字列（6 行すべて `control` である）を要素にもつ要因である．それは，2 列目の収穫を得るために 4 種類の肥料のどれが散布されたかを表している．次は要因水準を検査する．

```
table(treatment)
treatment
bothNandP      control      nitogen     nitrogen    phosphorus
       10           10            1            9            10
```

期待された 4 要因水準よりも多く，5 つある．何かがおかしいのは明らかである．窒素の値の 1 つが `nitogen` になっている．そのため，9 個の `nitrogen`（10 個が期待される）となり，そのスペルミスにより要素 1 の余分な列が表に出現している．次の段階は，この誤りがどの行にあるかを調べ，その情報を基づき，本来の集計表へ戻り，修正することである．これも `which` 関数を用いると簡単である．等号の検出において，比較演算子 `==` を利用していることに注意する．

```
which(treatment == "nitogen")
[1] 11
```

誤りは 11 行目にある．集計表のこの行を修正する必要がある．変更し，**R** にこの新しく修正されたものをデータフレームに読み込んで，再度やり直す．連続型もカテゴリカル型も変数はすべて 1 回に 1 つずつ検査し，見つけた誤りをすべて修正する．これで，変数間の関係が調べられるようになった．

```
detach(yields)
```

## 関係

まずは2変数の関係から始めよう．2つの変数共に連続型の場合，それに適切なグラフは散布図である．

```
data <- read.csv("c:\\temp\\scatter.csv")
attach(data)
head(data)
          x         y
1  0.000000   0.00000
2  5.112000  61.04000
3  1.320000  11.11130
4 35.240000 140.65000
5  1.632931  26.15218
6  2.297635  10.00100
```

応答変数は y で，説明変数は x なので，その関係を見るために plot(x, y) あるいは plot(y ~ x) を用いる（この2つの plot は同じグラフを生成するので，好みでどちらを選んでもよい）．このグラフにメリハリを付けるために2つ変更を加えよう．いままで用いてきたデフォルトのプロット記号（pch，'plotting character' の意）の白丸を，色の付いた黒縁の丸（pch = 21）に変更する．丸の内側には明るい色を指定する（bg = "red"，'background' の意）．

```
plot(x, y, pch = 21, bg = "red")
```

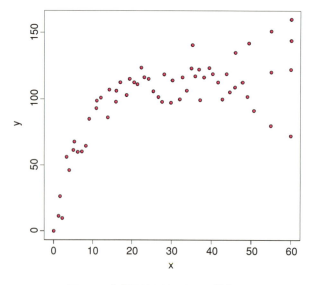

図 **2.3** 曲線関係が見てとれる散布図

この図 2.3 からすぐに，2つの大きな問題点が見てとれる．(1) 応答変数と説明変数の関係は曲

線的であり，直線的ではない．(2) 応答変数の散らばり具合は左から右へと増加的である（均一でない分散（不等分散）のようである）．データのもつこれら 2 つの特徴は思い違いなどではなく，モデル選択における重要な判断材料である（例えば，$x$ と $y$ の間に正の相関があるにしても，これらに線形回帰モデルは当てはめるとは限らない）．

説明変数がカテゴリカル型の場合，`plot` 関数は箱ヒゲ図（図 2.4）を生成する．これは誤りを検出する際，下の例で分かるように，非常に役に立つ．

```
data <- read.csv("c:\\temp\\weather.data.csv")
attach(data)
head(data)
  upper lower rain month   yr
1  10.8   6.5 12.2     1 1987
2  10.5   4.5  1.3     1 1987
3   7.5  -1.0  0.1     1 1987
4   6.5  -3.3  1.1     1 1987
5  10.0   5.0  3.5     1 1987
6   8.0   3.0  0.1     1 1987
```

このデータフレームには連続型と思われる 3 つの変数がある（1 日の最高気温（`upper`），最低気温（`lower`），ミリ単位の雨量（`rain`））．また，さらに 2 つの量的変数（`month`, `year`）が存在するが，これらはカテゴリカル型として扱えるだろう．ここでは，最高気温について最初の検査を行ってみる．カテゴリカル型の説明変数を伴って `plot` 関数が呼び出されると（ここでは，`factor(month)`），散布図ではなく箱ヒゲ図を生成する（詳細は p.76 を参照）．

```
plot(factor(month), upper)
```

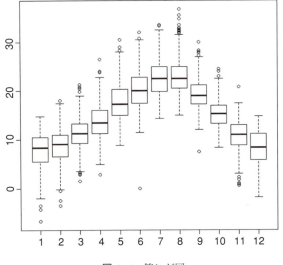

図 **2.4** 箱ヒゲ図

この箱ヒゲ図（図 2.4）は最高気温の中央値の季節パターンを鮮やかに示している．7月と8月に最大が，1月に最小が来ている．箱ヒゲ図が示していることの詳細は p.76 で説明するので，ここでの目的である誤りの検出に集中しよう．プロットには6月に真冬日（最高気温が0°C）があるが，この地域でそのようなことは聞いたことがない．実際は，この日に温度計が壊れて，新しいものに置き換えている．そのため，その日の欠測値を愚かなことに0と書き込んでしまった（NA にすべきであった）．ここで再び集計表に戻って，間違っている0を正しい NA に書き換えよう（NA は「得られていない（not available）」の意，文字列ではないので引用符では括らない）．

### 連続変数間の交互作用を探る

いったん明らかな誤りが修正されると，次の疑問はモデル選択に関することになる．例えば，ある変数への応答が他の変数の値に依存していないか（これは統計学では交互作用と呼ばれている）？ 連続型の説明変数の場合は，条件付きプロット（一般に，coplot と呼ばれる）を用いて交互作用の効果を調べられる．カテゴリカル型の説明変数の場合は，barplot を使って交互作用の効果を見ることができる．次の例には1つの応答変数 y と2つの連続型説明変数 x と z が存在する．

```
data <- read.csv("c:\\temp\\coplot.csv")
attach(data)
head(data)
         x        y        z
1 95.73429 107.8087 14.324408
2 36.20660 223.9257 10.190577
3 28.71378 245.2523 12.566815
4 78.36956 132.7344 13.084384
5 38.37717 222.2966  9.960033
6 57.18078 184.8372 10.035677
```

2つの散布図を並べて表示するときは，プロット画面の大きさをデフォルトの 7×7（インチ単位）から 7×4 に変更したほうが見栄えが良い．

```
windows(7, 4)
```

さらに，同じ行に2つの図が並ぶようにグラフィックスパラメータを変更する（詳細は p.146 を参照）．

```
par(mfrow = c(1, 2))
```

応答変数に2つの説明変数をそれぞれ別々に当てはめても，明白な関係は見られない．

```
plot(x, y)
plot(z, y)
```

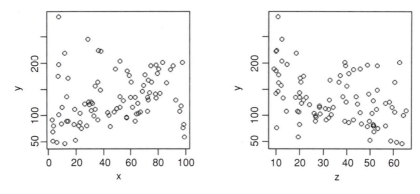

図 2.5 説明変数ごとの散布図

連続型の説明変数（この例では，x と z）の間の交互作用を調べるために，素晴らしくできの良い画像関数 `coplot` を利用する．z の値で条件をつけて，x に対して y をプロットする．この関数は大変使いやすい．読者には初めてと思われる記号は縦棒 | であるが，これは「与えられたときの」と読む．「z の値が与えられときの x に対する y のプロット」と言うとき，これを `coplot(y~x|z)` と書く．デフォルトではデータを 6 分割する（変えたければ変更可能）．最も小さな z 値を含む 6 番目のデータは，x に対する y のプロットとして左下のパネルに与えられている．プロットの見かけを良くするために，黒丸（`pch = 16`）をプロット記号に用い，関係の傾向を表す曲線を赤線で散布図に書き込んでいる．当てはめられた曲線は `panel.smooth` 関数を呼び出して求めた，いわゆるノンパラメトリック平滑化曲線である．まず，プロット画面をデフォルトのもの（7 × 7）に戻そう．

```
windows(7, 7)
```

そして，条件付きプロットを描く（図 2.6）．

```
coplot(y ~ x | z, pch = 16, panel = panel.smooth)
```

このプロットは応答変数 y と説明変数 x との関係を本当に明らかにしてくれている．ただし，その関係は（2 番目の連続型の説明変数である）z の値に依存している．z の値が小さいとき（左下のパネル），y と x の間には右下がりの傾向がある．z の値が大きいときは（右上），それは右上がりの強い傾向を見せている．z の値が大きくなるとき（左下から右下へ，そして左上から右上へ），y と x との関係は大きく右下がりの傾向から水平へ，そして大きな右上がりへとかなり連続的に変化している．`coplot` 関数のみが，非常に単純明瞭にこの種の交互作用を示すことができる．

　図の上の部分には初心者は戸惑うかもしれない．灰色の横棒はこけら板（shingle, 屋根を葺くタイルを表す米語）と呼ばれ，6 個の各パネルのを作成するのに利用された変数（ここでは，z）の値の範囲を示している．一番下にある（左側の）こけら板により次のことが分かる：(x

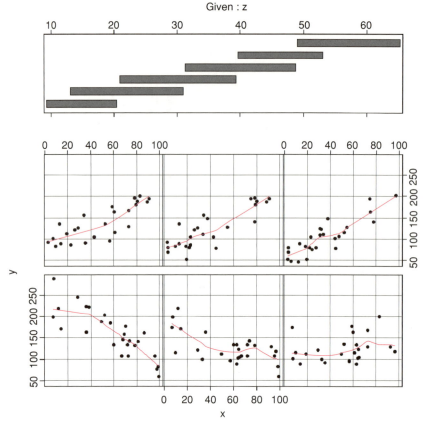

図 2.6　z の値が与えられときの x に対する y のプロット

と y の強い負の関係を示す）左下のパネルは，z の値が 10 と 20 の間にある（'Given:z' の表示のすぐ下にある横軸の目盛りで分かる）データに基づいて作成されている．同様に，次のパネルは，z の値が 13 と 30 の間にあるデータを利用し，さらに次のものは 20 から 40 のもので，などのことが分かる．こけら板が重複しているが，それがデフォルトである（overlap = 0.5 と設定されているためであり，詳しくは ?coplot で調べよ）．両端にないパネルにおいては，左側のパネルと半分を共有し，右側とまた半分を共有する．望むなら，重複しないように指定することもできる（overlap = 0）．

## 重回帰分析を補助してくれるグラフィックス

　多くの連続型の説明変数が存在し，データが観測研究からのもので，反復や無作為化が考慮されていないような場合は，問題は本当に深刻なものになる．このようなデータセットではしばしば，説明変数は互いに関係しあう（ほとんどの単純なモデルでは，説明変数間の独立性（専門用語なら，直交性）を想定する）．この話題については 10 章で詳しく論じるが，現時点では単純に，安易な解決法は存在しないと理解しておこう．重回帰データの予備調査では，**樹木モデル（tree model）**と**一般化加法モデル（generalized additive model）**が便利な道具を提供している（p.217 を参照）．

## カテゴリカル型変数を含む交互作用

次のデータは，窒素（nitrogen）とリン（phosphorus）を肥料として個別に，あるいは一緒に施した要因実験からのものである．

```
data <- read.csv("c:\\temp\\np.csv")
attach(data)
head(data)
     yield nitrogen phosphorus
1 0.8274156       no         no
2 3.6126275       no         no
3 2.6192581       no         no
4 1.7412190       no         no
5 0.6590589       no         no
6 0.4891107       no         no
```

1つの連続型応答変数（yield）と2つのカテゴリカル型の説明変数（nitrogen と phosphorus）が存在している．説明変数はそれぞれ2水準（yes と no）をもっている（yes はその区画に肥料として散布された）．まず，2種類の薬剤の効果をそれぞれ別に見てみよう．

```
windows(7, 4)
par(mfrow = c(1, 2))
plot(nitrogen, yield, main = "N")
plot(phosphorus, yield, main = "P")
```

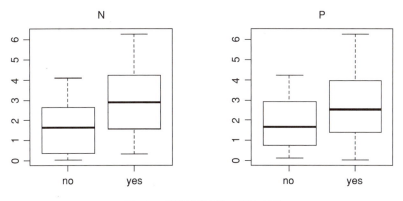

図 2.7 説明変数ごとの箱ヒゲ図

これらのプロットから，nitrogen と phosphorus のいわゆる「主効果」が見てとれる：窒素の方がリンよりもわずかではあるが生産量に寄与しているようである．窒素散布（左側のプロットでの yes）の中央値は無散布の場合の箱の上辺を超えているが，リン散布の中央値は無散布の上辺より下にある（右側のプロット）．これら主効果を見るだけでは，リンへの応答が窒素の

水準に依存しているのかどうかは分からない．応答に対する 4 つの水準（全くの無散布，窒素のみ，リンのみ，両方）の効果の大きさを示す**交互作用プロット**が必要である．そのために，`tapply` を利用する．

```
tapply(yield, list(nitrogen, phosphorus), mean)
          no       yes
no  1.473840 1.875928
yes 2.289990 3.480184
```

行は窒素の水準に対して，列はリンの水準に対応している．リンの無散布（第 1 列）において窒素の効果の大きさは $2.290/1.474 = 1.55$ であり，リンの散布において窒素の効果の大きさは $3.480/1.876 = 1.86$ である．窒素の効果の大きさはリンの水準に依存している（リンの無散布では 55%，リンの散布では 86% の増加である）．これが統計的交互作用の例である：**ある要因への応答が別の要因の水準に依存している**．

交互作用を図を使って表したい．それには多くのやり方があるが，たぶん最も視覚に訴えるのは `barplot` 関数を使ったものだろう．この関数には `tapply` からの出力をそのまま用いることができる．しかし，窒素処理を 2 種類の灰色で表したことを示す凡例を追加しておくというのは良い考えである．

```
barplot(tapply(yield, list(nitrogen, phosphorus), mean), ylim=c(0,3.5),
        beside = TRUE, xlab = "phosphorus")
```

`locator` を使うと，表示された棒と重ならないように凡例をおくことができる．凡例の枠の左上の角をどこにするのか，好みの場所にカーソルをもって行き，左クリックする．

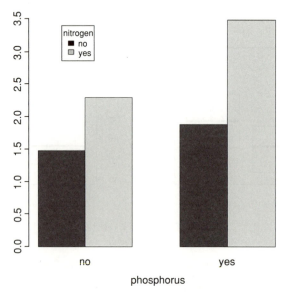

図 **2.8** `tapply` からの出力を利用した棒グラフ

```
legend(locator(1), legend = c("no", "yes"), title = "nitrogen",
       fill = c("black", "lightgrey"))
```

表示の最後の仕上げとして，プロットの棒の上辺に誤差棒を追加しておきたいと考えるかもしれないが，それは後に回そう．効果の非信頼性をどのように測定するのか議論してからにしよう（p.177 を参照）．

　本格的に統計解析を始める前に，扱っているデータにどのようなパターンが存在するのか調べる時間をとるのは是非とも必要なことである．そのような予備的プロットを取捨選択可能な付属品程度のものだと考えてはならない．どの種の統計モデルが適切なのか，データにどの種の仮定（応答の線形性，分散の均一性，誤差の正規性）が正当化されそうか，それらの判定に極めて大きな影響を与える．後に見るように，仮定の検証については再び取り上げるが，統計的モデル化を扱ってからにしよう（p.146 を参照）．

　以上がデータの予備検査である．では，統計的解析について考えることにしよう．効果の大きさとその非信頼性を測ること（現代的な接近法）に集中しよう．仮説検定（旧来の接近法）には相対的に低い注意を払うことになる．

## 発展

Chambers, J. M. and Hastie, T. J. (1992) *Statistical Models in S*, Wadsworth & Brooks/Cole, Pacific Grove, CA.（邦訳：柴田里程 訳,『S と統計モデル—データ科学の新しい波』, 共立出版, 1994.）

Crawley, M. J. (2013) *The R Book*, 2nd edn, John Wiley & Sons, Chichester.

# 第3章

# さまざまな中心値

　すべては変化するという事実にもかかわらず，測定値はしばしば，ある中心的な値の周りに群がる．そのデータそれ自身に中心的な値の周りに群がるという傾向が見られなかったとしても，繰り返し求めた測定値から導かれる統計量（例えば，繰り返し求めた標本平均）はほとんど必然的にそのような傾向を示す（これは中心極限定理と呼ばれている，p.79 を参照）．まず，練習のためのデータを読み込むことにしよう．データは y という名前のベクトルで，yvalues.csv という名前のテキストファイルに収められている．

```
yvals <- read.csv("c:\\temp\\yvalues.csv")
attach(yvals)
```

　どのようにしたら，その中心値を数量化できるだろうか？　たぶん，最も自明な方法は，計算などを一切することなく，データをそのまま眺めるというものだろう．最も高い頻度で起こっているデータ値は**最頻値（モード，mode）**と呼ばれる．次のようにデータのヒストグラムを描けば簡単に最頻値を得ることができる（図 3.1）．

```
hist(y)
```

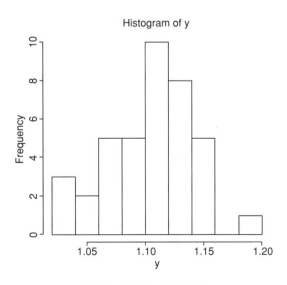

図 **3.1**　ヒストグラムの例

つまり，y の頻度が高いのは 1.10 から 1.12 だと言ってよいだろう（ヒストグラムの分割点の位置を調整するやり方については後で見ることにする）．

中心値を最も簡単に数量化して表したものがデータの**算術平均**（**mean**）である．これはすべてのデータ値の和

$$\sum_{i=1}^{n} y_i = y_1 + y_2 + \cdots + y_n$$

をとり，データ数 $n$ で割ることにより得られる．ここで，$\sum_{i=1}^{n}$ は $i$ を 1 から $n$ まで変化させて和を求める，ということを意味する．このとき，その算術平均を $\bar{y}$ と書き，「$y$ バー」と読む．これは，次のように書ける．

$$\bar{y} = \frac{1}{n} \sum_{i=1}^{n} y_i$$

任意のベクトル y の算術平均を計算してくれるような一般的な関数を，どのようにして書けばよいかということが，この公式から分かる．まず，要素をすべて足し合わせる必要がある．次のようにして行う．

```
y[1] + y[2] + y[3] + ··· + y[n]
```

しかし，これは冗長である．また，$n$ の値も前もって知っておく必要がある．幸いなことに，どのような長さのベクトルでも扱える組込み関数 sum が存在する．つまり，

```
total <- sum(y)
```

これで，分子の値が得られる．では，データ数はどうすれば扱えるだろうか？ これは計算をさせるたびに異なりそうである．y を出力させて，それを数え上げるということも考えられるが，面倒だし，間違いそうでもある．実は，**R** にはこれを代わりに実行してくれる非常に重要で一般的な関数が存在する．それは length という関数で，ベクトル y の要素数を返してくれる．

```
n <- length(y)
```

これで，算術平均を計算する関数値は

```
(ybar <- total/n)
[1] 1.103464
```

で求められることになる．途中で使った変数 total や n を必ずしも使う必要はない．

```
ybar <- sum(y)/length(y)
```

とするだけでよい．この計算の流れを一般的な**関数**（**function**）として実現するために，その関数に名前を付けなければならないが，ここでは arithmetic.mean としよう．これは次のように定義できる[1]．

---

[1] 初版ではここで，関数を定義するときは関数の本体部を次の例のように括弧 { } で括るように勧めていた．日本語版ではその忠告を守ることにする．

```
arithmetic.mean <- function(x) {sum(x)/length(x)}
```

ここで，2つのことに注意しよう：

(i) 答えの `sum(x)/length(x)` を `xbar` のような名前の付いた変数には代入していない
(ii) 関数 `function(x)` で用いられているベクトルの名前（ここでは，`x`）と，将来この関数を使うときに代入される変数の名前（例えば，`y`）は異なっていてもよい

関数名をそのまま入力すると，その定義された内容が出力される．

```
arithmetic.mean
function(x) {sum(x)/length(x)}
```

この関数にいくつかデータを代入して調べてみよう．まず，答えの分かっているデータセットに使ってみる．それで，関数が正しく計算してくれるか検査することができる．例えば，

```
data <- c(3, 4, 6, 7)
```

これの算術平均は明らかに 5 である．

```
arithmetic.mean(data)
[1] 5
```

問題はない．では，さきほどのデータ y に対して試してみよう．

```
arithmetic.mean(y)
[1] 1.103464
```

ここまでくれば，**R** に算術平均をすぐに計算してくれる組込み関数があると聞いても納得できるだろう．また，その名前が `mean` であると聞いても同様だろう．それは上の手作りの関数と同じように計算してくれる．

```
mean(y)
[1] 1.103464
```

算術平均だけが中心値を数量化する指標というわけではない．実はこれには，かなり不都合な性質がある．たぶん，算術平均のもつ最も深刻な短所は，**外れ値の影響を極めて受けやすい**という点にあるだろう．データセットの中に極端に大きかったりあるいは小さかったりする点が 1 つでもあると，算術平均の値に大きな影響を与えてしまうのである．この問題は後で再検討することにして，ここでは外れ値の影響を受けにくいもう 1 つの中心値を紹介することにしよう．それは**中央値（メディアン，median）**と呼ばれる．データセットの「真ん中の値」という意味である．この中央値を計算する関数を書くには，まずデータを昇順にソートしておく必要がある．

```
sorted <- sort(y)
```

では，中央値を見つけてみたい．しかし，ここには少々難しい問題がある．ベクトルの長さが偶数の場合は，真ん中の値が存在しないからである．データ数が奇数であるような簡単な場合から始めてみよう．ベクトルの長さは `length(y)` で与えられるので，その真ん中の値はこれの半分のところにある．

```
length(y)/2
[1] 19.5
```

つまり，中央値はソートされたベクトルの 20 番目の値である．`y` の中央値を取り出すためには，添字に 19.5 ではなく，20 を使わなければならないので，`length(y)/2` を整数に変換する必要がある．これには `ceiling(x)`（`x` 以上で最小の整数値）を用いる．

```
ceiling(length(y)/2)
[1] 20
```

これで `y` の中央値が取り出せる．

```
sorted[20]
[1] 1.108847
```

より一般的には，

```
sorted[ceiling(length(y)/2)]
[1] 1.108847
```

さらに一般的には，ソートした値を代入した変数名 `sorted` を省略すると次のようにも書ける．

```
sort(y)[ceiling(length(y)/2)]
[1] 1.108847
```

では，長さが偶数であるベクトルではどうすればよいのだろうか？ まず，そのようなベクトルを作る．負の添字を用いて，ベクトル `y` から最初の要素を取り除く．これは次のように行う．

```
y.even <- y[-1]
length(y.even)
[1] 38
```

偶数の長さに対しては，真ん中の両側にある `y` の 2 つの値の算術平均を採用することにしよう．ここでは，ソートされたベクトルの 19 番目と 20 番目の値の平均になる．

```
sort(y.even)[19]
[1] 1.108847

sort(y.even)[20]
[1] 1.108853
```

このとき，中央値は次のように計算される．

```
(sort(y.even)[19] + sort(y.even)[20])/2
[1] 1.108850
```

一般的には，19 と 20 という値はそれぞれ，

```
ceiling(length(y.even)/2)
```

```
ceiling(1 + length(y.even)/2)
```

で置き換えられる．

　では，質問である．一般的に，ベクトル y の長さが奇数であるか偶数であるかはどうしたら分かるだろうか？ それが分かれば，2 つの計算法のうちどれを使えばよいかを決めることができる．ここでのヒントは「余り」を使うことである．これは，ある整数を別の整数で割ったときの残りである．偶数を 2 で割れば余りは 0, 奇数に対しては 1 である．R で余りを求める 2 項演算子は %% （パーセント記号を 2 つ並べる）である．普通の割り算の計算におけるスラッシュ / のように用いる．これが実際どのように働くか，偶数 38 と奇数 39 に対して使ってみよう．

```
38 %% 2
[1] 0
```

```
39 %% 2
[1] 1
```

これで，中央値を計算する一般的な関数を書く準備が整った．これを関数 med と名付けると，次のように定義できる．

```
med <- function(x) {
    modulo <- length(x)%%2
    if (modulo == 0)   (sort(x)[ceiling(length(x)/2)]
                       +sort(x)[ceiling(1+length(x)/2)])/2
    else   sort(x)[ceiling(length(x)/2)]
}
```

if 文が真の場合（長さが偶数の場合）は，if 文にすぐ続く式が実行される（つまり，偶数長のベクトルに対する中央値が計算される）．if 文が偽の場合（長さが奇数，つまり「[余り] = 1」の場合）は，else 文に続く式が実行される（つまり，奇数長のベクトルに対する中央値が計算される）．では，実際に試してみよう．まず奇数長であるベクトル y を使い，次に偶数長であるベクトル y.even を使う．前に求めた値と比較してみればよい．

```
med(y)
[1] 1.108847
```

```
med(y.even)
```
```
[1] 1.108850
```

どちらも問題ない．しかし，ここでもまた，中央値を計算する組込み関数が存在すると知らされても驚くことはないだろう．分かりやすいことに，それは `median` と名付けられている．

```
median(y)
```
```
[1] 1.108847
```
```
median(y.even)
```
```
[1] 1.108850
```

今までは加法的であったが，乗法的に変化するような過程においては，算術平均も中央値も中心値の良い指標とはいえない．そのような場合は，**幾何平均（geometric mean）**がふさわしい指標である．その正式の定義は少々抽象的であるが，$n$ 個のデータすべての要素の積の $n$ 乗根というものである．積を表すのにギリシャ文字の $\Pi$（パイ）を用いると，データ $y$ の幾何平均 $\hat{y}$（$y$ ハット）は次のように書ける．

$$\hat{y} = \sqrt[n]{\prod_{i=1}^{n} y_i}$$

手計算で求められるような簡単な例を考えてみよう．5 株の植物にたかった昆虫の数が 10, 1, 1000, 1, 10 であったとしよう．これらの積をとると 100000 である．5 個の数があるので，その 5 乗根をとることになる．根を求めるのは結構難しいので，**R** を電卓として利用しよう．**累乗根とは分数の冪**であることを思い出すと，その 5 乗根は $1/5 = 0.2$ の冪で求められる．**R** では冪を表すときにキャレット記号 `^` を用いる．

```
100000^0.2
```
```
[1] 10
```

ゆえに，これらの昆虫数の幾何平均は 1 植物あたり 10 匹である．データの中の 2 つの数が 10 であり，中心値の妥当な推定値になっているようである．これに比較して，算術平均は中心値の指標としては望み薄である．最大値 1000 が大きく，$(10 + 1 + 100 + 1 + 1000)/5 = 204.4$ となり，影響を与えすぎるのである．データのどの値もこれに近いものはないので，このときの算術平均は中心値の推定値としては的外れだと言える．

```
insects <- c(1, 10, 1000, 10, 1)
mean(insects)
```
```
[1] 204.4
```

幾何平均を計算するとき，対数を使うというやり方もある．積の計算はそれらの対数の和で求められるということを思い出してほしい．累乗根の計算は，その累乗数で対数和を割ればよい．つまり，データの幾何平均は，データの対数（`log`）をとり，その平均を逆対数関数（指数関数，`exp`）に代入して計算される．

```
exp(mean(log(insects)))
[1] 10
```

このやり方で幾何平均を求める一般的な関数を書くことは，読者への課題として残しておこう．

幾何平均の利用は一般的な科学的問題へと関心を導く．図 3.2 を見てほしい．そこには，時間経過に伴って変化する 2 集団の大きさが描かれている．どちらの集団がより変動的か，と考えてみたらよい．賭けてもよい，きっと上の変化を選ぶに違いない．

```
upper <- rep(c(100, 200), 10)
plot(upper, type = "l", ylim = c(0, 250), ylab = "y", col = "blue")
lower <- rep(c(10, 20), 10)
lines(lower, col = "blue")
```

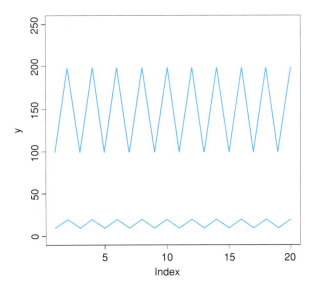

図 **3.2**　大小 2 つの変動をもつデータの例

しかし，ここでは $y$ 軸上の尺度について見てみよう．上のグラフは 100, 200, 100, 200, 100, 200 と上下する．言い換えると，2 倍，半分，2 倍，半分，2 倍である．下のグラフは 10, 20, 10, 20, 10, 20 と上下する．これもまた，2 倍，半分，2 倍，半分，2 倍である．そう考えると，答えは「どちらも同じ変動をもつ」となる．上の集団は下よりも高い平均値をもっているのである（150 対 15）．上のグラフは下よりも大きな変動をもっている，などと思い込まないためには，集団数が乗法的に変化するようなものは，生データよりもその対数をプロットする，というのも良い習慣である（図 3.3）．

```
plot(log(upper), type = "l", ylim = c(1, 6), ylab = "log(y)",
     col = "blue")
lines(log(lower), col = "blue")
```

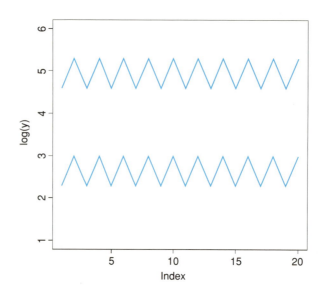

図 **3.3**　大小 2 つの変動をもつデータの例の対数をとる

2 集団が同じ変動をもっているというのは今となっては明らかである．

　最後に，中心値を表すかなり異色な指標を扱ってみよう．次の問題を考えてみる．あるゾウが 1 辺 2 km の正方形の縄張りをもっているとしよう．毎朝，そのゾウは縄張りの境界を確認するという作業を行う．その日は落ち着いた歩調で，境界の 1 辺を 1 km/h で歩き始めた．次の辺で 2 km/h に歩調を速めた．3 番目の辺では，さらに加速して驚異的な 4 km/h になった．しかし，最後の 1 辺では疲れてしまい，ゆっくりとした 1 km/h で戻らなければならなかった．では，そのゾウが全体を回るのにかかった平均的な速度はいくらだろうか？　もしかしたら，ゾウは 1, 2, 4, 1 km/h で回ったのだから，平均速度は $(1+2+4+1)/4 = 8/4 = 2$ km/h だと答えるかもしれない．しかし，これは間違いである．正しい答えは何だろうか？　速度とは，移動した距離を消費した時間で割ったものであることを思い出してほしい．移動した距離の計算は簡単である．正確に $4 \times 2 = 8$ km．時間の計算はちょっと難しい．最初の辺は 2 km の長さで，1 km/h で移動したので 2 h である．2 番目の辺も 2 km で，2 km/h で移動するので 1 h．3 番目の辺も 2 km で，ここは 4 km/h で移動するので 0.5 h である．最後の辺も 2 km で，1 km/h の移動で 2 h かかることになる．これらにより，総時間数は $2+1+0.5+2 = 5.5$ h である．ゆえに，平均速度は 2 km/h ではなく，$8/5.5 = 1.4545$ km/h になる．

　この問題を解くということは，**調和平均**（**harmonic mean**）を利用するということに他ならない．これは逆数の平均の逆数として定義される．$x$ の逆数とは $1/x$ のことである．つまり，逆数の平均は $(1/1+1/2+1/4+1/1)/4 = 2.75/4 = 0.687$．この平均の逆数が調和平均 $1/0.6875 = 1.4545$ である．記号を使えば，$y$ の調和平均 $\tilde{y}$（$y$ チルダ）は次のように表される．

$$\tilde{y} = \frac{1}{\frac{1}{n}\sum_{i=1}^{n}\frac{1}{y_i}} = \frac{n}{\sum_{i=1}^{n}\frac{1}{y_i}}$$

**R** では，

```
v <- c(1, 2, 4, 1)
length(v)/sum(1/v)
[1] 1.454545
```

あるいは，次のように求めてもよい．

```
1/mean(1/v)
[1] 1.454545
```

## 発展

Zar, J. H. (2009) *Biostatistical Analysis*, 5th edn, Pearson, New York.

# 第4章

# 分　散

　変動を表す指標が，おそらく統計解析の中で最も重要な量である．データの変動が大きくなると，そのデータから推定される母数の値の不確実性が増大し，データに関連した仮説を比較する際の識別能力を低下させることになる．

　次のデータ y について考えてみよう（図 4.1）．

```
y <- c(13, 7, 5, 12, 9, 15, 6, 11, 9, 7, 12)
plot(y, ylim = c(0, 20), pch = 16, col = "blue")
```

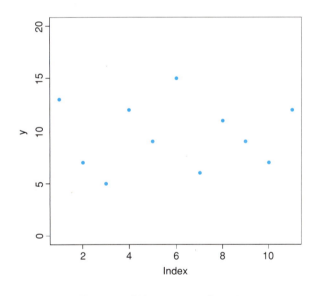

図 4.1　1 次元データ y のプロット

これらは観測された順で単純にプロットされている．これで見てとれる y の変動（散らばり具合）はどのように数量化したらよいだろうか？　たぶん最も簡単なものは y の値の範囲だろう（図 4.2）．

```
range(y)
[1]  5 15
```

```
lines(c(4.5, 5.5), c(15, 15), lty = 2, col = "red")
lines(c(3.5, 4.5), c(5, 5), lty = 2, col = "red")
lines(c(4.5, 4.5), c(5, 15), col = "red")
```

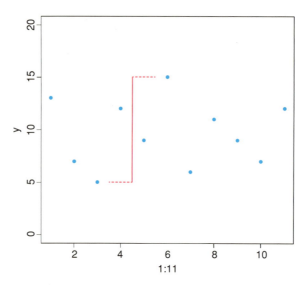

図 **4.2** データの範囲

これは変動指標として妥当なものではあるが，多くの目的に利用するには外側にある値に依存しすぎている．その最大値と最小値だけではなく，すべてのデータ値が変動の指標に寄与するようにしたいのである．

では，平均を推定して，そこからの離れ具合（**残差 (residual)** あるいは **偏差 (deviation)** と呼ばれる）を見るというのはどうだろうか？（図 4.3）

```
plot(y, ylim = c(0, 20), pch = 16, col = "blue")
abline(h = mean(y))
for (i in 1:length(y)){ lines(c(i, i), c(mean(y), y[i]), col = "red") }
```

図 4.3 に描かれた差が広くなればなるほど，データの変動は大きいと言えるので，これは見込みがありそうである．では，その差の和 $\sum_{i=1}^{n}(y_i - \bar{y})$ をとればよいのだろうか？ すぐ分かることだが，これは役に立たない．負の残差（平均よりも下にある点の寄与）と正の残差（平均よりも上にある点の寄与）が互いに打ち消しあってしまうからである．実際，簡単に分かるようにデータの変動とは無関係に，$\sum_{i=1}^{n}(y_i - \bar{y}) = 0$ となるので（Box 4.1 を参照），これは役に立たない．

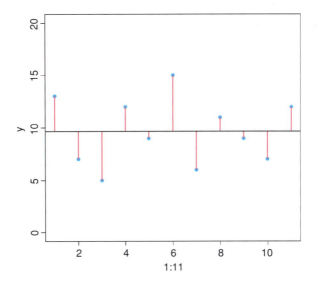

図 4.3 残差

---

**Box 4.1.** 残差の和 $\sum_{i=1}^{n}(y_i - \bar{y})$ はゼロ

残差を明確に定義することから始めよう．

$$\sum_{i=1}^{n} d_i = \sum_{i=1}^{n}(y_i - \bar{y})$$

記号 $\sum$ 内の括弧をはずす．

$$\sum_{i=1}^{n} d_i = \sum_{i=1}^{n} y_i - \sum_{i=1}^{n} \bar{y}$$

重要な点は $\sum_{i=1}^{n} \bar{y} = n\bar{y}$ である．

$$\sum_{i=1}^{n} d_i = \sum_{i=1}^{n} y_i - n\bar{y}$$

さらに，$\bar{y} = \dfrac{1}{n}\sum_{i=1}^{n} y_i$ より，

$$\sum_{i=1}^{n} d_i = \sum_{i=1}^{n} y_i - n\frac{1}{n}\sum_{i=1}^{n} y_i$$

$n$ をキャンセルして，

$$\sum_{i=1}^{n} d_i = \sum_{i=1}^{n} y_i - \sum_{i=1}^{n} y_i = 0$$

問題は負の値にある．負の符号を無視して，残差の絶対値を合計した $\sum_{i=1}^{n}|y_i - \bar{y}|$ はどうだろうか？これは変動指標としては大変に優れたものであり，最近の計算機集約型の手法として使われている．ただ，これの問題はその和の計算が難しいという点にある．そのため，ここで採用するのは止めておこう．符号の問題を取り除くもっと簡単な方法は，残差を平方してから和をとるというものである．つまり，$\sum_{i=1}^{n}(y_i - \bar{y})^2$．これがたぶん，すべての統計量の中で最も重要な指標だろう．これはいくぶん即物的に，**平方和（sum of squares）**と呼ばれている．図 4.3 における垂直線分の長さを平方すると，

```
y - mean(y)
[1]   3.3636364 -2.6363636 -4.6363636  2.3636364 -0.6363636  5.3636364
[7]  -3.6363636  1.3636364 -0.6363636 -2.6363636  2.3636364

(y - mean(y))^2
[1]  11.3140496  6.9504132 21.4958678  5.5867769  0.4049587 28.7685950
[7]  13.2231405  1.8595041  0.4049587  6.9504132  5.5867769
```

そして，これらをすべて加えて次を得る．

```
sum((y - mean(y))^2)
[1] 102.5455
```

結局，このデータの平方和は 102.5455 になる．ところで，その単位は何だろうか？もちろんそれは，$y$ が測定されたときの単位に依存している．$y$ 値が mm 単位の長さだとすると，平方和の単位は $mm^2$ になる（面積がそうであるように）．

いまデータに 12 番目のデータ点が追加されたとすると，平方和にはどのような変化が起こるだろうか？もちろん，増加する．どのようなデータ点が追加されても増加するのである（ただ，追加されたデータ点が平均に等しいときは，その残差の平方は 0 なので，このようなあまり起こりそうもない場合は例外である）．このように標本数に依存するような変動指標は望ましくない．この解決法は明らかに標本数で割ることである．そうすれば，**平均平方偏差（mean squared deviation）**が得られる．

この時点で，少しだけ，しかし重要な寄り道をしたい．このまま先に進む前に，**自由度（degrees of freedom）**の概念を理解しておきたいのである．

## 自由度

5 個の値をもつ標本を考え，その平均が 4 であるとしよう．このとき，5 個の値の和はいくらか？20 である．それ以外では平均は 4 になりえない．では，その 5 個の値のそれぞれについて順番に考えてみよう．

| | | | | |
|---|---|---|---|---|
| | | | | |

5つの箱の1つ1つに値を入れることにする．その値は正であっても負であってもよいとすると，最初の箱に入れることのできる値は何だろうか？ 今やっていることが理解できたならば，どんな値でもよいと分かるだろう．そこで，その値を2とする．

| 2 | | | | |
|---|---|---|---|---|

次の箱にはどうだろうか？ これも何でもよいので，7としよう．

| 2 | 7 | | | |
|---|---|---|---|---|

3番目の値も何でもよいので，4とする．

| 2 | 7 | 4 | | |
|---|---|---|---|---|

4番目もまったく自由で，0とする．

| 2 | 7 | 4 | 0 | |
|---|---|---|---|---|

では，最後の値は何通りのものが考えられるだろうか？ まさに1個しかない．それは7でなければならない．和が20，平均が4でなければならないからである．

| 2 | 7 | 4 | 0 | 7 |
|---|---|---|---|---|

要点を繰り返すと，1番目から4番目までの値を選ぶときは，まったくの自由が与えられていた．しかし，5番目の値を選ぶときは，まったく他に選びようがなかった．ゆえに，5個の値に関しては，4個の自由度をもっていたことになる．一般に，大きさ$n$の標本から平均を推定してしまうと，残りには$n-1$の自由度しかもてないのである．さらに一般的に，自由度の正式な定義を次のように与えることができる．**自由度とは$n-p$である．ただし，$n$は標本数であり，$p$は推定された母数の数である**．これは非常に重要なので，暗記すべきである．前に描いた図4.1のデータは，$n=11$であり，推定したものは標本平均$\bar{y}$の1個だけなので，$n-1=10$の自由度（d.f.）を得る．

## 分散

変動の量的指標を構成するという話題に戻ろう．変動を評価するときに平方和 $\sum_{i=1}^{n}(y_i - \bar{y})^2$ が良い基準になるというところまでは来ていた．しかし，標本にどのような値でも追加すると，この平方和は増加するという問題点を抱えていた．これを是正するために直感的には，標本数$n$で割ればよいかもしれないと述べた．そして，それを平均平方偏差の定義とした．しかし，平方和の定義式 $\sum_{i=1}^{n}(y_i - \bar{y})^2$ をよく見てみよう．標本平均値$\bar{y}$が分かっていないと，これを求めることはできない．$\bar{y}$はどこから得られるのだろうか？ 事前に分かっている既知の値だろうか？ 何か数表に載っているのだろうか？ どれも正しくない．それはデータから計算しなけれ

ばならない．平均値 $\bar{y}$ は**母数のデータから推定された値**なので，その結果，自由度が 1 つ失われることになる．この理由により，平均平方偏差を求めるときは，標本数 $n$ で割るのではなく，自由度 $n-1$ で割らなければならない．専門用語で言えば，それは分散の不偏推定量と呼ばれている．その計算に先立って，データからある母数（平均）が推定されたという事実を考慮した結果である．

以上により，本書を通して常に用いることになる，変動の量的指標の定義を与えることができる．それは（標本）**分散**（**variance**）と呼ばれ，慣習的に $s^2$ と表記される．

$$[分散] = \frac{[平方和]}{[自由度]}$$

これは本書で最も重要な定義の 1 つなので，記憶の中に刻み付けておく必要がある．上記の分子と分母に現れた用語を，その意味するもので書き換えると，さらに数学的に表現することができる．

$$[分散] = s^2 = \frac{1}{n-1} \sum_{i=1}^{n} (y_i - \bar{y})^2$$

これを **R** の関数で記述してみよう．重要な成分のほとんどは既に得られている．平方和は `sum((y-mean(y))^2)` である．自由度を求めるためにはベクトル `y` の数値の個数が必要であるが，これは `length(y)` で得られる．その関数を `variance` と名付けて，次のように書く．

`variance <- function(x){ sum((x - mean(x))^2)/(length(x) - 1) }`

では，データ `y` で試してみよう．

`variance(y)`
`[1] 10.25455`

これで得られた．図 4.1 のデータの変動量は標本分散 $s^2 = 10.25455$ ということになる．もっとも，**R** 自身にこれを計算する組込み関数があると聞いても納得できるだろう．ここで採用した名前よりも，幾分簡単な名前である．それは `var` と呼ばれる．

`var(y)`
`[1] 10.25455`

分散は統計解析において数限りなく用いられるので，本書を通して最も重要な箇所はここであると言ってよい．そのため，分散の正式な定義は何か，正確に何の指標になっているのか，これらがしっかりと分かるようになるまで，ここは幾度も読み返されるべきである．

---

**Box 4.2.** 平方和 $\sum_{i=1}^{n}(y_i - \bar{y})^2$ の簡単な計算式

分散の定義式における問題は，引き算 $y_i - \bar{y}$ をすべて含んでいる点にある．平方和を計算する，より簡単な方法を見いだすことには意味がある．括弧を含む $(y_i - \bar{y})^2$ を展開して引

き算を含まない計算法が得られるかどうか見てみよう．

$$(y_i - \bar{y})^2 = (y_i - \bar{y})(y_i - \bar{y}) = y_i^2 - 2y_i\bar{y} + \bar{y}^2$$

ここまでは問題ない．和をとって

$$\sum_{i=1}^{n} y_i^2 - 2\bar{y}\sum_{i=1}^{n} y_i + n\bar{y}^2 = \sum_{i=1}^{n} y_i^2 - 2\left[\frac{1}{n}\sum_{i=1}^{n} y_i\right]\sum_{i=1}^{n} y_i + n\left[\frac{1}{n}\sum_{i=1}^{n} y_i\right]^2$$

$y_i$ のみが和の記号に関係していることに注意しよう．これは $\sum_{i=1}^{n}\bar{y}^2$ を $n\bar{y}^2$ で置き換えることができるからである．さて，左辺の $\bar{y}$ を $\sum_{i=1}^{n} y_i/n$ で置き換え，$n$ を約分して，項をまとめる．

$$\sum_{i=1}^{n} y_i^2 - 2\frac{1}{n}\left[\sum_{i=1}^{n} y_i\right]^2 + n\frac{1}{n^2}\left[\sum_{i=1}^{n} y_i\right]^2 = \sum_{i=1}^{n} y_i^2 - \frac{1}{n}\left[\sum_{i=1}^{n} y_i\right]^2$$

これが，平方和を求めるための簡単な計算式である．データから計算されるべき量は 2 個だけである．それは $y$ の 2 乗の和 $\sum_{i=1}^{n} y_i^2$ と $y$ の和の 2 乗 $\left(\sum_{i=1}^{n} y_i\right)^2$ である．

## 分散：計算例

下記の表は 3 圃場からのデータである．夏季の 10 日間における，オゾン濃度の測定値を pphm 単位（in parts per hundred million）で表したものである．

```
ozone <- read.csv("c:\\temp\\gardens.csv")
attach(ozone)
ozone
   gardenA gardenB gardenC
1        3       5       3
2        4       5       3
3        4       6       2
4        3       7       1
5        2       4      10
6        3       4       4
7        1       3       3
8        3       5      11
9        5       6       3
10       2       5      10
```

分散の計算で最初にやるべきは平均を求めることである．

```
mean(gardenA)
[1] 3
```

次に各データ点から平均値 3 を引く．

```
gardenA - mean(gardenA)
[1]  0  1  1  0 -1  0 -2  0  2 -1
```

これで長さ 10 の残差（偏差）ベクトルが得られる．これらの残差を平方する必要がある．

```
(gardenA - mean(gardenA))^2
[1] 0 1 1 0 1 0 4 0 4 1
```

そして，平方残差の総和を求める．

```
sum((gardenA - mean(gardenA))^2)
[1] 12
```

この重要な量は「平方和」と呼ばれる．分散は平方和を自由度で割ったものである．10 個の点があり，平方和を計算するときデータから母数（平均）を 1 つ推定したので，自由度は $10 - 1 = 9$ d.f. である．

```
sum((gardenA - mean(gardenA))^2)/9
[1] 1.333333
```

以上により，圃場 A のオゾン濃度の平均は 3.0，分散は 1.33 と求まる．同じように圃場 B についても求めてみよう．

```
mean(gardenB)
[1] 5
```

圃場 A よりはかなり高い平均オゾン濃度である．しかし，分散はどうだろうか？

```
gardenB - mean(gardenB)
[1]  0  0  1  2 -1 -1 -2  0  1  0
```

```
(gardenB - mean(gardenB))^2
[1] 0 0 1 4 1 1 4 0 1 0
```

```
sum((gardenB - mean(gardenB))^2)
[1] 12
```

```
sum((gardenB - mean(gardenB))^2)/9
[1] 1.333333
```

面白い結果である．平均はまったく異なるのに，分散は正確に一致する（ともに $s^2 = 1.33333$）．圃場 C に関してはどうだろうか？

```
mean(gardenC)
[1] 5
```

平均オゾン濃度は圃場 B と同じである．

```
gardenC - mean(gardenC)
[1] -2 -2 -3 -4  5 -1 -2  6 -2  5
(gardenC - mean(gardenC))^2
[1]  4  4  9 16 25  1  4 36  4 25
sum((gardenC - mean(gardenC))^2)
[1] 128
sum((gardenC - mean(gardenC))^2)/9
[1] 14.22222
```

圃場 B と圃場 C の平均は同じであるが，分散はまったく異なっている（それぞれ，1.33 と 14.22）．これらは有意に異なっているのだろうか？ これを調べるには $F$ 検定を行えばよい．まずは大きい方の分散を小さい方の分散で割る．

```
var(gardenC)/var(gardenB)
[1] 10.66667
```

このとき，2 つの母分散が真に等しいという仮説の下で，$F$ 比が偶然のみによってこの値よりも大きくなる確率を調べる．これには，$F$ 分布の累積分布関数が必要である．R では pf 関数と呼ばれ，3 つの**引数**（**argument**），分散比（10.667），分子の自由度（9），分母の自由度（9）を必要とする．ここでは，どちらの圃場が大きな分散をもっているのか事前には分かっていなかったので，両側検定と呼ばれるものを実行しなければならない（簡単に言えば，求めた確率を 2 倍する）．

```
2 * (1 - pf(10.667, 9, 9))
[1] 0.001624002
```

この確率は 5% よりも相当に小さいので，これらの 2 つの分散の違いには高い有意性が見られると結論できる．これはまた，組込み関数の $F$ 検定を使って簡単に行うことができる．

```
var.test(gardenB, gardenC)

        F test to compare two variances

data:  gardenB and gardenC
F = 0.0938, num df = 9, denom df = 9, p-value = 0.001624
alternative hypothesis: true ratio of variances is not equal to 1
95 percent confidence interval:
 0.02328617 0.37743695
sample estimates:
ratio of variances
           0.09375
```

2つの分散が有意に異なることが分かったが，これはどれほどの重要性をもっているのだろうか？

　今からこれまで以上に重要なことを述べたい．これが理解できたと納得できるまで幾度となく読み返すべきである．圃場 A と圃場 B を比較して，2つの標本は異なる平均をもつが，分散は同じであることが分かった．このような場合，2つの母平均を比較する標準的な検定（スチューデントの $t$ 検定など）や，3つ以上の母平均を比較する分散分析（第8章）が適切である．

　圃場 B と圃場 C を比較して，2つの標本は同じ平均をもつが，分散は異なることが分かった．では，同じ平均をもつならば，それらの標本は同じようなものであると言ってよいだろうか？いや，そうではない．もう少しデータのもつ科学的内容にまで踏み込んで考えてみよう．オゾン濃度 8 pphm が，レタスが損傷を受ける境界値である．平均を見るとどちらの圃場もオゾン被害から免れている（B と C の両方の平均は 5 であり，境界値 8 よりも小さい）．では，圃場 B の生データを見てみよう．オゾン値が 8 よりも大きい日はいくつあるだろうか？データを見ると，境界値を越える日はないことを確認できるだろう．圃場 C に関してはどうだろうか？

```
gardenC
 [1]  3  3  2  1 10  4  3 11  3 10
```

圃場 C のオゾンが損傷を与える濃度を超える日が 3 日ある．10 日間の測定値なので，30% の割合でレタスはオゾンからの被害を受けている．これが重要な点である．分散が異なるとき，平均を比較して推測を行うべきではない．平均を比較すると，圃場 C は圃場 B と似たようなものであると結論することになり，オゾン被害は存在しないことになる．データを見れば，これが完全に間違っていることに気づく．なぜなら，圃場 C は 30% の割合でオゾン被害を受け，圃場 B の被害の割合は 0 だからである．

　つまり，**分散が異なっているときは，平均を比較すべきではない**．そうすれば，まったく間違った結論に至るというような危険を冒すこともなくなるだろう．

## 分散と標本数

　標本数（反復数 $n$）と分散の推定値との間の関係を理解することは重要である．この関係を調べるために，簡単なシミュレーションを行ってみよう．

```
plot(c(0, 32), c(0, 15), type = "n",
     xlab = "Sample size", ylab = "Variance")
```

正規分布から乱数を発生させるために，`rnorm` 関数を利用する．分布は平均 10 と標準偏差 2（分散 $\sigma^2 = 4$ の平方根）とする．$n = 3$ から $n = 31$ までの標本数を設定して，それぞれの標本分散を求める．また，このような計算を独立に 30 回ずつ繰り返し，その値をプロットする（図 4.4）．

```
for (n in seq(3, 31, 2)) {
    for (i in 1:30) {
        x <- rnorm(n, mean = 10, sd = 2)
        points(n, var(x))
    }
}
```

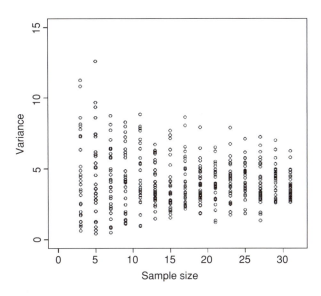

図 4.4 正規乱数の分散の分布 $(n = 3, 5, \ldots, 31)$

標本数が減少すると，標本分散の推定値の範囲が劇的に増加していることが分かるだろう（母分散は $\sigma^2 = 4$ で一定であることを思い出してほしい）．標本数 11 以下ではかなり大きくなり，7 以下では相当にひどくなる．比較的大きな標本数 ($n = 31$) の場合でも，ちょうど 30 回行うと，3 倍以上の開きをもって分散の推定値は散らばる（右端ではおおよそ 2 から 6 の間にあることが見てとれる）．このことは，小さな標本数での分散の推定値の動きは大きく，推定や仮説検定に深刻な影響を与えることを意味している．

統計家に「どれくらいの標本数が必要だろうか」と尋ねると，「どれくらい提供できる余裕がありますか」と質問の形で答えが返ってくる場合も多いだろう．このシミュレーションと同じような状況ならば，この章で学んだことは 30 であれば比較的良い標本だというものである．これよりも少なければ，小さな標本であり，10 よりも少なければ，非常に小さな標本である．30 より多ければ，不必要に贅沢ということもありうるだろう（例えば，資金の無駄遣い）．後に，検出力について考えるときに，標本数の問題はより客観的に扱えることを説明しよう．しかし，とりあえず，資金的な余裕があって $n = 30$ の標本がとれるならば，まずいことは起こらないだろう．

## 分散を用いる

分散の使用目的には 2 通りある．

- 非信頼度を評価するため（例えば，信頼区間の設定）
- 仮説検定を行うため（例えば，スチューデントの $t$ 検定）

## 非信頼度の指標

非信頼度の指標がもつべき性質とは何だろうか？ データの分散が増加するとき，母数の推定値の非信頼度はどう変化すべきか？ その指標は増加すべきだろう．その指標の定義式が分数で表されるならば，分散は分子に現れてほしい．つまり，

$$[\text{非信頼度の指標}] \propto s^2$$

標本数に関してはどうだろうか？ 標本数 $n$ が増加するとき，その指標の推定値は増加すべきか減少すべきか？ そのときは，減少してほしいと望むだろう．つまり，その指標の定義式においては，標本数は分母に現れてほしいだろう．

$$[\text{非信頼度の指標}] \propto \frac{s^2}{n}$$

最後に，非信頼度を表す単位について考えてみよう．上の指標の単位は何だろうか？ 標本数には次元（つまり，単位）はない．分散は平方偏差の和に基づくので，平均の平方と同じ次元をもつ．平均が cm 単位の長さだとすると，分散は $cm^2$ 単位の面積である．これはあまり嬉しくない．非信頼度の指標の次元と，その指標の対象となる母数の次元とは同じであることが望ましい．これが，上に作った指標の平方根をとる理由である．この定義しなおした非信頼度の指標は**標準誤差（standard error）**と呼ばれる．ここで説明のためにまさに作った指標は**平均の標準誤差（standard error of mean）**である．

$$SE_{\bar{y}} = \sqrt{\frac{s^2}{n}}$$

これは非常に重要な式なので，記憶すべきである．先の例題におけるオゾン濃度の平均の標準誤差を計算してみよう．

```
sqrt(var(gardenA)/10)
[1] 0.3651484

sqrt(var(gardenB)/10)
[1] 0.3651484

sqrt(var(gardenC)/10)
[1] 1.19257
```

文章で表現するときは，母数の推定値の非信頼度は形式的で構造的な書式で書くべきである．ここでは，次のように書かれる．

$$\text{圃場 A の平均オゾン濃度は，} 3.0 \pm 0.365\,\text{pphm （1 s.e., } n = 10)$$

プラス・マイナス記号に続いて非信頼度の指標，濃度の単位（ここでは，1億分の1），丸括弧の中に読者が分かるようにどのような指標か（ここでは，1標準誤差），そして母数の推定に用いた標本数（ここでは，10）．これはかなりまだるっこしいので，必要ないのではないか，と思うかもしれない．しかし，このように書かないと，読者は非信頼度のどのような指標が用いられたのか分からないのである．例えば，1標準誤差の代わりに，95%信頼区間や99%信頼区間が用いられているのかもしれない．

## 信頼区間

**信頼区間（confidence interval）**とは，標本に基づいて作られる区間で，それらが母平均を含む可能性の高い区間のことである．初めて学ぶときは理解しづらいが，非常に重要な概念である．非信頼度が大きくなると，信頼区間が広くなるというのは相当に自明なことだろうから，

$$[\text{信頼区間の幅}] \propto [\text{非信頼度の指標}] \propto \sqrt{\frac{s^2}{n}}$$

しかし「信頼」という言葉から何を連想すればよいのだろうか？ そこが難しいところである．次のように質問してみよう．**より高い信頼度**で母平均がその区間内に含まれてほしいと望むとき，その区間の幅は広くなるのか狭くなるのかと．少し考えるかもしれないが，きっと高い信頼度が得たければ，区間の幅を広くしなければならないと確信できるに違いない．完璧で絶対的な信頼度という極限的なものを考えるとよりはっきりと理解できる．統計科学において有限区間で確実というものは保障できないので，それを求めるにはその区間は無限まで伸びた全区間としなければならない．

異なる水準の信頼度が指定されると，異なる幅の信頼区間が得られる．信頼度を上げると，区間の幅は広くなる．具体的にはどのように設定したらよいのか？ 上の比例式の $\propto$ を等式に変えるにはどうしたらよいのか？ 適切な理論的分布を用いて行う，というのがその答えである．正規分布として扱うには標本数が小さすぎるとき（$n < 30$ のとき），伝統的にはスチューデントの $t$ 分布を用いる．各水準の信頼区間に関連したスチューデントの $t$ 値は，関数 `qt` を使って求められる．これは $t$ 分布の分位点を計算してくれる．信頼区間は推定値を両側からはさむ形式で常に表現される．母数はその推定値よりも大きかったり小さかったりするからである．例えば，95%信頼区間を求めたいときは，$\alpha = 0.025$（つまり，$0.01 \times (100\% - 95\%)/2$）に関連したスチューデントの $t$ 値を利用する．左側は $0.025$ の分位点，右側は $0.975$ の分位点が必要になる．

```
qt(0.025, 9)
[1] -2.262157
```

```
qt(0.975, 9)
[1] 2.262157
```

関数 qt の第 1 引数は確率で，第 2 引数は自由度である．母平均の下側へ $2.262 \times SE_{\bar{y}}$ よりも小さな値が得られる確率は 2.5%（$p = 0.025$），上側へ $2.262 \times SE_{\bar{y}}$ よりも大きな値が得られる確率も同じ（ただし，qt の引数は $p = 0.975$）であることを示している．**スチューデントの $t$ 値は，指定された確率と自由度に対する，標準誤差を単位としたときの値である**．99% に対する $t$ 値は当然上の値よりも大きい（両端それぞれで 0.005 に対応する）．

```
qt(0.995, 9)
[1] 3.249836
```

99.5% 信頼区間はさらに大きい（両端それぞれで 0.0025）．

```
qt(0.9975, 9)
[1] 3.689662
```

このようにスチューデントの $t$ 値は信頼区間の幅を計算する公式のなかに現れるので，この大小関係が，信頼度を増加させると信頼区間の幅も広くなるという理由になる．公式に現れるもう 1 つの要素である標準偏差は，信頼水準の選択からの影響は受けない．以上により結局，小さな標本数のときの母平均の信頼区間に対する公式を次のように書くことができる．

$$[信頼区間] = [標本平均] \pm [t 値] \times [標準誤差]$$

$$\mathrm{CI}_{95\%} = \bar{y} \pm t_{\alpha=0.025, \mathrm{d.f.}=9} \sqrt{\frac{s^2}{n}}$$

これにより，圃場 B に対しては

```
qt(0.975, 9) * sqrt(1.33333/10)
[1] 0.826022
```

書式に従って結果を表すと，次のようになる．

圃場 B の平均オゾン濃度は，$5.0 \pm 0.826$ pphm（95% CI, $n = 10$）

## ブートストラップ

信頼区間を計算するまったく別のやり方に，**ブートストラップ（bootstrap）**と呼ばれるものがある．「自分で自分の靴ひも（ストラップ）を引っぱって，自分自身を引っぱり上げる」という古い言い回しを聞いたことがあるかもしれない．これはそこから名付けられた．「役立たず」の意味で使われる[1]．ここでの考え方は非常に簡単である．$n$ 個の測定値からなる 1 標本が得られているとき，そこから非常にたくさんの標本をとることができる．ただし，どの測定値も何回も取り出されてよいし，他の標本のためにそのままそこに置かれるものとする（つまり，**復元抽出（sampling with replacement）**を行う）．このときなすべきことは何回も標

---

[1] ブートストラップ法自体が「役立たず」という意味ではない．「自分で自分を持ち上げる」という言い回しが「標本から標本を取り出す」に似た感触をもっているので，そのように名付けられたようである

本平均を計算することである．各標本からその都度標本平均を求め，それらに`quantile`関数を適用して必要な区間を取り出し（95%区間ならば，`c(0.025, 0.975)`を指定してその下限，上限を導く），それを平均の推定値の信頼区間とする．まずデータを設定しよう．

```
data <- read.csv("c:\\temp\\skewdata.csv")
attach(data)
names(data)
```

```
[1] "values"
```

シミュレーションを行う標本数 $k$ は 6 から 30 としよう[2]．各標本数に対して，10 000 個の独立標本を上のデータ（`values`という名のベクトル）から取り出す．それには引数`replace = T`，つまり復元抽出であることを指定した`sample`関数を用いるとよい．

```
plot(c(0, 30), c(0, 60), type = "n", xlab = "Sample size",
               ylab = "Confidence interval")
for (k in seq(6, 30, 3)) {
   a <- numeric(10000)
   for (i in 1:10000) {
      a[i] <- mean(sample(values, k, replace = T))
   }
   points(c(k, k), quantile(a, c(0.025, 0.975)), type = "b",
              pch=21, bg="red")
}
```

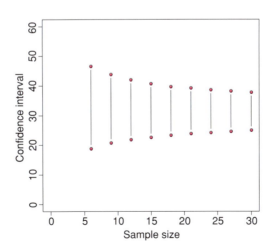

図 4.5　ブートストラップ法による信頼区間の幅

---

[2] 原著は 5 から 30 であるが，ブートストラップでは，通常 $k = n$ で考えることが多いので，ここでの $n = 30$ を含めるようにした．プロットのコードで，`seq(5, 30, 3)`とすると $k = 29$ で`for`文は終了するので，`seq(6, 30, 3)`としてある．

その信頼区間の幅は，標本数がおおよそ $n = 20$ ぐらいまでは急速に狭くなっていくが，そのあとはかなりゆっくりである（図 4.5）．$n = 30$ での 10000 回のシミュレーションに基づくブートストラップ CI は次のように求められる．

```
quantile(a, c(0.025, 0.975))
     2.5%    97.5%
24.88494 37.93184
```

（これは乱数を用いて行うので，読者が実際に行った結果とは少々異なるだろう．）正規分布を仮定したときの理論的な信頼区間とこれとを比べると面白い．$1.96\sqrt{s^2/n} = 1.96\sqrt{337.065/30} = 6.5698$ であるが，これは標本の母平均が，24.39885 から 37.53846 の範囲にありそうだということを意味している．見て分かるように，ブートストラップと正規理論による信頼区間は安心できるぐらいに近いが，まったく同じというわけではない．

では，ブートストラップによる区間と正規理論からの区間（図 4.6 の青の実線）と比べてみよう．

```
xv <- seq(5, 30.5, 0.1)
yv <- mean(values) + 1.96 * sqrt(var(values)/xv)
lines(xv, yv, col= "blue")
yv <- mean(values) - 1.96 * sqrt(var(values)/xv)
lines(xv, yv, col= "blue")
```

スチューデントの $t$ 分布によるもの（図 4.6 の紫の点線）は

```
yv <- mean(values) - qt(0.975, xv-1) * sqrt(var(values)/xv)
lines(xv, yv, lty = 2, col = "purple")
yv <- mean(values) + qt(0.975, xv-1) * sqrt(var(values)/xv)
lines(xv, yv, lty = 2, col = "purple")
```

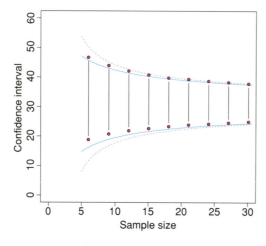

図 4.6　通常の信頼区間とブートストラップ信頼区間

区間の上端に関しては，ブートストラップ区間（垂直線と赤丸で表示，引数 type = "b" で出力している）のものは，正規分布からのもの（その下側にある青の実線）とスチューデントの $t$ 分布からのもの（その上側にある紫の点線）との間にある．下端に関しては，ブートストラップによるものはかなりずれている．これはデータのもつ歪み（p.95 を参照）のせいである．正規分布（青実線）や $t$ 分布（紫点線）のような対称な分布を仮定して下側に出現すると予想される個数ほどには，実際には非常に小さな値はデータ内に出現していない．ところで，スチューデントの $t$ 分布を仮定した小標本での信頼区間を作る式を見てみよう．標本数 $n$ が式の中に 2 度出てきている（コマンドでの変数名は xv）．1 度目は平均の標準誤差を求める式の分母として，2 度目は $t$ 分布に関する qt(0.975, n-1) の分位数を求める際に現れる．後者が，正規分布とスチューデントの $t$ 分布との信頼区間の幅が，標本数が小さいとき，大きく食い違う理由である．

これらの信頼区間のどれを選んだらよいのだろうか？筆者はブートストラップによるものを好んでいる．少ない仮定の下で求められるからである．ここでの例のようにデータが歪んでいるとき，そのことは信頼区間の非対称性，つまり平均より上側の長さ（$n=30$ のとき，6.7）と下側の長さ（$n=30$ のとき，6.1）の不釣合いに反映される．正規分布もスチューデントの $t$ 分布も歪みはないと仮定するので，データに実際に歪みがあったとしてもそれらの信頼区間は対称になる．

## 分散の非均一性

古典的な統計解析では最も重要な設定の 1 つとして，応答変数の分散は平均値と連動して変化することはない，と仮定している．良いモデルというものは，観測された分散と平均の関係を適切に説明できなければならない．標準化された残差を適合値に対してプロットすると，夜空の星のように見えるべきである（図 4.7 の左のように，全プロット画面において点が無作為

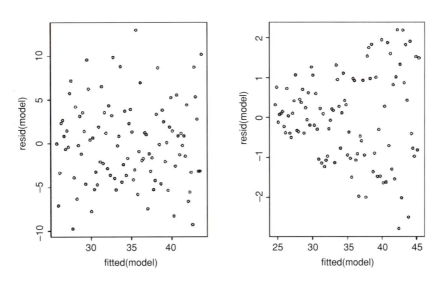

図 4.7　残差と適合値との関係

に散らばっているように見える）．残差の大きさや程度に依存した傾向を見せてはならない．よく起こるのは，分散が平均に伴って増加するという問題である．このとき，分散は広がった，扇状のパターンになる（図 4.7 の右側）．

適合値に対する残差に傾向がないときには，図 4.7 の左側のようであってほしい．右側には問題がある．適合値が大きくなるにつれ，残差が明らかに増加している．まさに，**分散の非均一性**の典型的な図である．

## 発展

Rowntree, D. (1981) *Statistics without Tears: An Introduction for Non-Mathematicians*, Penguin, London. （邦訳：加納悟 訳,『新・涙なしの統計学』, 新世社, 2001.）

# 第5章

# 1標本データ

ここでは，1標本データについて考えよう．次のような問題に答えを与えたい．

- その標本平均はいくらか？
- その標本平均が，現時点での想定値あるいは理論的な値と有意に異なっているか？
- その標本平均に関係する不確実性の水準はどれほどか？

その推測が正しいとそれなりに納得できるためには，データの分布についていくつかの事実を確かめる必要がある．

- データ値は正規分布に従っているかいないか？
- データに外れ値はないか？
- データがある期間に渡って収集されているならば，その系列に依存した相関を示す兆候はないか？

非正規性，外れ値，系列相関が存在すると，スチューデントの $t$ 検定のような標準的なパラメトリック検定を利用したときの推測の有効性が損なわれる．非正規性や外れ値が認められるようならば，ウィルコクソンの符号付き順位検定のようなノンパラメトリックな手法を使った方が良い．データに系列相関があるようならば，時系列解析や混合効果モデルを利用すべきである．

## 1標本データの要約

これについて見るために，`example.csv` という名のファイルのデータを `data` に読み込む．

```
data <- read.csv("c:\\temp\\example.csv")
attach(data)
names(data)
[1] "y"
```

このデータの要約を手計算で求めるのは簡単ではないが，次の組込み関数 `summary` が利用できる．

```
summary(y)
   Min. 1st Qu.  Median    Mean 3rd Qu.    Max.
  1.904   2.241   2.414   2.419   2.568   2.984
```

これはベクトル y について 6 つの情報を与えてくれる．最小値は 1.904（この値は Min. というラベルをもつ），最大値は 2.984（ラベルは Max.）である．中心値としては，2 つの値，中央値 2.414（Median）と平均 2.419（Mean）が与えてある．ラベル 1st Qu. と 3rd Qu. にはなじみがないかもしれない．Qu. は四分位点（quartile）の略記であり，データの 1/4 を意味する．つまり，第 1 四分位点は，データ点の 25% がこの値より小さいということを意味する．この定義によると，中央値は第 2 四分位点になる（データの半分がこの点よりも小さい）．第 3 四分位点は，データ点の 25% がこの値より大きいということを意味する（この点より小さなデータ点が 75% あるので，75 パーセント点と呼ばれることも多い）．

この要約を図的に表す同等物は**箱ヒゲ図**（**box-and-whisker plot**）と呼ばれている．

```
boxplot(y)
```

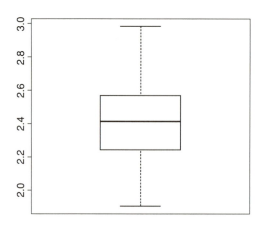

図 **5.1** 箱ヒゲ図

これ（図 5.1）には多くの情報が詰まっている．箱の中央の太い横線は y の中央値を表す．箱の上端は中央値以上のデータの中央値を表し，下にある箱の下端は中央値以下のデータの中央値を表す．この上端と下端はそれぞれ**上側ヒンジ**（**upper hinge**），**下側ヒンジ**（**lower hinge**）と呼ばれる[1]．中央にあるデータのおおよそ 50 パーセントが箱全体の中に含まれることになる（箱の高さは**ヒンジ散布度**（**hinge spread**）[2] と呼び，おおよそ 2.25 から 2.55 の区間長であることが見てとれる）．中央値を境にする上下 2 つの箱の大きさが異なるときは，データに歪みがあることの兆候である．ヒゲは y の最大値と最小値を表す（ただし，これは**外れ値**（**outlier**）がない場合で，外れ値については後で説明する）．

---

[1] データ数 $n$ が奇数のとき，上側ヒンジは 75% 点に，下側ヒンジは 25% 点に一致するが，$n$ が偶数のときは異なる．
[2] いわゆる，[四分位範囲（interquartile）] ＝ [75% 点] − [25% 点] とほとんど変わらない．

1 標本データに対して使いたくなるようなプロットがもう 1 つある．**ヒストグラム（histogram）**である（図 5.2）．

`hist(y)`

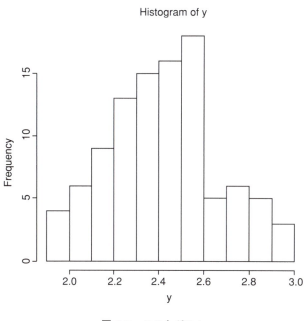

図 **5.2** ヒストグラム

ヒストグラムは，今までに見てきたグラフとは根本的に異っている．なぜなら今までは，応答変数は $y$ 軸（縦軸）におかれていたからである．ヒストグラムにおいては，応答変数は $x$ 軸（横軸）におかれる．ヒストグラムの縦軸は，応答変数に異なる値が観測されるその頻度を表している．2.0 より小さいところや 2.8 より大きいところでは，$y$ の値はかなり少ないことが見てとれる．最も多いと分かる $y$ の値は 2.4 から 2.6 の間である．ヒストグラムは確率密度関数に関係している．この本のいろんな所で非常に重要な統計的分布に出会うことになるだろう．すでに，正規分布とスチューデントの $t$ 分布は出てきている．後に，ポアソン分布，2 項分布，負の 2 項分布も知ることになるだろう．それらはすべて横軸に $y$ をおき，縦軸には $y$ 値それぞれに対応する確率密度を表している．くれぐれも，グラフと確率分布とを混同するような罠にはまらないようにしなければいけない．

図 5.2 のヒストグラムは明らかに，モード（2.5 から 2.6）に関して対称的であるとは言えないだろう．モードの下側には 6 本の棒が立っているが，上側ではわずか 4 本である．このようなデータは「左に歪んでいる」と言われている．分布の左側に長い尾を垂らしているからである．

一見これらは簡単だと思えるかもしれないが，実はヒストグラムにはいろいろな問題が潜んでいるのである．たぶん最も重要な問題は，棒と棒との間の境目を実際どこに設定するかというものだろう．整数値データでは，簡単なことが多い（$y$ のとる整数値におのおの棒を設定すればよい）．しかし，この例のように連続型（実数）データに対しては，そのやり方でうまくい

くとは思えない．長さ 100 のベクトル y の中に，何個の異なる値があるのだろうか？このような疑問に答えるには関数 table が適切である．y がもつすべての値を知りたいのではなく，y には異なる値がいくつあるのか知りたいのである．つまり，異なる y の値を表にまとめたときの長さを知るには

```
length(table(y))
[1] 100
```

これは，y の値に同じものは無いということを示している．どの棒も高さ 1 であるようなヒストグラム（図 5.3）には全く情報は含まれていない（y のどの値にも短い縦棒が立っているだけなので，その形状から「敷物プロット（rug plot）」と呼ばれる）．

```
plot(range(y), c(0,10), type="n", xlab="y values", ylab="")
for(i in 1:100) lines(c(y[i],y[i]), c(0,1), col="blue")
```

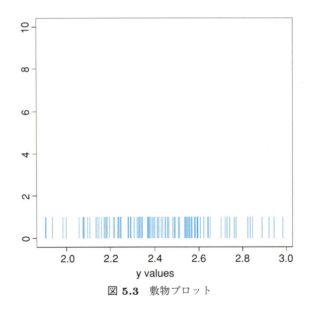

図 5.3　敷物プロット

R がヒストグラム（図 5.2）を作るために設定したものをもう少し詳しく見てみよう．$x$ 軸には 0.2 単位ごとにラベルを付けている．そのラベルの間に 2 つの棒があるので，棒の幅は 0.1 である．「こぎれいな」ヒストグラムであると R が考えたものを出力しようとする．ほどほどに適当な数本の棒が描かれる（少なすぎてはずんぐりとしたものになるし，多すぎてはでこぼこな感じになる）．ここでの棒は 11 本である．R が次に用いる基準は，「妥当な」幅を棒に与えることである．例えばここでのように，幅は 0.1 に設定した方が良い．y 値の範囲の 1/10 や 1/11 を用いるよりも理解しやすい．それらの幅を range 関数や diff 関数を用いて求めてみると，0.1 に近くはあるが，0.1 とはなっていない．

```
(max(y) - min(y))/10
[1] 0.1080075
```

```
diff(range(y))/11
[1] 0.09818864
```

幅 0.1 が「こぎれいで」妥当な値であることが分かる．後に見るように，**R** が自動的に設定した幅が気に入らなかったり，2 つヒストグラムを出力して具体的に比較したいときなどには，自分で選んだ幅を設定できるようになっている．

　データの値が棒の境目の値（分割点）と正確に一致したとき **R** は左右どちら側の値として処理するか，これは理解しておくべき非常に重要なことである．下側の棒（左側の棒）に寄与させるのか，上側の棒（右側の棒）なのか，それともコインを投げて決めるのか（表なら左側，裏なら右側）？最初は理解が難しい．いま，ヒストグラムの 1 つの棒の下側の分割点（左側の棒との境目の点）を `a`，上側の分割点を `b` とする．丸括弧と角括弧を利用して問題にしていることを便宜的に表すと，`(a,b]` と `[a,b)` のどちらなのかということである．角括弧の隣にある数は棒に**含まれ**，丸括弧の隣りの数は**含まれない**．最初の記法 `(a,b]` が **R** の採用するデフォルトで，右側の `b` は含めるが，左側の `a` は含めない（関数 `barplot` の引数にあえて指定するなら，`right = TRUE`）．上のヒストグラムにおいては，モードの棒は 2.5 から 2.6 の間にあるので，`(2.5,2.6]` と書ける．つまり，正確に 2.6 である値はこの棒に含めるが，正確に 2.5 である値は含めない（左側の棒に寄与させることになる）．この記号法は，後に関数 `cut` を学ぶときに使うことになる．この `cut` は連続型変数をカテゴリカル型変数に変換する（p.305 を参照）．

　ヒスグラムに関する主な問題点は，分割点をどこに設定するか，棒の幅はどう決めるか，というときの任意性にある．例えば，細い棒を使うと 2 山の分布に見えるものが，太い棒を使うと 1 山に見えるかもしれない．ヒストグラムに関する教訓：**注意しろ，見た目とはまったく違うかもしれないぞ．**

## 正規分布

　このよく知られた分布は統計解析において中心的な位置を占めている．母集団から一定数の標本をとってきて，平均を計算することを繰り返すと，それらは正規分布に従うことになる．これは**中心極限定理**（**central limit theorem**）と呼ばれている．

　古くからある「クラップ」ゲームについてよく知っているかもしれない．2 個のサイコロを使用する．最も単純なやり方は，2 個のサイコロを投げて，出た目の和を求めるだけのものである．それで得られる一番小さな値は $1+1=2$ であり，一番大きなものは $6+6=12$ である．この 2 つの値のどちらも 1 通りでしか得られないので，どちらも同じ一番低い確率（$1/6 \times 1/6 = 1/36$）で出現する．和 3 は，投げた 2 つの目が 1 と 2，2 と 1 のときに得られる（その確率は $2 \times 1/6 \times 1/6 = 2/36 = 1/18$ である；和 11 も 2 つの目が 5 と 6，6 と 5 のときなので和 3 の場合と同じことが言える）．和 7 の場合は，1 と 6，2 と 5，3 と 4，4 と 3，5 と 2，6 と 1，このように一番多くの組合せをもつので，最も起こりやすい．このゲームを 1 万回行うシミュレーションを行い，その結果のヒストグラムを描いてみよう．起こりうる 2 つの目の和は 2 から 12 までの 11 個の数値である．

```
score <- 2:12
```

それぞれの目を引き起こす組合せの数は

```
ways <- c(1, 2, 3, 4, 5, 6, 5, 4, 3, 2, 1)
```

関数 rep を用いると，36 個の（同じ確率で）起こりうる目の和のベクトルを作ることができる．

```
game <- rep(score, ways)
game
 [1] 2 3 3 4 4 4 5 5 5 5 6 6 6 6 6 7 7 7 7 7 7
[22] 8 8 8 8 8 9 9 9 9 10 10 10 11 11 12
```

このベクトルから乱数を 1 つ取り出すと，それは 1 回サイコロを投げたときの目の和を表すことになる．

```
sample(game, 1)
[1] 5
```

ここでの目の和は 5 である．これを outcome という名前の変数に記録しよう．ゲームは 10000 回繰り返される．

```
outcome <- numeric(10000)
for(i in 1:10000) outcome[i] <- sample(game, 1)
```

次は目の和がどのような分布になっているのか示している．

```
hist(outcome, breaks = (1.5:12.5))
```

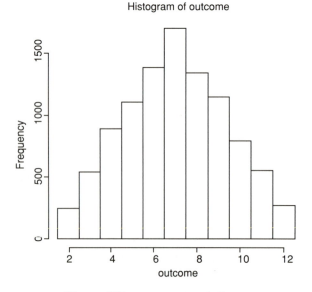

図 **5.4** 変数 outcome のヒストグラム

正しい座標値を，対応する棒の真ん中に付けるために，分割点を 0.5 ずらして指定していることに注意しよう．

分布は大変行儀の良い形をしているが，明らかに三角形である．正規分布のような釣り鐘型ではない．では，3 回ゲームを行ったときの平均はどうだろう？たぶん，平均は 7 に近づくだろうが（上のように），平均の分布形はどうなるだろうか？やってみよう．

```
mean.score <- numeric(10000)
for(i in 1:10000) mean.score[i] <- mean(sample(game,3))
hist(mean.score, breaks=(1.5:12.5))
```

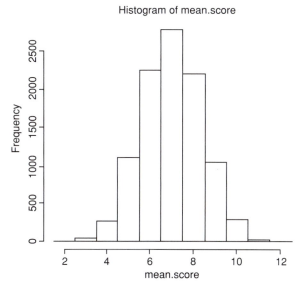

図 5.5 変数 `mean.score` のヒストグラム

これが中心極限定理の実際例である．本来の分布は三角形であったが，わずか 3 ゲームの平均であるにも関わらず，その分布は正規分布に近づいている．正規分布にどれぐらい近いのか見るために，`mean.score` の平均および標準偏差と同じ値をもつ正規分布からの連続的な確率密度関数を（`dnorm` 関数を利用する），ヒストグラムに重ね書きしてみよう．

```
mean(mean.score)
[1] 6.9821
```

```
sd(mean.score)
[1] 1.366118
```

密度関数の頭頂部も表示できるようにしたいので，引数に `ylim = c(0,3000)` を指定して，$y$ 軸を少し長くする．また，曲線は滑らかに描きたいので，2 から 12 まで変化する $x$ 軸上の数ベクトルを必要とする（**R** での経験上，長さが 100 以上であれば滑らかに見える）．

```
xv <- seq(2, 12, 0.1)
```

では，正規曲線の $y$ 座標を求めよう．標準正規密度の面積は 1 であるが，ここでのヒストグラムの面積は 10000 である．ゆえに，曲線の $y$ 座標は次のように計算できる．

```
yv <- 10000*dnorm(xv, mean(mean.score), sd(mean.score))
```

プロット画面にちょっとした手を入れておく．プロットの上部にはタイトルを入れず（`main = ""`），棒は青色にする（`col = "blue"`）．

```
hist(mean.score, breaks = (1.5:12.5), ylim = c(0,3000),
                col = "blue",  main="")
```

赤線で正規確率密度関数を上書きする（図 5.6）．

```
lines(xv, yv, col = "red")
```

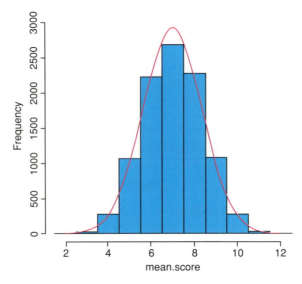

図 **5.6**　`mean.score` のヒストグラムに正規分布の確率密度関数を重ね描き

見て分かるように，正規分布への適合はすばらしい．サイコロをわずか 3 回投げただけの平均であるにも関わらずである．中心極限定理が実に良く働いている．ほとんどすべての分布において，負の 2 項分布（p.277 参照）のような「質の悪い」分布においても，そこからの標本平均の正規性を生み出すのである．

　正規分布の有り難いところは，その形状に関してよく知られているという点にある．明らかに，すべての値は $-\infty$ から $+\infty$ の間に出現する．その全正規曲線下の面積は 1.0 である．分布は対称的なので，標本の半分程度が平均以下に出現するだろうし，同様に半分程度が平均以上に出現するだろう（つまり，平均の左側の正規曲線下の面積は 0.5 である）．重要なところは，曲線のどのような部分であってもその標本の出現する確率を計算できるという点である．例え

ば，標本の約 16% がその平均から上に 1 標準偏差以上離れて出現するだろうし，その約 2.5% が平均から下に 2 標準偏差以上離れて出現するだろう．これはどうやったら知ることができるのだろうか？

正規分布と言っても，いろいろと無限に存在しうる．平均は何であってもよいし，標準偏差もそうである．簡単のために，標準的な正規分布というものを設定しておくと便利である．その満足すべき性質を並べてみよう．そのような標準的な正規分布の平均としては何が良いだろうか？12.7 ではどうだろう．明らかに却下される．1 では？悪くはないかもしれないが，その分布は対称なので，左半分と右半分が同じ尺度をもっていたほうが嬉しい（右の 1 から 4 に対して，左は $-2$ から 1 が対応してしまう）．すると，唯一意味のある選択は，平均 0 である．では，標準偏差に対してはどうだろうか？同じように 0 とすべきだろうか？ありえない．そのとき分布は広がりをまったくもたないので，便利とは言いがたい．それは正の値でなければならない．実際的で意味のある選択は標準偏差 1 になるだろう．ということで，**標準正規分布（standard normal distribution）** を平均 0，分散 1 であるような特別な正規分布と定義する．では，この分布がどのように便利に使えるのだろうか？

この分布はいろいろな面で役に立つ．と言うのも，標準偏差を単位とした（$x$ 軸上の）任意の値までの範囲で，密度関数の下側にある面積を求めることができるからである．

```
standard.deviations <- seq(-3, 3, 0.01)
pd <- dnorm(standard.deviations)
plot(standard.deviations, pd, type = "l", col="blue")
```

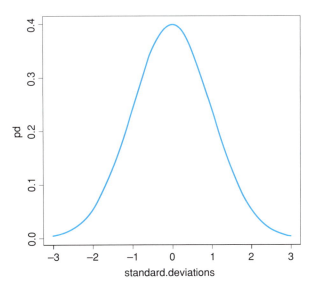

図 **5.7**　標準正規分布の確率密度関数

図 5.7 が標準正規分布の確率密度関数のプロットである．平均から $\pm 3 \times$ [標準偏差] 内にほとんどすべての値が出現することを確かめよう．$x$ 軸上の任意の値に対して（つまり，標準偏差

を単位とした任意の指定された値に対して），それより左側で，かつ曲線の下側にある面積を求めるのは易しい．その値を $-2 \times$ [標準偏差] とおいてみよう[3]．$-2$ の左側にある曲線の下側の面積は何だろうか？これはまさに小さな数だろうが，曲線なのでプロットを見てその面積を実際に求めることは難しい．R はその値を関数 pnorm で与えてくれる（関数名は正規分布の確率（probability of the normal distribution）から来ている，しかし専門的には「累積分布関数」と呼ばれるものである）．この関数はデフォルトで標準正規分布（平均 0, 標準偏差 1）の確率を返すので，今の場合は，$-2$ を指定するだけでよい．

```
pnorm(-2)
[1] 0.02275013
```

これにより，$-2$ よりも小さな値が出現する確率は，2.5% よりもやや小さいことが分かる．では，平均の下側の $1 \times$ [標準偏差] より小さい確率はどうだろうか？

```
pnorm(-1)
[1] 0.1586553
```

このときは，標本のおおよそ 16% が平均の下側の $1 \times$ [標準偏差] よりも小さくなる．では，図 5.7 には最大値 3 までしか描かれていないが，平均の上側の $3 \times$ [標準偏差] よりも大きい標本が，正規分布から得られる確率はいくらだろうか？ここで注意すべき唯一の点は，指定された値よりも小さな値が得られる確率を pnorm 関数が返すというところである．そのため，ここでの答えは，pnorm で得られた確率を 1 から引くという簡単な計算で求められる．

```
1 - pnorm(3)
[1] 0.001349898
```

これにより，3 より大きい値は実際のところほとんど起こりえないことが分かる（実に，0.2% よりも小さい）．

　標準正規分布が最も頻繁に用いられるのはたぶん，偶然のみによって起こりうる正規偏差を計算するときである．これは，今まで扱ってきた問題の逆であると言ってもよい．今までは，正規偏差の値（$-1, -2, 3$ など）が与えられたときに，その値に関係した確率を求めてきた．今度は，確率が与えられて，その確率に関係した正規偏差値を見つけたいのである．重要な例を取り上げよう．**標本の 95% が入ると期待できるような区間の，正規偏差を単位としたときの上限値と下限値を求めたいとしよう**．これは標本の 5% がその区間の外側にあると期待できることを意味している．正規分布は対称なので，標本の 2.5% がその下限値より小さく出現し（下限値よりも下側にある），また 2.5% が上限値より大きく出現する（上限値よりも上側にある）と期待できることになる．ここで必要な関数は qnorm 関数（正規分布の分位点 quantile of the normal distribution）である．ここでは，2 つの確率 0.025 と 0.975 をベクトル c(0.025, 0.975) の形で次のように指定して用いている．

---

[3] ここでの標準正規分布の標準偏差は 1 である．

```
qnorm(c(0.025, 0.975))
```
```
[1] -1.959964  1.959964
```

これらは統計学において非常に重要な2つの値である．正規分布の確率の95%は，平均を中心に $-1.96 \times$ [標準偏差] から $1.96 \times$ [標準偏差] の間にあるということを教えてくれる．それらがどのように関係しているか見るために，それらの区間において正規密度関数の下側を彩色してみよう（図5.8）．

```
xv<-seq(-3,3, 0.01)
yv<-dnorm(xv)
plot(c(-3,3), c(0,0.3), xlim = c(-3,3), ylim = c(0,0.4), type = "n",
     ylab = "pd", xlab = "standard.deviations")
polygon(c(1.96,1.96,-1.96,-1.96,xv[105:496]),
        c(yv[496],0,0,yv[105],yv[105:496]), col = "lightblue")
polygon(c(-1.96,-1.96,xv[1],xv[1:104]),
        c(yv[104],0,0,yv[1:104]), col = "red")
polygon(c(xv[601],xv[601],1.96,1.96,xv[497:601]),
        c(yv[601],0,0,yv[496:601]), col = "red")
text(0,0.2,"95%")
lines(xv, yv)
```

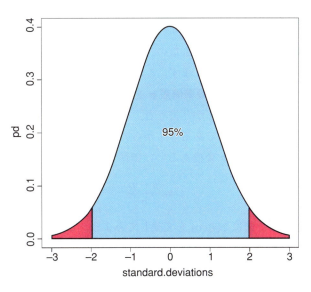

図 **5.8**　標準正規分布の95%区間

2つの垂直線の間の青の領域に，すべての標本の95%が落ちると期待できる．標本の2.5%は［平均］$- 1.96 \times$ ［標準偏差］より小さいところ（左側の赤い領域）にあると期待でき，残りの2.5%も［平均］$+ 1.96 \times$ ［標準偏差］よりも大きいところ（右側の赤い領域）にあると期待でき

る．そうではないと分かるときは，標本が正規分布に従っていないのである．例えば，スチューデントの $t$ 分布に従っているのかもしれない（p.93 を参照）．

まとめると，正規偏差値が与えられ，それに関係した確率を計算したいなら，pnorm 関数を用いる．また，確率が与えられ，それに関係した正規偏差値を計算したいなら，qnorm 関数を用いる．この重要な違いを確かめ，記憶に留めておくべきである．

### 正規分布の $z$ 変換を用いた計算

100 人の身長を測ったとしよう．その平均身長は 170cm で標準偏差は 8cm であった．正規分布ならば次のような分布をしている [4]．

```
ht <- seq(150, 190, 0.01)
plot(ht, dnorm(ht, 170, 8), type = "l", ylab = "Probability density",
    xlab = "Height")
```

このコードで描かれる図は，図 5.9 の左上にある．では，この図のような分布に関して次の 3 種類の質問をしてみよう．無作為に選ばれた個人が次のような条件を満足する確率はどれぐらいだろうか？

- ある値より低い身長である
- ある値より高い身長である
- ある 2 つの値の間にある身長である

全曲線の下にある面積は正確に 1 である．すべての人間の身長は $-\infty$ から $\infty$ の間にある．これは正しいが，さしてためになる情報でもない．特定の 1 人を無作為に取り出し，その身長が 160cm よりも低い確率を求めてみよう．まず，この身長を $z$ 値へ変換する必要がある．つまり，この身長の母平均 $\mu$ からの偏差を，**母標準偏差 $\sigma$ を単位とした値**へと変換しなければならない．標準正規分布に関して何を知っているかと言うと，その平均は 0 であり，その標準偏差は 1 である．そこで，平均 $\mu$，標準偏差 $\sigma$ である分布からの値 $y$ を，次のような簡単な計算により標準正規変量へと変換する（これを $z$ 変換あるいは標準化と呼ぶ）．

$$z = \frac{y - \mu}{\sigma}$$

では，標準偏差を単位とした値に 160cm を変換してみよう．これは平均 $\mu = 170$cm よりも低いので，その値は負になる．

$$z = \frac{160 - 170}{8} = -1.25$$

次に，標準正規分布において $-1.25$ よりも小さな値をとる確率を求めなければならない．これは分布の左端までの面積である．これを求めてくれる関数が pnorm である．$z$ の値（もっと一

---

[4] わずか 100 個の要素からなる群の中に正規分布の仮定を入れる原著の設定は苦しい．読者は，身長についてのもっと大きな母集団を想定し，そこでの身長は平均 $\mu = 170$，標準偏差 $\sigma = 8$ の正規分布に従っていると考え，以下の記述を理解してほしい．

一般的には，分位点）が与えられると，知りたい確率を返してくれる．

```
pnorm(-1.25)
[1] 0.1056498
```

これで，最初の問題の答えが10%をちょっと越えるぐらいだと分かる（図5.9の赤色の領域）．2番目の問題は，1人を選び，その身長が185cmよりも高い確率はいくらかというものである．この問題での初めの2つの計算は前と同じである．まず，185cmを標準偏差を単位とした値に変換する．

$$z = \frac{185 - 170}{8} = 1.875$$

次に，pnorm を使って，これに関する確率を求める．

```
pnorm(1.875)
[1] 0.9696036
```

しかし，これは求めたい答ではない．これは185cmよりも低い確率である（これがpnormが与えてくれる確率である）．ここでやるべきことは，この数の補数を計算することである．

```
1 - pnorm(1.875)
[1] 0.03039636
```

これで，2番目の問題に対する答え，約3%が得られる（図5.9の紫色の領域）．最後に，選ばれた人の身長が165cmから180cmである確率を求めてみよう．このときは少々計算量が増える．2つのz値を計算しなければならないからである．

$$z_1 = \frac{165 - 170}{8} = -0.625, \quad z_2 = \frac{180 - 170}{8} = 1.25$$

ここで肝心な点は，2つのz値の間の確率は，**大きいz値に対応する確率から小さい方に対応する確率を引いて求める**ということである．理解しやすいように，正規分布を描き，興味のある領域に彩色している（図5.9の青色の領域）．

```
pnorm(1.25) - pnorm(-0.625)
[1] 0.6283647
```

このように，平均170cm，標準偏差8cmをもつ正規母集団の中から中位程度の人（165cmより高く，180cmより低い）が選ばれる確率は63%である．

　図5.9は以下のコードによって描かれる．

```
par(mfrow = c(2, 2))

ht <- seq(150, 190, 0.01)
pd <- dnorm(ht, 170, 8)

plot(ht, dnorm(ht, 170, 8), type = "l", col = "purple",
     ylab = "Probability density", xlab = "Height")
```

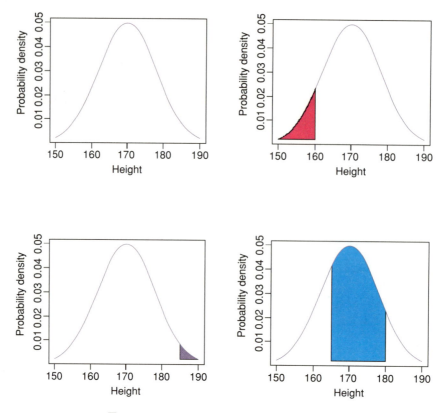

図 5.9 いろいろな区間に対する正規分布の確率

```
plot(ht, dnorm(ht, 170, 8), type = "l", col = "purple",
     ylab = "Probability density", xlab = "Height")
yv <- pd[ht <= 160]
xv <- ht[ht <= 160]
xv <- c(xv, 160, 150)
yv <- c(yv, yv[1], yv[1])
polygon(xv, yv, col = "red")

plot(ht, dnorm(ht, 170, 8), type = "l", col = "purple",
     ylab = "Probability density", xlab = "Height")
xv <- ht[ht >= 185]
yv <- pd[ht >= 185]
xv <- c(xv, 190, 185)
yv <- c(yv, yv[501], yv[501])
polygon(xv, yv, col = "purple")

plot(ht, dnorm(ht, 170, 8), type = "l", col = "purple",
     ylab = "Probability density", xlab = "Height")
xv <- ht[ht >= 165 & ht <= 180]
yv <- pd[ht >= 165 & ht <= 180]
xv <- c(xv, 180, 165)
```

```
yv <- c(yv, pd[1], pd[1])
polygon(xv, yv, col = "blue")

par(mfrow = c(1, 1))
```

ここでは `polygon` 関数が，曲線の下のいろいろな形状の領域に彩色するために用いられた．その使用法は，`?polygon` で調べられる．

## 1 標本問題における正規性検定のためのプロット

正規性を検定するために最も簡単であり，数ある中でも最良のものは**正規 Q-Q プロット**（**normal quantile-quantile plot**）である．これは，問題の分布からの順序標本[5]を，正規分布から選ばれた同数の順序分位点に対してプロットする．標本が正規分布に従うときは，その点列は直線上に現れるだろう．正規分布からの逸脱はいろいろな種類の非線形性（S 字型やバナナ型など）として現れる．ここで必要な関数は `qqnorm` と `qqline` である（正規分布に対する Q-Q プロットと最適近似直線）．

```
data <- read.csv("c:\\temp\\skewdata.csv")
attach(data)
qqnorm(values)
qqline(values, lty = 2)
```

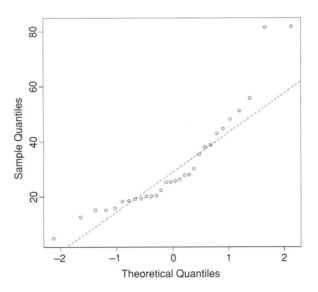

図 **5.10** 正規 Q-Q プロットと最適近似直線

---

[5] データ $x_1, x_2, \ldots, x_n$ が与えられたとき，それらを小さい方から順に並べて $x_{(1)}, x_{(2)}, \ldots, x_{(n)}$ としたもの．

図 5.10 は際立った S 字型をしていて，非正規性を示している（すでに p.77 で分かっていたことだが，ここでのデータ y は左に歪んでいたので非正規的であった）．

光速を測定したマイケルソン（A. A. Michelson, 1880）の有名なデータに関する問題を考えてみよう．データフレーム light の中の値に 299000km/s を加えたものが，実際に測定された速さである．

```
light <- read.csv("c:\\temp\\light.csv")
attach(light)
names(light)
[1] "speed"

hist(speed)
```

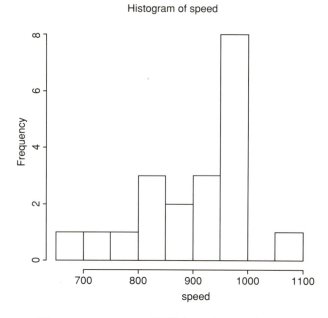

図 **5.11** Michelson の光速測定データのヒストグラム

図 5.11 がそのヒストグラムである．また，この標本のノンパラメトリックな指標の要約は次のように得られる．

```
summary(speed)
   Min. 1st Qu.  Median    Mean 3rd Qu.    Max.
    650     850     940     909     980    1070
```

これより直ちに，中央値（940）が平均（909）よりも相当に大きいということが見てとれる．これは，ヒストグラムでも判断できるようにデータに存在する強い負の歪みのせいである（図 5.11）．四分位範囲 $980 - 850 = 130$ は第 1 四分位数と第 3 四分位数との差である．これは外れ値の検出に便利である．経験則によると，

第3四分位数の上へ，あるいは第1四分位数の下へ，四分位範囲の1.5倍以上離れたものが**外れ値**である．

ここでは $130 \times 1.5 = 195$ なので，$850 - 195 = 655$ よりも小さいか，$980 + 195 = 1175$ よりも大きな測定値が外れ値である．このデータセットには大きな外れ値は存在しないが，小さなものは1個以上あることが分かる（最小値が650である）[6]．

## 1標本データに関する推測

Michelson の光速の推定値が，その当時支配的に信じられていた光速 299990km/s と有意に異なっているという仮説を検定してみよう．データはすべて 299000 が差し引かれているので，検定すべき帰無仮説の値は 990 である．非正規性のため，スチューデントの $t$ 検定は勧められない．適切な検定はウィルコクソンの符号付き順位検定である．

```
wilcox.test(speed, mu = 990)
        Wilcoxon signed rank test with continuity correction
data:  speed
V = 22.5, p-value = 0.00213
alternative hypothesis: true location is not equal to 990

警告メッセージ:
wilcox.test.default(speed, mu = 990) で:
  タイがあるため、正確な p 値を計算することができません
```

$p$ 値 $= 0.00213$（0.05 よりも相当に小さい）なので，帰無仮説は棄却され，対立仮説が採択される．光速は有意に 299990 よりも小さい．

## 1標本仮説検定問題におけるブートストラップ法

後でパラメトリックな仮説検定を扱うことにするが，ここではブートストラップを用いた別のノンパラメトリックな仮説検定を説明してみよう．`speed` の標本平均は 909 である．ここで問われている問題は，「20 個の無作為標本から推定しようとしている母集団平均は 990 とどの程度の確からしさで同じと言えるのだろうか」というものである．

---

[6] `summary` 関数は分位点に関係した値を返すが，`boxplot` 表示で使われるヒンジ値について知りたいときは，`boxplot.stats` 関数を用いる．例えば，`boxplot.stats(speed, coef = 1.5, do.conf = TRUE, do.out = TRUE)`.

20 個ある光速の測定値から同じく大きさ $n = 20$ の標本を，復元抽出で 10000 回取り出す．そして，それぞれ平均を計算すると，10000 個の値が得られる．このブートストラップによる 10000 個の平均の累積確率分布の右裾を調べて，990 と同じくらいの平均を得る確率はどれほどか，というのがここでの問題である[7]．これは思ったほど難しいものではない．

```
a <- numeric(10000)
for (i in 1:10000) { a[i] <- mean(sample(speed, replace = T)) }
hist(a)
```

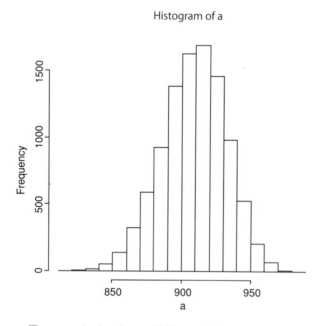

図 **5.12**　ブートストラップ標本の平均値のヒストグラム

990 という値は右端から外れている（図 5.12）．このデータをみると明らかに，990 という平均はほとんど起こりえない．

```
max(a)
[1] 989.5
```

データにある 10000 個の標本の中に，989.5 よりも大きい値は存在していないので，平均が 990 よりも大きい確率は明らかに $p$ 値 $< 0.0001 = 1/10000$ である．

---

[7] 原著では $n = 100$ としてあるが，$n = 20$ のときの標本平均の分布を知りたい（推定したい）のである．データの経験分布は母集団分布の推定として使えるので，経験分布からの $n = 20$ の標本平均は（つまり，ブートストラップ標本は），母集団分布からの $n = 20$ の標本平均であると見なせる．大量に取り出すと，$n = 20$ の標本平均の分布の推定として使え，実際の $n = 20$ の標本平均がその推定された分布のどのあたりに出現しているかで検定することができる．そのため，原著と異なり $n = 20$ としてある．

## スチューデントの $t$ 分布

標本数が小さいとき（$n < 30$），スチューデントの $t$ 分布が正規分布の代わりに用いられる．正規分布の 95% 区間は $-1.96 \times$ [標準偏差] から $1.96 \times$ [標準偏差] であったことを思い出してほしい．スチューデントの $t$ 分布に対する区間の幅はこれよりも大きくなる．標本数が小さいと，区間は大きくなる．これを実地に見てみよう．pnorm と qnorm に対応する関数は pt と qt である．$t$ 分布で標本数を変化させて，区間の上限値（正規分布では 1.96）がどのように変化するのかグラフにプロットして見てみよう．偏差を求めることになるので，これに適した関数は qt である．確率（ここでは $p = 0.975$）と自由度（1 から 30 としよう）を与える必要がある．

```
plot(c(0, 30), c(0, 10), type = "n",
     xlab = "Degrees of freedom", ylab = "Students t value")
lines(1:30, qt(0.975, df = 1:30))
abline(h = 1.96, lty = 2, col = "blue")
```

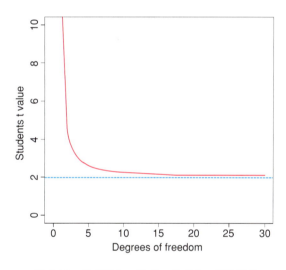

図 5.13　自由度 1 〜 30 の $t$ 分布の 95% 分位点

自由度がおおよそ 10 を越えているときは（このときの上限値はおおよそ 2 である），正規分布よりもスチューデントの $t$ 分布を用いなければならないという必要性は比較的低い（図 5.13）．自由度 5 を下回るようになると，その必要性は劇的に高まる．自由度 30 以上ならば，そのスチューデントの $t$ 分布に必要な値は近似的に 1.96 である．ほとんど正規分布に対するもの（青の水平な破線）と同じである．このグラフを見ると，スチューデントの $t$ 分布に対し，[上限値] $= 2$ が経験則上の妥当な値であることが分かる．これを覚えておけば，今後の仕事においてその都度棄却限界値を調べるという手間を省くことができる．

では，$t$ 分布は正規分布と比べてどのような形をしているのだろうか？黒線（lty = 2）で標準正規分布を再度描いてみよう．

```
xvs <- seq(-4, 4, 0.01)
plot(xvs, dnorm(xvs), type = "l",
    ylab = "Probability density", xlab = "Deviates")
```

これに自由度 5 のスチューデントの $t$ 分布を赤線で重ねて描き，その違いを見てみよう．

```
lines(xvs, dt(xvs, df = 5), col = "red")
```

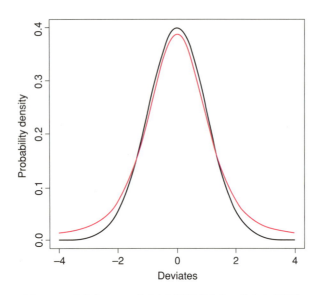

図 **5.14** 自由度 5 の $t$ 分布と標準正規分布の確率密度関数

正規分布（黒線）とスチューデントの $t$ 分布（赤線）の違いは，$t$ 分布が「厚めの裾」をもつところに表れる（図 5.14）．これは，正規分布よりも $t$ 分布のほうが極端に大きな値（絶対値の意味で）を生じやすいということを意味する．そのため，$t$ 分布に関する信頼区間は広くなる．正規分布の ±1.96 という 95%区間の代わりに，自由度 5 のスチューデントの $t$ 分布に関しては ±2.57 という 95%区間を用いなければならない．

```
qt(0.975, 5)
[1] 2.570582
```

### 高次のモーメント

今まで明示的に述べることはなかったが，実はデータの低次の 2 つのモーメントを扱ってきたのである．$\sum_{i=1}^{n} y_i$ という量が，1 標本データの算術平均を定義するのに使われている．これが 1 次モーメント $\bar{y} = \frac{1}{n}\sum_{i=1}^{n} y_i$ である．$\sum_{i=1}^{n}(y_i-\bar{y})^2$ という量（平方和）は，分散 $s^2 = \frac{1}{n-1}\sum_{i=1}^{n}(y_i-\bar{y})^2$ を定義するときに使われた．これが 2 次モーメントである．より高次のモーメントは，$\sum_{i=1}^{n}(y_i-\bar{y})^3$

や $\sum_{i=1}^{n}(y_i - \bar{y})^4$ のような，データのもつ偏差の次数 3 以上の冪和に関係したものである．

## 歪度

歪度（歪み，**skewness**）とは次の平均周りの 3 次のモーメント

$$m_3 = \frac{1}{n}\sum_{i=1}^{n}(y_i - \bar{y})^3$$

を無次元化したものである．実際には，$y$ の標準偏差の 3 乗（これは $y^3$ と同じ単位をもつ）で割ることにより単位を無次元化する．

$$s_3 = (\mathrm{sd}(y))^3 = \left(\sqrt{s^2}\right)^3$$

つまり，歪度は次で定義される．

$$[歪度] = \gamma_1 = \frac{m_3}{s_3}$$

これは，分布が左右のどちらか一方に裾を長く引き伸ばす度合いを測るものである．正規分布は対称なので $[歪度] = 0$ である．$\gamma_1$ が負の値をとるときは左へ歪み（負の歪度），正の値のときは右へ歪む（正の歪度）．歪度が 0 と有意に異なっているのか検定したいときは（有意に異なっているときは，その標本が得られた分布は有意に非正規的である），$n$ を大きくしたときに近似的に得られるその標準誤差

$$SE_{\gamma_1} = \sqrt{\frac{6}{n}}$$

で歪度の推定値を割ることになる．任意の数値ベクトル `x` の歪度の計算は，**R** では次のように簡単である [8]．

```
skew <- function(x) {
    m3 <- sum((x - mean(x))^3)/length(x)
    s3 <- sqrt(var(x))^3
    m3/s3
}
```

`x` の長さが何であっても，`length(x)` を使えばその長さが分かる．関数内の最後の式は変数に代入されないので，`skew(x)` の返り値になる．これで，`skew(x)` とコマンド行で入力すれば `x` の歪度が求められる．

p.89 でファイル `skewdata.csv` から読み込んだデータフレーム `data` を使おう．歪みがあることを見る，`values` のヒストグラムをプロットする．そのとき，タイトルを表示させない `main = ""` とヒストグラムの棒に好みの色で塗ってくれる `col = "lightblue"` を引数に指定しておく．

---

[8] パッケージ `e1071` には関数 `skewness` が用意されている．

```
hist(values, main="", col="lightblue")
```

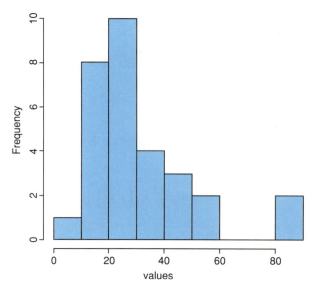

図 **5.15** 変数 values のヒストグラム

データは右への歪みをもっている（右側の裾は左側よりも長い，図 5.15）．歪度の度合いを量的に表すために，新しく定義された関数 skew を使ってみよう．

```
skew(values)
```
[1] 1.318905

この歪度 1.319 が有意に 0 と異なっているのか知りたいので，その標準誤差 $\sqrt{6/n}$ で歪度の観測値を割ることにより，$t$ 検定を実行する[9]．

```
skew(values)/sqrt(6/length(values))
```
[1] 2.949161

最後に，歪みが真に 0 であるとき，偶然のみにより 2.949 という $t$ 値を得る確率がいくらになるか知る必要がある．

```
1 - pt(2.949, 28)
```
[1] 0.003185136

データは非正規性を有意に示しているというのが結論である（$p$ 値 < 0.0032）．自由度を $n - 2 = 28$ と求めたのは，歪度を計算するときに平均と分散という 2 つの母数をデータから推定したためである．

---

[9] 原著初版では正規近似検定であったものが，第 2 版では $t$ 検定となっている．しかし，標準化された歪度の分布は $t$ 分布を介して正規分布に近づくわけではないので，ことさらここで $t$ 検定とする理由は見あたらない．もっとも，$n = 28$ なので，結果にほとんど違いはない．

ここまで来ると，歪度を修正してデータを正規分布に近づけるような変換を探すべきかもしれない．大きな値を原点に引き寄せるために，平方根をとるというやり方がある．まず，これをやってみよう．

```
skew(sqrt(values))/sqrt(6/length(values))
[1] 1.474851
```

これは有意な歪度を示さない．別のやり方として，データの対数をとってもよいかもしれない．

```
skew(log(values))/sqrt(6/length(values))
[1] -0.6600605
```

今度は少々左への歪み（負の歪度）を示すようになった．しかし，正規偏差の値は平方根変換よりも小さい（絶対値の意味で）．ゆえに，ここでは対数変換が好ましい．

## 尖度

尖度（**kurtosis**）は，細く尖っているあるいは平らになっているなどの，分布の頭頂部の形状に関係した非正規性を測る指標である．正規分布は釣り鐘型をしているが，これはそうでないような分布のための指標である．頭頂部が平らになっているときは平坦頭頂的，先の尖ったようになっているときは狭小頭頂的と呼ばれる．尖度は平均周りの 4 次のモーメント

$$m_4 = \frac{1}{n}\sum_{i=1}^{n}(y_i - \bar{y})^4$$

を無次元化したものである．これは，$y$ の分散の 2 乗（これは $y^4$ と同じ単位をもつ）で割ることにより次元が消される．

$$s_4 = (\mathtt{var}(y))^2 = (s^2)^2$$

尖度は結局次のように定義される．

$$[尖度] = \gamma_2 = \frac{m_4}{s_4} - 3$$

正規分布の $m_4/s_4$ が 3 なので，$-3$ が定義に入れてある．このように定義すると，尖度が 0 に近いときデータの正規性が期待できるという分かりやすい性質をもつことになる．一方，平坦頭頂的ならば負の尖度，狭小頭頂的ならば正の尖度を示す．尖度の近似的に得られる標準誤差は次で与えられる．

$$SE_{\gamma_2} = \sqrt{\frac{24}{n}}$$

尖度を計算する **R** 関数は次のように定義できる[10]．

---

[10] パッケージ `e1071` には関数 `kurtosis` が用意されている．

```
kurtosis <- function(x) {
    m4 <- sum((x - mean(x))^4)/length(x)
    s4 <- var(x)^2
    m4/s4 - 3
}
```

ここでのデータに対して尖度を計算してみると，正規分布から有意には異なっていないことが分かる [11]．

```
kurtosis(values)
```
```
[1] 1.297751
```

```
kurtosis(values)/sqrt(24/length(values))
```
```
[1] 1.450930
```

$t$ 値 1.45 は経験則 2.0 よりも十分に小さいことから明らかである．

## 参考文献

Michelson, A. A. (1880) Experimental determination of the velocity of light made at the U.S. Naval Academy, Annapolis, *Astronomical Papers,* **1**, 109–145.

## 発展

Field, A., Miles, J. and Field, Z. (2012) *Discovering Statistics Using R*, Sage, London.

Williams, D. (2001) *Weighing the Odds. A Course in Probability and Statistics*, Cambridge University Press, Cambridge.

---

[11] ここでも，原著初版では正規近似検定であったものが，第 2 版では $t$ 検定となっている．

# 第 6 章

# 2 標本データ

　必要以上に複雑に設定した解析を実行しても，ほとんど意味はない．オッカムの剃刀（p.9）は，他のどのような分野にも劣ることなく，強く統計モデルの選択においても適用される．つまり，単純であること，これが最良の基準である．いわゆる古典的な検定は，以下のような広く利用される解析を扱っていて，それらは選択のモデルであるとも言える．

- 2 つの分散の比較（フィッシャーの $F$ 検定，`var.test`）
- 正規誤差をもつ 2 標本の平均の比較（スチューデントの $t$ 検定，`t.test`）
- 非正規誤差をもつ 2 標本の中央値の比較（ウィルコクソンの順位和検定，`wilcox.test`）
- 2 つの比率の比較（2 項検定，`prop.test`）
- 2 変数の相関の検定（ピアソンの積率相関あるいはスピアマンの順位相関の検定，`cor.test`）
- $\chi^2$ 統計量による分割表の独立性の検定（$\chi^2$ 検定，`chisq.test`）
- フィッシャーの正確確率による小標本分割表の独立性の検定（フィッシャーの正確確率検定，`fisher.test`）

## 2 つの分散の比較

　2 つの標本平均を比較する検定を行うには，それらの標本分散が有意に異なっていないか検定しておく必要がある（p.63 を参照）．その検定は非常に簡単である．イギリスの南西部にあるロザムステッド研究所に所属した，著名な統計学者であり遺伝学者でもあったフィッシャー（R. A. Fisher）にちなんで，フィッシャーの $F$ 検定と呼ばれている．2 つの分散を比較するために，やるべきことはただ，**小さい方の分散で大きい方の分散を割る**だけである．

　明らかに，分散が同じ場合は，その比は 1 である．有意に異なるためには，その比が 1 よりも有意に大きくなる必要がある（大きい分散が分子に置いてあるので）．有意な分散比と有意でない分散比の違いを知るにはどうしたらよいのだろう．答えは，いつもどおり，分散比の**棄却限界値（critical value）**と比較すればよい．ここでは，フィッシャーの $F$ 値の限界値を知らなくてはならない．これを与える **R** 関数は `qf` である（$F$ 分布の分位点関数）．圃場におけるオゾン濃度の例（第 4 章を参照）を考えてみると，各圃場には 10 個の反復があるので，それぞれに自由度 $10-1=9$ が存在する．ゆえに，2 つの圃場を比較するとき，分子は自由度 9，分母も自由度 9 になる．分散分析での $F$ 検定は通常は片側検定であるが（平均が有意に異なっているならば，誤差分散よりも処理分散は大きいと期待されるからである，p.168 を参照），ここ

ではどちらの圃場がより大きな分散をもつのか前もって分からないので，両側検定を行うことになる（$p = 1 - \alpha/2$（p.65 を参照））．慣習的な有意水準 $\alpha = 0.05$ を使うと，$F$ の棄却限界値は次のように求められる．

```
qf(0.975, 9, 9)
[1] 4.025994
```

これにより，分散比の計算値が 4.026 よりも大きい場合は，2 つの分散は有意水準 $\alpha = 0.05$ で有意に異なっていると結論できる．実際に，圃場 B と圃場 C のオゾン濃度の分散を比較するために，この検定を使ってみよう．

```
f.test.data <- read.csv("c:\\temp\\f.test.data.csv")
attach(f.test.data)
names(f.test.data)
[1] "gardenB" "gardenC"
```

まず，2 つの分散を計算する．

```
var(gardenB)
[1] 1.333333

var(gardenC)
[1] 14.22222
```

圃場 C の分散が明らかに大きいので，$F$ 比を次のように計算する．

```
F.ratio <- var(gardenC)/var(gardenB)
F.ratio
[1] 10.66667
```

　検定統計量から分かるように，圃場 C の分散は圃場 B の分散よりも 10 倍以上大きい．この $F$ 検定（分子分母の自由度はともに 9）の棄却限界値は 4.026（上の qf による）なので，**計算値は棄却限界値よりも大きく，帰無仮説は棄却される**と結論できる．

　帰無仮説は，2 つの分散は有意に異なっていないというものだったので，2 つの分散は有意に異なっているという対立仮説を採択する．実際には，帰無仮説を棄却するという結論だけではなく，計算された $F$ 比に関連した $p$ 値もいっしょに示しておいた方が良い．これを求めるには，qf 関数ではなく pf 関数を用いる．検定は両側であったということを考慮すると，計算された確率は 2 倍されなければならない．

```
2 * (1 - pf(F.ratio, 9, 9))
[1] 0.001624199
```

分散が同じであるときに，この値 10.67 以上，あるいは 1/10.67 以下の $F$ 比が得られる確率 $p$ 値は 0.002 よりも小さい．$p$ 値は「帰無仮説が真である確率」ではない，ということは十分に

注意しておく（初心者にありがちな勘違いである）．検定の結論を導く前まで，帰無仮説は**真**であると仮定される．$p$ 値とはどんなものであって，どんなものではないのか，その違いに納得がゆくまでこの節を繰り返し読むべきである．

分散は有意に異なっているので，スチューデントの $t$ 検定を用いた 2 つの標本平均の比較などは止めておいた方が良い．ここでの理由は明らかである．両平均は正確に一致する（5.0 pphm）が，両圃場の毎日のオゾン汚染の程度はまったくバラバラに変動しているからである．

これまでの手続きを簡単にやってくれる組込み関数が存在する．分散を比較したい生データを含む 2 つの変数名を引数として与えるだけでよい（分散を計算しておく必要などない）．

```
var.test(gardenB, gardenC)
        F test to compare two variances
data:   gardenB and gardenC
F = 0.0938, num df = 9, denom df = 9, p-value = 0.001624
alternative hypothesis: true ratio of variances is not equal to 1
95 percent confidence interval:
 0.02328617 0.37743695
sample estimates:
ratio of variances
           0.09375
```

分散比 $F$ が約 10 ではなく，約 1/10 になっている．と言うのも，`var.test` は，2 つの分散の大きい方ではなく，第 1 引数の分散を分子に置くからである．しかし，0.0016 という $p$ 値は正確に同じであり，帰無仮説は棄却されている．結局，ここでの 2 つの分散は高度に有意に異なっている．

```
detach(t.test.data)
```

## 2 つの平均の比較

それぞれの標本内における要素のもつ変動（標本内分散）については分かっているという前提で，その 2 つの標本が等しい母平均をもつ母集団からのものであるという可能性はどれくらいだろうか？その可能性が相当に高いようなら，2 つの標本平均は有意には異なっていない，その可能性がかなり低いようなら，2 つの標本平均は有意に異なる，と言える．たぶんこれを行う良い方法は，2 つの標本が等しい母平均をもつ母集団からのものである，という仮定の下での確率を計算することである．この確率が非常に低いとき（例えば，5%以下や1%以下），平均は互いに確かに異なっていると合理的に確信できる（今の例では，95%で，あるいは99%で）．しかし，100%の確信はありえないことに注意しよう．無作為抽出においても，2 標本平均の明白な差というものが起こりうるからである．1 つの標本においては小さな値が大量に生じ，もう 1 つにおいては大きな値が大量に生じた，というようなこともまさに起こりうるのである．

2 つの標本平均を比較する，2 種類の簡単な検定がある．

- **スチューデントの $t$ 検定**：2 標本のもつ誤差が独立で，分散は等しく，正規分布に従うとき
- **ウィルコクソンの順位和検定**：2 標本の誤差は独立だが，正規分布に従っていないとき（順位やある種のスコアを用いる）

これらの仮定が成り立たない場合（例えば，分散が異なるときなど）については，後に議論する．

## スチューデントの $t$ 検定

スチューデント（Student）という名はゴセット（W. S. Gosset）の筆名である．その名前で専門誌バイオメトリカに発表された 1908 年の論文は強い影響を与えるものであった．しかし，ゴセットの勤務先であるギネスビール社の，当時まだ支配的であった時代遅れの就業規則のために，個人的な研究結果を実名で公表することを禁じられていたのである．後に，その $t$ 分布理論はフィッシャーによって完成され，小標本統計量の研究に革命を引き起こしたのである．この理論では，未知である母集団分散 $\sigma^2$（実際，未知である方が普通である）を扱うのに標本分散 $s^2$ を利用し，2 つの統計量の離れ具合を標準誤差を単位として測ったものを検定統計量として採用する．

$$t = \frac{[2\,\text{つの平均の差}]}{[\text{差の標準誤差}]} = \frac{\bar{y}_A - \bar{y}_B}{SE_{\bar{y}_A - \bar{y}_B}}$$

すでに平均そのものの標準誤差については知っているが（p.68 参照），2 つの平均の差の標準誤差については学んでいない．実は，2 つの独立な（無相関な）変数に関しては，**その差の分散はそれぞれの分散の和**で表されるのである[1]．

この重要な事実により，2 つの標本平均の**差の標準誤差**の公式を得る[2]．

$$SE_{\bar{y}_A - \bar{y}_B} = \sqrt{\frac{s_A^2}{n_A} + \frac{s_B^2}{n_B}}$$

すべての準備が整ったので，スチューデントの $t$ 検定を行おう[3]．帰無仮説は，2 つの平均は同じというものである．スチューデントの $t$ 値が大きく，そのような差が偶然のみから起こった可能性は低い，と判断できない限りこの仮説は受け入れられる．その可能性は，適切な自由度をもつスチューデントの $t$ 分布から求められた棄却限界値と検定統計量とを比較して判断される．

p.63 のオゾンの例に戻ると，それぞれの標本は自由度 9 をもっているので，合計で自由度 18 である．あるいは，全標本数は 20 で，そのデータから 2 つの母数 $\bar{y}_A$ と $\bar{y}_B$ を推定したので，自由度は $20 - 2 = 18$ になる，と考えてもよい．帰無仮説が正しいにもかかわらず，これを棄

---

[1] 旧著の日本語版第 6 章と同様に，原著にある 2 つの Box がこの日本語版にはない．確率変数の平均・分散と標本の平均・分散とをアナロジカルに融合させる著者の配慮が，日本の読者をかえって混乱させると思えたからである．著者の許可を得て，必要な性質はその都度本文中に埋め込むように訳している．英語版と対照させながら読まれる方は要注意である．

[2] この公式は 2 標本の母分散が異なる場合も考慮したときの推定値である．等分散の場合は通常，$s_A^2$ と $s_B^2$ を合算して求める．つまり，$s^2 = ((n_A - 1)s_A^2 + (n_B - 1)s_B^2)/(n_A + n_B - 2)$ で共通の分散を推定し，公式の $s_A^2$ と $s_B^2$ を共に $s^2$ で置き換える．

[3] 正確には，等分散を仮定しないときのウェルチ検定である．この名をもつことは，p.105 にある `t.test` の出力からも分かる．これが **R** の `t.test` 関数のデフォルトである．

却する（第1種の過誤の）確率としていつもどおり5%を採用する．どちらの圃場が高いオゾン濃度をもっているのか前もって知ってはいないので（もちろん，これが普通である），両側検定を使うことになる．ゆえに，その**棄却限界値**は次で求められる．

```
qt(0.975, 18)
[1] 2.100922
```

帰無仮説を棄却するには，つまり2つの平均は $\alpha = 0.05$ で有意に異なっていると結論できるためには，検定統計量が2.1よりも大きくなければならない．では，問題のデータフレームを読み込んでみよう．

```
t.test.data <- read.csv("c:\\temp\\t.test.data.csv")
attach(t.test.data)
names(t.test.data)
[1] "gardenA" "gardenB"
```

2標本の箱ヒゲ図を比較する便利な視覚的検定として，`boxplot` 関数の引数 `notch = T` を指定するものがある．

```
ozone <- c(gardenA, gardenB)
label <- factor(c(rep("A", 10), rep("B", 10)))
boxplot(ozone ~ label, notch = T, xlab = "Garden",
        ylab = "Ozone pphm", col="lightblue"))
```

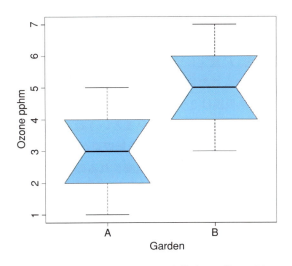

図 **6.1** 引数 `notch = TRUE` を指定した箱ヒゲ図

**2つのプロットのノッチは重なっていない**（図 6.1）．このことから，中央値は5%水準で有意に異なっていると結論できる．ここでの2つの標本の変動は，範囲（ヒゲの長さ）で見ても，ヒンジ散布度（箱の範囲）で見ても同等であることに注意しておこう．

$t$ 検定を1つひとつ手順を踏んで実行するために，まず2つの標本分散 s2A と s2B を計算する．

```
s2A <- var(gardenA)
s2B <- var(gardenB)
```

2つの分散が有意には異なっていないことを調べておく必要がある．

```
s2A/s2B
```
`[1] 1`

それらは一致する，すばらしい！ 分散が同一であるというのは，$t$ 検定を実行する際の最も重要な仮定である．一般に，スチューデントの $t$ 検定統計量の値は**差をそれの標準誤差で割った**ものである．

ここでは，2つの平均の差 $3-5=-2$ が分子で，それぞれの標本数 10 で割られた分散 1.3333 の和の平方根が分母である．

```
(mean(gardenA) - mean(gardenB))/sqrt(s2A/10 + s2B/10)
```

標準誤差を計算するとき，標本数 10 で割るのであり，自由度 9 で割るのではないことに注意する．自由度は分散を計算するときにすでに用いている（p.62 を参照）．これがスチューデントの $t$ 値を与える．

`[1] -3.872983`

この $t$ 値の符号は無視してもよい．関心があるのは，2つの標本平均の差の絶対値だからである．ゆえに，検定統計量の計算値は 3.87 であり，その棄却限界値は 2.10 である（p.103 の `qt(0.975, 18)`）．$t$ 値は棄却限界値よりも大きいので，帰無仮説は棄却される．

このような上の言葉遣いが，$F$ 検定について述べたときと正確に同じであることに注意しよう．すべての検定においていつもこの言い方なので，これを短縮して標語的に**大なら棄却，小なら採択**と覚えてもよい．帰無仮説は2つの平均が有意には異なっていないというものなので，これは棄却され，**2つの平均は有意に異なっている**という対立仮説が採択される．また，ただ単に帰無仮説を棄却すると述べるだけではなく，帰無仮説が正しい（つまり，2つの母平均が等しい）ときに計算値よりも極端な検定統計量が観測される確率，つまり $p$ 値も記述しておいた方が良い．これには `qt` 関数ではなく `pt` 関数を用いる．両側検定なので，$2 \times$ `pt` で計算する．

```
2 * pt(-3.872983, 18)
```
`[1] 0.001114540`

$p$ 値 $< 0.0012$ という結果である．ここでもまた，これらの手続きをすべてやってくれる組込み関数があると聞いても驚くことはないだろう．便利なことに，それは `t.test` と名付けられている．検定したい標本を含む2つのベクトル名を与えるだけでよい[4]（ここでは，gardenA と gardenB）．

---

[4] 等分散の仮定の下で `t.test` を用いる場合には，引数 `var.equal = TRUE` を指定する．

```
t.test(gardenA, gardenB)
```

出力はかなりの量である．統計的検定が簡単であっても，その出力は大量である，と気づくことも多いだろう．

```
        Welch Two Sample t-test
data:   gardenA and gardenB
t = -3.873, df = 18, p-value = 0.001115
alternative hypothesis: true difference in means is not equal to 0
95 percent confidence interval:
 -3.0849115 -0.9150885
sample estimates:
mean of x mean of y
        3         5
```

結果は1つひとつ計算したものと正確に一致する．$t$値は $-3.873$ であるが，**符号はこの $t$ 検定では関係ない**．$t$ 値の絶対値は限界値 2.1 よりも大きいので，帰無仮説は棄却される．圃場 B の平均オゾン濃度は有意に圃場 A よりも高いと結論できる．出力には $p$ 値と信頼区間も含まれている．平均の差は有意だったので，差の信頼区間には 0 が含まれていない（区間は $-3.085$ から $-0.915$）ことに注意しよう．これを次のような結果にまとめてもよい．

圃場 B のオゾン濃度（平均 $= 5.0$pphm）は

圃場 A のオゾン濃度（平均 $= 3.0$pphm）よりも有意に高い

（$t$ 値 $= 3.873$，$p$ 値 $= 0.0011$（両側検定），自由度 $= 18$）．

ここには，効果の大きさとその推定値のもつ非信頼性，これらに関する結論を導くのに必要なすべての情報が記述してある．

## ウィルコクソンの順位和検定

　ウィルコクソンの順位和検定（**Wilcoxon rank sum test**）はスチューデントの $t$ 検定のノンパラメトリック版である．誤差が正規的でないときに用いられる．その検定統計量 $W$ は以下のように計算される．まず，両標本とも1つの配列の中に入れる．ただし，どの値にも標本名を付けておく（下の説明では，A と B である）．そのひとまとめにした値をソートするが，そのとき標本名も同じように並べ替える．各値に順位を付けるとき，タイ（同じ値）がある場合はそれらに対応する順位の平均を付けるようにする（2つのタイには (順位 $i$ + 順位 $(i+1)$)/2，3つのタイには (順位 $i$ + 順位 $(i+1)$ + 順位 $(i+2)$)/3 という風に）．最後に，2標本のそれぞれにおいて順位の総計を求め，順位和の小さな方の値で有意性を評価する．

　では，両標本を結合させる．

```
ozone <- c(gardenA, gardenB)
ozone
 [1] 3 4 4 3 2 3 1 3 5 2 5 5 6 7 4 4 3 5 6 5
```

次に，A と B からなる標本名のリストを作る．

```
label <- c(rep("A", 10), rep("B", 10))
label
 [1] "A" "A" "A" "A" "A" "A" "A" "A" "A" "A" "B" "B" "B" "B" "B"
[16] "B" "B" "B" "B" "B"
```

ここで，結合したベクトルの各値に対応した順位（最小から最大へ）を計算する組込み関数 rank を用いる．

```
combined.ranks <- rank(ozone)
combined.ranks
 [1]  6.0 10.5 10.5  6.0  2.5  6.0  1.0  6.0 15.0  2.5 15.0 15.0
[13] 18.5 20.0 10.5 10.5  6.0 15.0 18.5 15.0
```

タイは，対応する順位が平均化されてすでに処理されている．この後やるべきことは，それぞれの圃場の順位和を計算することである．このためには，sum 関数を指定した tapply 関数を用いる．

```
tapply(combined.ranks, label, sum)
  A   B
 66 144
```

最後に，得られた 2 つの値の最小値 66 をウィルコクソン順位和の数表（例えば，Snedecor and Cochran (1980), p.555）にある値と比較する．この 66 が表の値よりも小さいようならば帰無仮説を棄却する．ここでの例のように標本数 10 と 10 の場合は，数表にある 5%値は 78 である．これよりも小さいので，帰無仮説は棄却され，2 つの標本平均は有意に異なっていると判断される（これは前の $t$ 検定の結果と同じである）．

　以上の手続きを自動的に実行する組込み関数 wilcox.test がある．これを使えば，ウィルコクソン順位和表を用いる必要はない．

```
wilcox.test(gardenA, gardenB)
```

この結果は次のようになる．

```
        Wilcoxon rank sum test with continuity correction
data:  gardenA and gardenB
W = 11, p-value = 0.002988
alternative hypothesis: true location shift is not equal to 0
```

警告メッセージ:
wilcox.test.default(gardenA, gardenB) で:
  タイがあるため, 正確な p 値を計算することができません

この関数は正規近似を用いて $z$ 値を計算し, それを使って $p$ 値を求め, 2 つの平均 (あるいは中央値) が同じであるという仮説を評価する. $p$ 値は 0.002988 なので, 0.05 よりもかなり小さくなり, 帰無仮説は棄却される. つまり圃場 A と B の平均オゾン濃度は有意に異なると結論できる. 最後に出力されている警告は, データにタイがある (オゾン測定値に同じ値がある) という事実を教えてくれる[5]. これは $p$ 値が正確に計算されなかったということを意味している (しかし, これが懸念材料になることはほとんどない).

この同じデータで $t$ 検定とウィルコクソン検定の $p$ 値を比較すると面白い. それぞれ $p$ 値 $= 0.001115$ と $p$ 値 $= 0.002988$ である. 誤差が正規的でないとき, ノンパラメトリック検定は $t$ 検定よりも優れて適切な検定である. 誤差が正規的な場合でも, 検出力は $t$ 検定と比較して 95%程度に落ちるに過ぎないし, 外れ値の存在により分布が強く歪んでいるような場合にも, $t$ 検定よりも高い検出力をもつ, ということが知られている. 通常はここでのデータのように, $t$ 検定の $p$ 値は小さくなるので, ウィルコクソン検定は保守的であると言われる. つまり, ウィルコクソン検定で差が有意になるようならば, $t$ 検定ではさらに有意になりやすい, ということを意味している.

## 対標本データの検定

2 標本データが対になった観測値として得られる場合も多い. このときは, 2 つの測定値の間に相関があると考えてよい. それらが同じ個体からの, あるいは同じ地点での観測から得られているからである. 対の観測値を $(y_i, z_i)$, $i = 1, 2, \ldots, n$ と書くとき,

$$((y_i - z_i) - (\overline{y-z}))^2 = (y_i - \bar{y})^2 + (z_i - \bar{z})^2 - 2(y_i - \bar{y})(z_i - \bar{z})$$

と展開できる. ここでは算術平均に関して, $\overline{y-z} = \bar{y} - \bar{z}$ が成り立つということを利用した. これの $i = 1, 2, \ldots, n$ についての和をとり, $n-1$ で割ると, 次の式が得られる.

$$\frac{1}{n-1} \sum_{i=1}^{n} ((y_i - z_i) - (\overline{y-z}))^2$$
$$= \frac{1}{n-1} \sum_{i=1}^{n} (y_i - \bar{y})^2 + \frac{1}{n-1} \sum_{i=1}^{n} (z_i - \bar{z})^2 - \frac{2}{n-1} \sum_{i=1}^{n} (y_i - \bar{y})(z_i - \bar{z})$$

これを次のように表現する.

$$s_{y-z}^2 = s_y^2 + s_z^2 - 2s_{yz}$$

$s_{yz}$ は $y$ と $z$ の**共分散 (covariance)** と呼ばれる. つまり, 差の分散は $y$ の分散と $z$ の分散の

---
[5] Warning message は **R** のバージョンによっては英語で表示される場合もある.

和から $y$ と $z$ の共分散の 2 倍を引いたものである．$y$ と $z$ の共分散が正であるとき，差の分散は小さくなるので，平均間の有意な差を検出しやすくなり大いに助かることになる．ただし，$y$ と $z$ の間の関係が弱いときもあるので，対になっているということがいつも効果的であるとは限らない．

次の例は，16 の河川から採られた水生の無脊椎動物の標本に基づく生物多様性を測るための合成的な指標データである．

```
streams <- read.csv("c:\\temp\\streams.csv")
attach(streams)
names(streams)
[1] "down" "up"
```

各要素は対になっていて，対である 2 つの観測値はある河川の同じ排水口の上流側と下流側での測定値である．それらが対になっているという事実を無視すると，排水口は生物多様性の指標に影響をもたないように見える（$p$ 値 $= 0.6856$）．

```
t.test(down, up)
        Welch Two Sample t-test
data:  down and up
t = -0.4088, df = 29.755, p-value = 0.6856
alternative hypothesis: true difference in means is not equal to 0
95 percent confidence interval:
 -5.248256  3.498256
sample estimates:
mean of x mean of y
   12.500    13.375
```

しかし，標本が対になっているということを利用すると（引数 paired = T を指定するだけである），状況はまったく違ったものになる．

```
t.test(down, up, paired = T)
        Paired t-test
data:  down and up
t = -3.0502, df = 15, p-value = 0.0081
alternative hypothesis: true difference in means is not equal to 0
95 percent confidence interval:
 -1.4864388 -0.2635612
sample estimates:
mean of the differences
                 -0.875
```

平均間の違いの有意性は非常に高い（$p$ 値 $= 0.0081$）．ここでの教訓は明らかである．対の $t$ 検定が可能ならば，いつでも常にやるべきだ，というものである．それで支障など起らないし，（ここでのように）役立つ結果を大いにもたらしてくれる．一般に，**ブロック**や**空間的相関性**についての情報（ここの例ならば，2 つの標本が同じ河川の同じ排水口からのものであるという情報）をもっているならば，それを解析で常に利用すべきである．

次は，この同じデータについて，対の観測値の差をとって 1 標本 $t$ 検定を行った結果である．

```
d <- up - down
t.test(d)
        One Sample t-test
data:  d
t = 3.0502, df = 15, p-value = 0.0081
alternative hypothesis: true mean is not equal to 0
95 percent confidence interval:
 0.2635612 1.4864388
sample estimates:
mean of x
    0.875
```

見て分かるように，引数 `paired = T` を指定して 2 標本 $t$ 検定を行った結果と同じである．上流での生物多様性指標値は平均的に 0.875 だけ大きく，その差は非常に有意である．差に関する自由度は 30 から 15 へと半減するが，差をとるということが誤差分散を減少させるという意味においてそれを補って余りあるものがある．と言うのも，2 変量間には強い正の相関が存在するからである．ここでの教訓は簡単である：**ブロック化は必ず役に立つ**．ここでは個々の河川がブロックの役割を果たしている．

## 2 項検定

これは統計的検定の中で最も簡単なものである．2 つのものの差を**測る**ことはできないが，（飛込み競技での判定のように）**目で見て**判断はできるとしよう．例えば，飛板飛込みの 9 名の選手が新しい練習法と古い練習法で訓練を受けた後，優劣の判定を受けたとする（その訓練は無作為に，新旧の順であるいは旧新の順で割り当てられた）．各選手はそれぞれの訓練の後，合計 2 回の判定を受けた．1 人の選手は新しい訓練の後の評価が悪かったが，残りの 8 人の選手は良かった．これは，新しい訓練法が大会において有意に良い結果を出すという証拠になるだろうか？ 答えは両側 2 項検定から得られる．両母集団が本当は同じあった（つまり，2 つの訓練法には差がなかった）と仮定したとき，1/9 という結果（あるいは，8/9 かそれ以上，つまり 0/9 または 9/9 も含めて）はどれほどの起こりやすさをもっているのだろうか？ これには，「成功」の回数 1 と総標本数 9 を指定した `binom.test` を利用することができる．

```
binom.test(1, 9)
```

結果は次のような出力になる.

```
        Exact binomial test
data:   1 and 9
number of successes = 1, number of trials = 9, p-value = 0.03906
alternative hypothesis: true probability of success is not equal to 0.5
95 percent confidence interval:
 0.002809137 0.482496515
sample estimates:
probability of success
              0.1111111
```

$p$ 値 < 0.05 なので，新しい訓練法は古いものよりも有意に良くなっていると結論できる．2 つの訓練法が全く同じ（9 人に関するどの判定でも，優劣のどちらかになる確率は 0.5 である）ならば，0.03906 という $p$ 値は，観測値（9 の中の 1）またはそれより極端な値（9 の中の 0）になる確率そのもの[6]なのである．2 つの訓練法がどの判定に対しても同じ効果しかもたないのなら，「良い」，「悪い」のどちらかの成績を得る確率は 0.5 である．ゆえに，8 個の成功を得る確率は $0.5^8 = 0.0039$ であり，1 個の失敗を得る確率は 0.5 である．共に起こると考えると，次の確率になる．

$$0.00390625 \times 0.5 = 0.001953125$$

しかし，1 個の失敗は 9 通りで起こりうるので，「9 から 1」を得る確率は

$$9 \times 0.001953125 = 0.01757812$$

これは求める答えではない．9 個のすべての判定で新しい訓練法が優れた成績をもたらすという極端な場合もまだ残っているからである．この場合（9 個の成功と 0 個の失敗）は 1 通りしか無いのでその確率は $0.5^9 = 0.001953125$ である．これにより，観測された結果またはそれより極端な結果となる確率は

$$0.001953125 + 0.01757812 = 0.01953124$$

これでもまだ求める答えではない．なぜならば，すべての結果が逆方向に出現するかもしれないからである（つまり，悪い成績（9 回中 8 回の失敗と 9 回の失敗）を生み出すような状況も考慮に入れる両側検定を必要とする）．よって，求める結果は最後に求めた確率を単純に 2 倍すればよい．

$$2 \times 0.01953124 = 0.03906248$$

この値は，上記の `binom.test` によって得られた確率に一致する.

---

[6] 正しくは，下に説明のあるようにその 2 倍である

## 2つの比率を比較する2項検定

ある団体において，196人の男性が昇進したのに比べて，女性はわずか4人の昇進であったと仮定してみよう．これは露骨な性差別の実例なのだろうか？一見そのようにも見える．判断を下す前にもちろん，男性・女性の対象者数を見ておく必要がある．結局，男性3270人の候補者の中から196人が昇進し，それに比較して女性は40人の中からの4人の昇進であることが分かった．昇進率で言うと，女性の方が男性よりもわずかだとしても有利なように見える（女性は10%選ばれ，男性は6%である）．

すると，問題は「女性に有利な明らかな逆差別が統計的に有意か」というものになる．この違いは偶然そのものから起こりうるものなのだろうか？これを R では，2項比率検定である組込み関数 prop.test を用いて簡単に調べることができる．この関数には，第1引数として女性と男性の成功数である c(4, 196) を，第2引数としてそれぞれの**総数**である c(40, 3270) を指定する．

```
prop.test(c(4, 196), c(40, 3270))
    2-sample test for equality of proportions with continuity correction
data:  c(4, 196) out of c(40, 3270)
X-squared = 0.5229, df = 1, p-value = 0.4696
alternative hypothesis: two.sided
95 percent confidence interval:
 -0.06591631   0.14603864
sample estimates:
     prop 1       prop 2
0.10000000 0.05993884

Warning message:
Chi-squared approximation may be incorrect
in: prop.test(c(4, 196), c(40, 3270))
```

逆差別と判断するに有利な証拠は存在しない（$p$値 $= 0.4696$）．このような結果は偶然のみにより45%以上の確率で起こりうるのである．昇進した女性の1人が実は昇進の申請をしていなかったと仮定すると，どのようなことが起こるのか考えてみたらよい．同じ昇進システムならば，女性の昇進率は4/40ではなく3/39となる（10%の代わりに7.7%）．

ここでの教訓は非常に重要である：**少ない標本においては，少しの変化でも大きな影響を与える**．

## 分割表データに関する $\chi^2$ 検定

非常に多くの統計的情報が非負の整数値である**計数（count）**の形式でもたらされる．例えば，動物の死亡数，木の枝の数，霜の降りた日数，倒産した企業数，患者の死亡数などである．計数データにおいては，応答変数が0になることも多い（例えば，上に挙げた例において0が

どのような意味をもつか考えてみたらよい）．

辞書によると，**分割表（contingency table）** の単語 contingency の定義は「不確かな事象に関わるもの」とある（Oxford English Dictionary）．しかし，統計学においては，それは**起こりうるかもしれないすべての事象**というものである．分割表は，それらの事象がある標本の中で何回起ったかという回数を表す．簡単のために，髪が「金髪」と「黒髪」であるという 2 つの事象（contingency）を取り上げてみる．同様に，目の色が「青」と「茶」という事象も考える．これら 2 つのカテゴリカル型の変数は 2 つの水準をもっている（それぞれ，「金髪」と「黒髪」，「青目」と「茶目」）．これらを組み合わせると，4 つの事象（contingency）が起こりうる．「金髪で青目」，「金髪で茶目」，「黒髪で青目」，「黒髪で茶目」である．いま，幾人かを調べて，これら 4 つの区分のそれぞれに入る人数を数える．その結果を，2 × 2 分割表の中に書き込んで，表 6.1 が得られたとしよう．

表 6.1 髪の色と目の色の 2 × 2 分割表

|  | 青 目 | 茶 目 |
|---|---|---|
| 金 髪 | 38 | 11 |
| 黒 髪 | 14 | 51 |

これらは観測頻度（計数）である．この次の段階が非常に重要である．これらのデータの解析を進めるためには，期待頻度を予測するための**モデル**というものを必要とする．これに見合ったモデルは何だろうか？ 複雑なモデルならいくらでも選べるだろうが，最も単純なモデル（オッカムの剃刀あるいは節約の原則による）は髪の色と目の色が**独立**というものである．このモデルが本当に正しいとは信じられないかもしれない．しかし，仮説とは反証可能であるという点に大いなる価値をもっている．また，このモデルが正しいと仮定したときの期待頻度の予測は易しいという点からも，非常に意味のあるモデルである．このとき，簡単な確率計算をする必要がある．この標本が与えられているときに，金髪であるような個人が得られる確率はいくらか？ 総数 114 人の中で 49（= 38 + 11）人が金髪である．ゆえに，金髪である確率は 49/114，黒髪である確率は 65/114 になる．髪の色は 2 水準しかもたないので，これらの確率を合計すると 1（= (49 + 65)/114）になる．目の色に関してはどうだろうか？ この標本の中から青い目の個人を無作為に取り出す確率はいくらか？ 合計 52（= 38 + 14）人が青い目をしていて，総数は 114 人なので，青い目の確率は 52/114，茶色の目の確率は 62/114 になる．前と同様に，これらの合計は 1（= (52 + 62)/114）になる．表 6.2 のように分割表の周辺に部分和を付け加えておくと便利である．

表 6.2 行和・列和・総和を書き加えた分割表

|  | 青 目 | 茶 目 | 行 和 |
|---|---|---|---|
| 金 髪 | 38 | 11 | 49 |
| 黒 髪 | 14 | 51 | 65 |
| 列 和 | 52 | 62 | 114 |

ここからが肝心である．金髪と青い目をもつ個人の期待頻度を求め，それと観測頻度38とを比較したい．仮定したモデルでは，その2つは独立であった．これが最も重要な情報である．これで金髪と青い目の期待確率を計算できるからである．**2つの特性（髪の色と目の色）が独立であるということと，金髪と青い目をもつ確率がそれら2つの確率の積であるということとは同値である**．つまり，上に求めた確率を使って，金髪と青い目をもつ確率が49/114×52/114で計算できる．分割表の他の3つのセル確率も，これとまったく同様の計算で求められる（表6.3）．

表 6.3 セル確率

|  | 青 目 | 茶 目 | 行 和 |
|---|---|---|---|
| 金 髪 | $\frac{49}{114} \times \frac{52}{114}$ | $\frac{49}{114} \times \frac{62}{114}$ | $\frac{49}{114}$ |
| 黒 髪 | $\frac{65}{114} \times \frac{52}{114}$ | $\frac{65}{114} \times \frac{62}{114}$ | $\frac{65}{114}$ |
| 列 和 | $\frac{52}{114}$ | $\frac{62}{114}$ | 1 |

次に，期待頻度を計算しなければならないが，これは簡単そのものである．確率に標本総数 $n = 114$ を掛けるだけでよい．ゆえに，金髪と青い目をもつ期待頻度は $49/114 \times 52/114 \times 114 = 22.35$ と求められる．これは観測頻度38よりもかなり小さい．髪の色と目の色の独立性はかなり疑わしそうである．

上の最後の計算で気づいたかもしれないが，有り難いことに，2つの標本総数が相殺される．つまり，各セルの期待頻度は行和 $R$ と列和 $C$ の積を総数 $G$ で割ったものになる．

$$E = \frac{R \times C}{G}$$

他の期待頻度も計算すると表6.4のようになる．

行和と列和（「周辺和」と総称される）はモデルの下で変化していない．明らかに観測頻度と期待頻度が異なるが，標本をとっている以上すべてが変化するので，あたり前のことである．期待頻度が観測頻度と**有意**に異なっているのか，という質問が重要である．

観測頻度と期待頻度間の違いの有意性を評価するには $\chi^2$ 検定を用いる．

その検定統計量 $\chi^2$（ピアソンの $\chi^2$）は次のように定義される．

$$\chi^2 = \sum \frac{(O-E)^2}{E}$$

ただし，$O$ は観測頻度，$E$ は期待頻度である．大文字のギリシャ文字 $\sum$ はすべての値の和をとるということを意味する[7]．観測頻度と期待頻度を2列に並べたものを作ると計算はやりやすくなり，その差の2乗やそれを期待頻度で割った値が簡単に求められる（表6.5）．

表 6.4 期待頻度

|  | 青 目 | 茶 目 | 行 和 |
|---|---|---|---|
| 金 髪 | 22.35 | 26.65 | 49 |
| 黒 髪 | 29.65 | 35.35 | 65 |
| 列 和 | 52 | 62 | 114 |

---

[7] ここでは，4つのセルに関して計算される値のすべての和をとる．

表 6.5 セルごとの $(O-E)^2/E$ の値

|  | $O$ | $E$ | $(O-E)^2$ | $(O-E)^2/E$ |
|---|---|---|---|---|
| 金髪で青い目 | 38 | 22.35 | 244.92 | 10.96 |
| 金髪で茶色の目 | 11 | 26.65 | 244.92 | 9.19 |
| 黒髪で青い目 | 14 | 29.65 | 244.92 | 8.26 |
| 黒髪で茶色の目 | 51 | 35.35 | 244.92 | 6.93 |

表 6.6 金髪・茶目のセルに 11 を入れる

|  | 青 目 | 茶 目 | 行 和 |
|---|---|---|---|
| 金 髪 |  | 11 | 49 |
| 黒 髪 |  |  | 65 |
| 列 和 | 52 | 62 | 114 |

あとはただ $\chi^2$ の中の 4 つの要素を加えるだけであり，検定統計量 $\chi^2 = 35.33$ を得る．最後に，この $\chi^2$ 値が大きいのか小さいのかという問題が残っている．これは重要である．それが偶然のみによって得られる $\chi^2$ 値よりも大きいようならば，帰無仮説を棄却すべきである．一方，それが偶然のみによって得られる $\chi^2$ 値の範囲内であるならば，帰無仮説は採択されるべきである．

ここまで来ると，いつもと同じやり方になる．すでに検定統計量 $\chi^2 = 35.33$ は手に入れているので，その値を適切な棄却限界値と比較することになる．この限界値を計算するためには次の 2 つのものが必要である．

- 自由度
- 有意水準（第 1 種の過誤の確率）

一般に，分割表は複数行（$r$ 行）と複数列（$c$ 列）をもつ．そのとき，自由度は次で計算される．

$$\text{d.f.} = (r-1) \times (c-1)$$

ゆえに，$2 \times 2$ 分割表の自由度は $(2-1) \times (2-1) = 1$ である．ここでの例を使って，自由度が 1 であることを見てみよう．金髪で茶色の目のセル（表の右上）に入る数にはどのようなものがありうるのか考えてみよう．まず言えることは，それは 49 よりも大きくなりえないということである．そうでないと，行和が間違っていることになる．建前上は，その数は 0 から 49 までの数なら何でもよい．つまり，このセルに関して自由度 1 をもっている．しかし，このセルの値を 11 に固定すると（表 6.6），他の 3 つのセルはどれもまったく自由には値をとれないことが分かる．左上のセルは $49-11=38$ でなければならない．行和は 49 だからである．左上が 38 であると分かると，左下は $52-38=14$ になる．列和が固定されているからである（青い目の人数は 52 であった）．これより，右下は $65-14=51$ である．このように，周辺和が固定されているので，$2 \times 2$ 分割表はちょうど 1 の自由度しかもてないのである．

次に議論すべきは，帰無仮説の棄却についてどれほどの確からしさを求めるか，という点についてである．より確かであろうとするならば，より大きな $\chi^2$ 値が観測されたときに帰無仮

説を棄却するようにしなければならない．伝統的には，95%水準の設定が一般的である．これは確からしさの水準であり，不確かさの水準（有意水準）は $100 - 95 = 5\%$ になる．つまり，$\alpha = 0.05$ である．専門的には，$\alpha$ は帰無仮説が**正しい**にもかかわらず**棄却する**確率である．これは第 1 種の過誤の確率とも呼ばれる．第 2 種の過誤は帰無仮説が**正しくない**ときにそれを**採択する**誤りのことである（p.4 を参照）．

R で棄却限界値を求めるには，その求めたい検定統計量の分位関数（quantile の q が頭文字に付く関数）を用いる．$\chi^2$ 分布に対するものは qchisq 関数と呼ばれる．この関数は 2 つの引数，確からしさの水準（$1 - \alpha = 0.95$）と自由度（d.f. = 1）を必要とする．

```
qchisq(0.95, 1)
[1] 3.841459
```

$\chi^2$ 分布の棄却限界値は 3.841 である．ゆえに結論は次のようになる：検定統計量の計算値はこの限界値よりも**大きい**ので，帰無仮説を**棄却する**．この文をしっかりと記憶し，その記憶の中での「大きい」と「棄却する」は太字にしておくべきである．

ここまでで何が分かったか？　目の色と髪の色が独立であるという帰無仮説が棄却された．しかし，話はこれで終わりではない．その 2 つが関係するとしても，その**方向**がまだ分からないからである（それらの相関は正になるのか負になるのか）．これを知るには，データをよく調べ，観測頻度と期待頻度を比較する必要がある．もしも金髪と青い目が正の相関をもつならば，その 2 つの特徴の組合せを得る観測頻度は期待頻度よりも大きくなるだろうか，小さくなるだろうか？　すぐに分かるだろうが，2 つの特徴が正の相関をもつときは，観測頻度は期待頻度よりも大きくなるに違いない（負の相関では，小さくなるだろう）．このデータの金髪と青い目をもつ人数の期待頻度は 22.35 であるのに対して，観測頻度は 38（ほぼ 2 倍）である．ゆえに，金髪と青い目が正の相関をもつことは明らかである．

R での計算は非常に簡単である．まず，次のように計数値をもった $2 \times 2$ 行列を定義する．

```
count <- matrix(c(38, 14, 11, 51), nrow = 2)
count
     [,1] [,2]
[1,]   38   11
[2,]   14   51
```

ここでは**列優先**（行優先ではない）で値を書き込んでいる．検定には chisq.test 関数を用いる．引数として上の行列を指定する．

```
chisq.test(count)
        Pearson's Chi-squared test with Yates' continuity correction
data:  count
X-squared = 33.112, df = 1, p-value = 8.7e-09
```

計算された $\chi^2$ 値はすでに計算したものと少し違っている．それは，デフォルトでイェーツの補正がなされているからである（`?chisq.test` で調べよ）．引数 `correct = F` を指定して補正を外すと，上で1つひとつ計算したものと同じ値が得られる．

```
chisq.test(count, correct = F)
        Pearson's Chi-squared test
data:  count
X-squared = 35.3338, df = 1, p-value = 2.778e-09
```

どちらであっても解釈は変わらない．この母集団の金髪と青い目との間には，高く有意な正の相関が認められる．

## フィッシャーの正確確率検定

この正確確率検定（**exact test**）は，いくつかのセルの期待頻度が **5 未満**であるような小標本分割表の解析に用いられる．各計数を $a, b, c, d$ と置いてみる．

| 2×2 表 | 第 1 列 | 第 2 列 | 行和 |
|---|---|---|---|
| 第 1 行 | $a$ | $b$ | $a+b$ |
| 第 2 行 | $c$ | $d$ | $c+d$ |
| 列和 | $a+c$ | $b+d$ | $n$ |

このような表が得られる確率は次で与えられる．

$$p = \frac{(a+b)!\,(c+d)!\,(a+c)!\,(b+d)!}{a!\,b!\,c!\,d!\,n!}$$

ただし，$n$ は総数であり，!記号は階乗を表す（$n!$ は $n$ から 1 までのすべての整数の積，ただし $0! = 1$）．

次は，2 種類（A と B）の樹木各 10 本にできた 8 個の蟻の巣についてのデータである．2 つのカテゴリカル型の説明変数（`tree` と `nests`）があり，`nests` には 2 水準（`ants`（巣あり）と `none`（巣なし）），`tree` には 2 水準（`A` と `B`）があり，4 つのセルが存在することになる．観測頻度（影の入ったセル）は 4 個の値からなる計数ベクトル `c(6, 4, 2, 8)` である．

| | 樹木 A | 樹木 B | 行和 |
|---|---|---|---|
| 蟻の巣あり（`ants`） | 6 | 2 | 8 |
| 蟻の巣なし（`none`） | 4 | 8 | 12 |
| 列和 | 10 | 10 | 20 |

では，具体的に確率を計算してみよう．

```
factorial(8) * factorial(12) * factorial(10) * factorial(10)
 / (factorial(6) * factorial(2) * factorial(4) * factorial(8) * factorial(20))
[1] 0.07501786
```

これで話が終わるわけではない．**これよりも極端**な値をとる確率を求めなければならない．それは2つある．樹木Bには1つしか蟻の巣がなかったと仮定しよう．すると，行和・列和は正確に同じなので（周辺和は固定される），表の値は7, 3, 1, 9になる．分子は常に同じなので，そのときの確率は次で求められる．

```
factorial(8) * factorial(12) * factorial(10) * factorial(10)
 / (factorial(7) * factorial(3) * factorial(1) * factorial(9) * factorial(20))
[1] 0.009526078
```

樹木Bにまったく巣が存在しなかったという極端な場合がまだ残っている．このときの表の要素は8, 2, 0, 10になるので，その確率は

```
factorial(8) * factorial(12) * factorial(10) * factorial(10)
 / (factorial(8) * factorial(2) * factorial(0) * factorial(10) * factorial(20))
[1] 0.0003572279
```

これらの3つの確率を加える必要がある．

```
0.07501786 + 0.009526078 + 0.000352279
[1] 0.08489622
```

しかし，この方向に結果を期待できるという**事前**の知識などはもっていなかった．樹木Aの方が蟻の巣は少ないということもありえたのである．そこで，この逆方向に極端な計数値も許容されなければならないので，上の確率は2倍される（フィッシャーの正確確率検定は両側検定である）．

```
2 * (0.07501786 + 0.009526078 + 0.000352279)
[1] 0.1697924
```

この結果は，樹木と蟻の巣との間に相関があるという強い証拠は存在していないことを示している．この観測値，それより極端な観測値，それらは確率0.17で偶然のみを理由として起こりうるのである．

　組込み関数 `fisher.test` を使えば，いまの面倒な計算をすべてやってくれる．4つのセルの計数値を含む $2 \times 2$ 行列を引数として渡す．その行列は次のように作ることもできる（前の作り方と比較するとよい）．

```
x <- as.matrix(c(6, 4, 2, 8))
dim(x) <- c(2, 2)
x
     [,1] [,2]
[1,]    6    2
[2,]    4    8
```

これを使って検定を行うと，

```
fisher.test(x)
        Fisher's Exact Test for Count Data
data:  x
p-value = 0.1698
alternative hypothesis: true odds ratio is not equal to 1
95 percent confidence interval:
  0.6026805 79.8309210
sample estimates:
odds ratio
  5.430473
```

`fisher.test` は $2 \times 2$ よりも大きな行列を扱うこともできる．また，別のやり方として，2次の計数行列を指定する代わりに，要因水準を含むカテゴリカル型の変数を2つ指定してもよい．水準の各組合せがいくつあるのか数え上げる手間を省くことができる．

```
table <- read.csv("c:\\temp\\fisher.csv")
attach(table)
head(table)
    tree nests
1     A  ants
2     B  ants
3     A  none
4     A  ants
5     B  none
6     A  none
```

引数に2つの変数名を指定してこの関数は実行される．

```
fisher.test(tree, nests)
```

## 相関と共分散

同じ長さをもつ数値型変数 x と y に関して，それらは互いにどれほど関連し合っているのか，という疑問が自然に湧いてくる（もちろん，**相関は因果関係を意味するものではない**）．相関は x の分散，y の分散，そして x と y との共分散（x と y が一緒に変化する，あるいは共変する指標）で定義される．その2つの分散は $s_x^2 = \text{var(x)}$ と $s_y^2 = \text{var(y)}$ で求め（p.62 を参照），共分散は $s_{xy} = \text{cov(x,y)}$ で求める（p.107 を参照）ことはすでに学んでいる．このとき，**相関係数（correlation coefficient）** $r$ は次で定義される．

# 相関と共分散

$$r = \frac{s_{xy}}{\sqrt{s_x^2 s_y^2}} = \frac{\text{cov(x,y)}}{\sqrt{\text{var(x)} \times \text{var(y)}}}$$

分散と共分散の計算の仕方が分かったので，数値計算例を見てみよう．

```
data <- read.csv("c:\\temp\\twosample.csv")
attach(data)
plot(x, y, pch = 21, col = "blue", bg = "red")
```

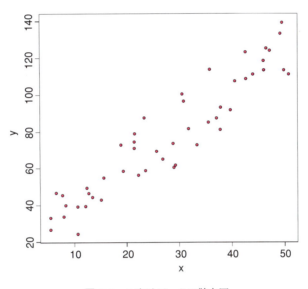

図 **6.2** 2 次元データの散布図

これで図 6.2 が得られる．では，`x` と `y` の分散を求めよう．

```
var(x)
[1] 199.9837

var(y)
[1] 977.0153
```

`x` と `y` の共分散も同じく `var` 関数で計算できる．ただし，次のように 2 つのベクトルを引数として渡す．

```
var(x, y)
[1] 414.9603
```

ゆえに，相関係数は $414.96/\sqrt{199.98 \times 977.02}$ である．つまり，

```
var(x, y)/sqrt(var(x) * var(y))
[1] 0.9387684
```

これを組込み関数 `cor` で確認してみよう．

```
cor(x, y)
[1] 0.9387684
```

確かに計算してくれている．つまり，相関係数の定義とは，2つの分散の幾何平均で共分散を割ったものである．

## 変数間の差の相関と分散

標本は対データで与えられたとき，正の相関を示すことも多い．前に調べた上流と下流での無脊椎動物の生物多様性データにもそれが見られた（p.108を参照）．変数間の差の分散に相関が与える影響に関しては，重要で一般的な関係が存在する．2つの変数がまったく同じであるという完璧な相関を示す極端な場合は，2変数間の差は0そのものになる．このことより，正の相関が強くなると，差の分散は小さくなるということは明らかである．

次のデータは，全9ヶ所における夏場と冬場の水深（水面からのm単位）の表である．

```
paired <- read.csv("c:\\temp\\water.table.csv")
attach(paired)
names(paired)
[1] "Location" "Summer"   "Winter"
```

まず，全測定場所に渡っての夏場と冬場の水深に相関が見られるか調べてみよう．

```
cor(Summer, Winter)
[1] 0.8820102
```

強い相関が存在する．これは，夏場に水深が大きければ，冬場にも同様に大きい傾向を見せるだろうから，それほど驚くことでもない．相関の有意性（$r$の計算値に関連した$p$値）を見たいならば，`cor`関数ではなく`cor.test`関数を用いる．この検定では，ノンパラメトリックなケンドールの$\tau$検定や，順位相関を用いるスピアマンの$\rho$検定を指定することもできる（`method = "k"` または `method = ""s""` を引数に与える）．デフォルトはピアソンの積率相関係数の検定（`method = "p"`）である．

```
cor.test(Summer, Winter)
        Pearson's product-moment correlation
data:  Summer and Winter
t = 4.9521, df = 7, p-value = 0.001652
alternative hypothesis: true correlation is not equal to 0
95 percent confidence interval:
 0.5259984 0.9750087
sample estimates:
```

```
      cor
0.8820102
```

相関は非常に有意である（$p$ 値 $= 0.00165$）．では，相関係数と 3 つの分散との関係を調べてみよう．3 つの分散とは，夏場の分散，冬場の分散，それらの差（Summer − Winter）の分散のことである．

```
varS <- var(Summer)
varW <- var(Winter)
varD <- var(Summer - Winter)
```

$s_{y-z}^2 = s_y^2 + s_z^2 - 2\,\mathrm{cov}(y, z)$ が成り立っていたので（p.107 を参照），ピアソンの相関係数 $r$ は，3 つの分散と次のように関係している．

$$r = \frac{s_{yz}}{\sqrt{s_y^2 s_z^2}} = \frac{s_y^2 + s_z^2 - s_{y-z}^2}{2 s_y s_z}$$

ゆえに，すでに計算しているこれらの標本分散を用いると，標本相関係数は次のように求められる．

```
(varS + varW - varD)/(2 * sqrt(varS) * sqrt(varW))
[1] 0.8820102
```

前に求めた標本相関係数と確かに一致する．また，差の分散が他の 2 つの分散の和に等しくなるか確かめることもできる（p.107 で見たように，共分散に関係している）．

```
varD
[1] 0.01015

varS + varW
[1] 0.07821389
```

等しくはならない．それらは 2 つの標本が独立であるときにのみ等しくなる[8]．ここでは，それらは正の相関をもつとすでに分かっている．実際は，差の分散は $2 \times r \times s_y \times s_z$ だけ分散の和よりも小さい．

```
varS + varW - 2 * 0.8820102 * sqrt(varS) * sqrt(varW)
[1] 0.01015
```

もう，これで十分だろう．

## 階層に依存した相関

相関に関連してもう 1 つ大きな誤解を生みやすい問題が存在する．実際に起こっていること

---

[8] 正確には，2 つの標本の共分散が 0 のときに，である．

に反して散布図は間違った印象を与えやすいのである．ここでの教訓は重要である：**物事は見た目どおりとは限らない**．次のデータは，異なる生物生産性指標をもつ森林での哺乳類の種の数を示している．

```
data <- read.csv("c:\\temp\\productivity.csv")
attach(data)
names(data)
[1] "productivity" "mammals"      "region"

plot(productivity, mammals, pch = 16, col = "blue")
```

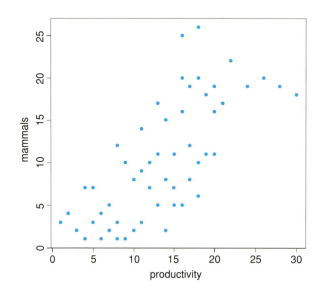

図 **6.3** 強い正の相関が見てとれるデータの散布図

非常に強い正の相関が存在している：生産性指標が増加すると種も豊富になっている（図 6.3）．相関は非常に有意である．

```
cor.test(productivity, mammals, method = "spearman")
        Spearman's rank correlation rho
data:  x and y
S = 6516, p-value < 2.2e-16
alternative hypothesis: true rho is not equal to 0
sample estimates:
      rho
0.7516389

 警告メッセージ:
```

```
cor.test.default(productivity, mammals, method = "spearman") で:
  タイのため正確な p 値を計算することができません
```

しかし，各地域での関係を別々に見てみたらどうだろうか？地域ごとに色と表示記号を違えてプロットしてみよう．

```
plot(productivity, mammals, bg = 2*as.numeric(region)%%3+2,
                    pch=as.numeric(region)%%5+21)
```

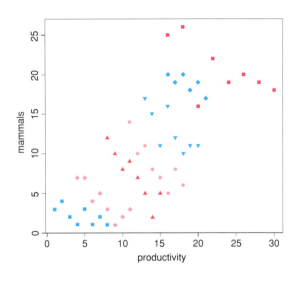

図 **6.4** 地域ごとには負の相関が見てとれる散布図

その傾向は明らかだろう（図 6.4）．どの地域ごとのプロットでも，生産性指標が増加するとその地域内の哺乳類の種の数は減少している．教訓は明らかである：**異なる階層を通しての相関**を見るときは極めて慎重でなければならない．短時間内で正の相関をもっているものも長時間では負の相関をもつかもしれない．広範囲では正の相関をもつように見えるものも（ここでの例のように）狭い範囲では負の相関をもつかもしれない．

## 参考文献

Snedecor, G. W. and Cochran, W. G. (1980) *Statistical Methods*, Iowa State University Press, Ames.（第 6 版の邦訳：畑村又好，奥野忠一，津村善郎 訳，『統計的方法』，岩波書店，1972．）

## 発展

Dalgaard, P. (2002) *Introductory Statistics with R*, Springer-Verlag, New York.（邦訳：岡田昌史 訳，『R による医療統計学』，丸善，2007．）

# 第 7 章

# 回帰

　回帰分析（**regression analysis**）は，応答変数と説明変数がともに連続型（小数点を伴う実数値をとる，例えば，身長，体重，体積，温度など）であるときに用いられる統計的手法である．回帰が適切な解析であると分かるための最も簡単な方法はたぶん，最も適切なプロットが散布図か，と問うことである（これに対して，分散分析にふさわしいプロットは箱ヒゲ図や棒グラフになるだろう）．

　回帰分析の本質は，標本データを用いて母数とその標準誤差を推定するところにある．しかし初めに，応答変数と説明変数間の関係を記述するモデルを選んでおく必要がある．この世には，言葉通り数百のモデルが存在している．たぶん，回帰から学べる最も重要なことは，**モデル選択は実に大きな問題である**ということである．モデルの中でとりわけ簡単なものは，次の線形モデルである．

$$y = a + bx$$

$y$ が連続型の応答変数，$x$ が連続型の説明変数であり，2 つの母数 $a, b$ が存在する．$a$ は切片（$x = 0$ のときに $y$ がとる値），$b$ は傾きである（傾きあるいは勾配とは，$y$ の変化量とそれをもたらす $x$ の変化量との比）．傾きは非常に重要なので，その役割を明らかにするために図を描いてみるだけの価値がある．

```
plot(c(0, 10), c(0, 100), xlab = "explanatory variable",
     ylab = "response variable", type = "n")
lines(c(0, 10), c(80, 10), lwd = 2)
```

応答変数と説明変数間には負の傾きの線形関係が見てとれる（図 7.1）．この傾きと切片を導くのが最初の課題である．ここでは，切片から始めるのが最も簡単である．なぜなら，$x = 0$ のときの値はグラフで分かるからである（とはいえ，いつもグラフ上に現れるとは限らない）．切片とはただ単に，$x = 0$ での $y$ の値なのである．では調べてみよう．$x = 0$ の点から真上に，黒色の回帰直線にぶつかるまで垂直線を描き（灰色の線），回帰直線上のその点から左に水平線（赤色）を $y$ 軸にぶつかるまで引く．

```
lines(c(0, 0), c(0, 80), col = "gray30")
lines(c(0, -10), c(80, 80), col = "red")
```

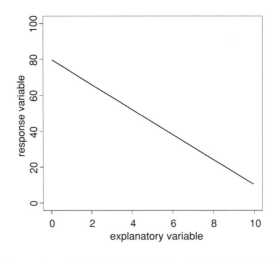

図 7.1 負の傾きの線形関係が見られる説明変数と応答変数

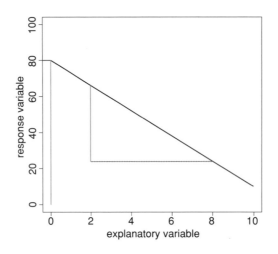

図 7.2 切片，説明変数と応答変数の変化量

その交点の値を直接読み取れば，それがここでの切片 80 である（図 7.2）．傾きを求めるには，次の値を計算する必要があり，少々面倒である．

$$\frac{y \text{ の変化量}}{y \text{ の変化量をもたらす } x \text{ の変化量}}$$

精度上の観点から実際的には，$x$ の変化量を大きくとるように選ぶのが良い考えである．ここでは 2 から 8 としよう．グラフの傾きは負なので，$y$ の値は，$x=2$ のときよりも $x=8$ のときの方が小さい．$x=2$ において，$x=8$ のときの $y$ の値から回帰直線まで青の垂直線を描く．この青の線分の長さが $y$ の変化量（しばしばデルタ $y$ と呼ばれ，記号では $\Delta y$ と書く）である．そして，2 から 8 まで $x$ の変化を表す紫色の水平線を描く．この茶色の線分の長さが $x$ の変化量 $\Delta x$ である．グラフから $x=2$ のときの $y$ の値を（大まかに）読み取ると，だいたい 66 である．同様に，$x=8$ のときの $y$ の値は 24 と読み取れる（図 7.2）．

```
lines(c(2, 8), c(24, 24), col = "purple")
lines(c(2, 2), c(66, 24), col = "blue")
```

$x$ の変化量は 6（2 から 8 なので），$y$ の変化量は $-42$（66 から 24 なので）．よって，直線の傾き $b$ を求めることができる．

$$b = \frac{y \text{ の変化量}}{x \text{ の変化量}} = \frac{\Delta y}{\Delta x} = \frac{24 - 66}{8 - 2} = \frac{-42}{6} = -7$$

このようにして，直線の母数を 2 つとも手に入れることができる：切片 $a = 80$ と傾き $b = -7$．次のように，直線を表すことができる．

$$y = 80 - 7x$$

測定していない $x$ 値（例えば，$x = 10.5$）であっても，$y$ の値を予測できる．

$$y = 80 - 7 \times 10.5 = 6.5$$

また，特定の $y$ の値（例えば，$y = 40$）に対応する $x$ の値は何なのか知ることができるが，次の等式を変形するというちょっとした計算が必要である．

$$40 = 80 - 7x$$

両辺から 80 を引くと，

$$40 - 80 = -7x$$

両辺を 7 で割って，$x$ の値が求められる．

$$x = \frac{40 - 80}{-7} = \frac{-40}{-7} = 5.714286$$

グラフを目で確かめて，この値が正しいか大まかに調べることができる．ここでの例を完全に理解するまで，繰り返し読み返すべきである．

## 線形回帰

まずは，例で見てみよう．何も難しいことはなく，回帰係数の推定に秘密めいたものなど何もないことが理解できる．目の子でやっても，それなりの結果は得られるのである．

```
reg.data <- read.csv("c:\\temp\\tannin.csv")
attach(reg.data)
names(reg.data)
[1] "growth" "tannin"
```

```
plot(tannin, growth, pch = 21, bg="blue")
```

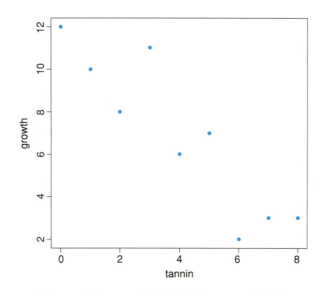

図 **7.3** 変数 tannin に対する変数 growth の散布図

図 7.3 を目で見て回帰させるには次のように行う．まず，$y$ 値はどうなっているのか？ おおよそ 12 から 2 まで減少している．ゆえに，$y$ の変化量 $\Delta y$ は $-10$ である（マイナス記号は重要である）．$x$ の値はどれだけ変化しているか？ 0 から 8 へ増加している．その変化量 $\Delta x$ は $+8$ である（アドバイス：ここで全範囲にとったように，目の子で回帰をやるときは，$x$ の範囲をできるだけ広くとった方が良い）．$x = 0$ のときの $y$ の値はおおよそ 12，つまり切片 $a$ は 12 である．最後に，傾き $b$ の値を求めるには，$y$ のおおよその変化量 $\Delta y = -10$ を，それをもたらした $x$ の変化量 $\Delta x = 8$ で割らなければならない．つまり，$b \approx -10/8 = -1.25$ である．以上により，おおまかに推定された回帰曲線は

$$y = 12.0 - 1.25x.$$

これだけのことである．もちろん，ここでの計算よりももっと客観的な手続きが必要だろうし，2 つの母数の推定値の非信頼性の評価も必要だろう．しかし，基本はここでのように単純なものなのである．

## R での線形回帰

上の当て推量 12 と $-1.25$ は，$a$ と $b$ の最尤推定値（p.6 を参照）にどれくらい近いのだろうか？ 「線形モデル（linear model）」の頭文字から名付けられた関数 lm（最初の文字は小文字のエルであり，数字の 1 ではない）を用いると，簡単に調べることができる．やるべきことは，どの変数が応答変数で（ここでは growth），どの変数が説明変数なのか（tannin 濃度）を R に教えることである．応答変数はチルダ ~ の左側に，説明変数は右側に来る．つまり，

growth ~ tannin と書き,「growth は tannin の関数としてモデル化される」と読む.

```
lm(growth ~ tannin)
Coefficients:
(Intercept)       tannin
     11.756       -1.217
```

**R** では 2 つの母数はどちらも「係数 (Coefficients)」と呼ばれる. (Intercept) 11.756 は切片の推定値（当て推量 12 と比較せよ）, tannin -1.217 は傾きの推定値である（当て推量 $-1.25$ と比較せよ）. どちらも悪くない.

**R** はどうやってこれらの係数を求めたのだろう. これらを見つけるための計算をやらなくてはならない. 数学が得意なら, Box 7.1 のように計算したがるかもしれない. しかし, **R** がどのようにしてこの数値を求めたかを理解するために, これが必要不可欠というものではない. ここで必要だったのは母数の最尤推定値であった, と覚えておこう. 言い換えると, データが与えられ, モデルが選択されると, **そのデータを最も起こりやすくしそうな傾きと切片を見つけることである**, と覚えるのである. この文章が言っている意味を理解できるまで, 何度も読み返すべきである.

---

**Box 7.1.** 回帰直線の係数 $a$ と傾き $b$ の最小 2 乗推定値[1]

**最良**の係数は, 誤差（残差）の平方和 $SS$ が最小となるまで直線を変化させることにより得られる. すなわち, 係数 $a$ と $b$ を自由に変化させて

$$SS = \sum_{i=1}^{n}(y_i - a - bx_i)^2$$

の最小値を与える係数を求めればよい. まずは, $(c+d)^2 = c^2 + 2cd + d^2$ であることを思い出して, $SS$ を次のように展開しておこう.

$$\begin{aligned}SS &= \sum_{i=1}^{n}\{(\bar{y}-a-b\bar{x}) + ((y_i-\bar{y}) - b(x_i-\bar{x}))\}^2 \\ &= \sum_{i=1}^{n}\{(\bar{y}-a-b\bar{x})^2 + 2(\bar{y}-a-b\bar{x})((y_i-\bar{y})-b(x_i-\bar{x})) \\ &\quad + ((y_i-\bar{y})-b(x_i-\bar{x}))^2\} \\ &= n(\bar{y}-a-b\bar{x})^2 + 2(\bar{y}-a-b\bar{x})\sum_{i=1}^{n}\{(y_i-\bar{y})-b(x_i-\bar{x})\} \\ &\quad + \sum_{i=1}^{n}\{(y_i-\bar{y})-b(x_i-\bar{x})\}^2\end{aligned}$$

右辺の第 2 項は

---

[1] 原著と異なり, ここでは微分法を利用しない求め方を紹介している.

$$\sum_{i=1}^{n}((y_i - \bar{y}) - b(x_i - \bar{x})) = \sum_{i=1}^{n} y_i - n\bar{y} - b\sum_{i=1}^{n} x_i + nb\bar{x}$$
$$= n\bar{y} - n\bar{y} - bn\bar{x} + nb\bar{x} = 0$$

なので，0である．ゆえに，

$$SS = n(\bar{y} - a - b\bar{x})^2 + \sum_{i=1}^{n}\{(y_i - \bar{y}) - b(x_i - \bar{x})\}^2$$

となる．この右辺の第2項をさらに展開しよう．

$$[右辺の第2項] = \sum_{i=1}^{n}(y_i - \bar{y})^2 - 2b\sum_{i=1}^{n}(y_i - \bar{y})(x_i - \bar{x}) + b^2\sum_{i=1}^{n}(x_i - \bar{x})^2$$
$$= SSX \cdot b^2 - 2SSXY \cdot b + SSY$$
$$= SSX\left(b - \frac{SSXY}{SSX}\right)^2 + \frac{SSX \cdot SSY - (SSXY)^2}{SSX}$$

ただし，$SSXY, SSX, SSY$ については Box 7.3 および Box 7.4 を参照．ゆえに，

$$SS = n(\bar{y} - a - b\bar{x})^2 + SSX\left(b - \frac{SSXY}{SSX}\right)^2 + \frac{SSX \cdot SSY - (SSXY)^2}{SSX}$$

となるので，$a$ と $b$ を変化させて平方和 $SS$ を最小にするは，右辺の第1項と第2項を0にするように選べばよいことが分かる．つまり，

$$\bar{y} - a - b\bar{x} = 0$$
$$b - \frac{SSXY}{SSX} = 0$$

したがって，残差の平方和を最小にする $b$ の値は簡単に次のように書ける．

$$\hat{b} = \frac{SSXY}{SSX}$$

この $\hat{b}$ を $a$ の式に代入して

$$\hat{a} = \bar{y} - \hat{b}\bar{x}$$

この $\hat{a}, \hat{b}$ が線形回帰の**係数の最尤推定値**である．この $\hat{a}, \hat{b}$ を用いたときの最小の平方和を**誤差（残差）平方和**（**error sum of squares, $SSE$**）と呼ぶ．つまり，

$$SSE = \frac{SSX \cdot SSY - (SSXY)^2}{SSX} = SSY - \hat{b} \cdot SSXY$$

$\hat{a}$ と $\hat{b}$ の関係式は

$$\bar{y} = \hat{a} + \hat{b}\bar{x}$$

とも書けるので，これより適合線形回帰式

$$y = \hat{a} + \hat{b}x$$

が点 $(\bar{x}, \bar{y})$ の上を通っていることが分かる．

どうなっているのか調べるには，図に描いてみるのがいちばん良い．ここではちょっと楽をして，`lm` 関数の出力を `abline` に直接渡して散布図に描いてみよう．そうすることにより線形モデルを仮定したときの最良の直線（適合直線）が追加される．つまり，

```
abline(lm(growth ~ tannin), col="purple")
```

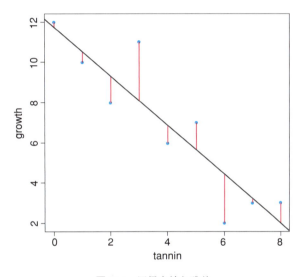

図 **7.4** 回帰直線と残差

当てはまりはかなり良いが，完全というわけではない（図 7.4）．データ点が適合直線の上に乗るところまではいかない．データ点と，その同じ $x$ 値に対するモデルによる適合値（あるいは予測値）との差は**残差（residual）**と呼ばれる．正の残差（直線の上側）と負の残差（直線の下側）が見られる．残差の大きさを見るために垂直線分として描いてみよう．最初の $x$ 値は `tannin` $= 0$ である．この値に対する $y$ 値は `growth` $= 12$ であるが，モデルにより予測される `tannin` $= 0$ での `growth` 値は何だろうか？ これを求めるには，組込み関数である `predict` を用いるとよい．

```
fitted <- predict(lm(growth ~ tannin))
fitted
         1         2         3         4         5         6
11.755556 10.538889  9.322222  8.105556  6.888889  5.672222
         7         8         9
 4.455556  3.238889  2.022222
```

growth の予測値で最初のものは tannin $= 0$ に対する 11.755556 である．最初の残差を描くには，両方の $x$ 座標を 0 におき，$y$ 座標の最初のものを 12（観測値），2 番目を 11.755556（適合値，あるいは予測値）とおき，次のように lines を用いる．

```
lines(c(0, 0), c(12, 11.755556))
```

このように 1 つひとつ苦労して描くこともできるが，その作業を自動的に素早くやることもできる．残差を順番に扱うときに for 文を用いるのである．

```
for (i in 1:9)
  lines(c(tannin[i], tannin[i]), c(growth[i], fitted[i], col="red")
```

話を元に戻すと，これらの残差が回帰直線の当てはまりの良さを表しているので，最尤推定モデルは**残差の平方和を最小にする**モデルであると定義される．それゆえに，残差 $d_i$ の 1 つひとつが何になっているのか正確に書いておく方が便利である．それは，測定値 $y_i$ から適合値 $\hat{y}_i$ （$y_i$ ハットと読む）を引いたものである．

$$d_i = y_i - \hat{y}_i$$

$\hat{y}_i = a + bx_i$ であったことを利用して変形する．

$$d_i = y_i - (a + bx_i) = y_i - a - bx_i$$

括弧の外のマイナス記号のために，この式には $-a - bx_i$ が含まれる．定義により，適合回帰直線は $d_i$ の平方和を最小にするような $a$ と $b$ の値で与えられる（Box 7.1 を参照）．また，$\sum_{i=1}^{n}(y_i - \bar{y}) = 0$ であり（Box 4.1 を参照），さらには，適合回帰直線においては，残差の和 $\sum_{i=1}^{n} d_i = \sum_{i=1}^{n}(y_i - \hat{y}_i) = 0$ も成り立つ（Box 7.2 参照）．

---

**Box 7.2.** 適合回帰直線における残差の和は **0** である

グラフ上において，$y = y_i$ である点の $x$ 座標は $x_i$ である．一方，モデルは切片 $a = \hat{a}$ と傾き $b = \hat{b}$ を使って，予測値を $\hat{y}_i = \hat{a} + \hat{b} x_i$ と求める．$x$ 座標 $x_i$ での残差 $d_i$ は $y_i$ と $\hat{y}_i$ の差である．次の残差の和に興味があり，

$$\sum_{i=1}^{n}(y_i - \hat{a} - \hat{b} x_i)$$

これが 0 であることが証明される．まず，Box 7.1 により適合回帰直線は点 $(\bar{x}, \bar{y})$ を通ることが分かっている．ゆえに，$\bar{y} = \hat{a} + \hat{b} \bar{x}$ である．この式を変形して切片の値が求まる：

$$a = \bar{y} - b\bar{x}$$

> この値を（上の）残差の和の式に代入する：
> $$\sum_{i=1}^{n}(y_i - \bar{y} + b\bar{x} - bx_i)$$
>
> 和を計算し，$\sum_{i=1}^{n}\bar{y} = n\bar{y}$ と $\sum_{i=1}^{n}\bar{x} = n\bar{x}$ を思い出して平均を置き換える：
> $$\sum_{i=1}^{n}y_i - n\frac{1}{n}\sum_{i=1}^{n}y_i + bn\frac{1}{n}\sum_{i=1}^{n}x_i - b\sum_{i=1}^{n}x_i$$
>
> $n$ をキャンセルして
> $$\sum_{i=1}^{n}y_i - \sum_{i=1}^{n}y_i + b\sum_{i=1}^{n}x_i - b\sum_{i=1}^{n}x_i = 0$$
>
> これで証明を終える．

何が関係しているのかその概観を得るために，いま推定しようとしている母数値に対して残差平方和を描いてみるのも役に立つ．その例として，傾きについて見てみよう．いま扱っている直線モデルにおいてその直線は，散らばったデータの中心である座標点 $(\bar{x}, \bar{y})$ 上を通っていることは分かっている（Box 7.1 を参照）．その $x$ と $y$ の平均値を中心にして傾きを変化させた直線の中で，図 7.5 における赤線の長さの平方和最小にする最良適合直線を見つけるのが仕事である．傾きが余りにも急だと適合は悪くなるだろうし，余りにも緩やかだと平方和はやはり大きくなり，適合もまた悪くなるだろう．この 2 つの極端のあいなかに平方和を最小にする傾きが存在するだろう．それが見つけたい最良適合値である．まず，最良適合値を含む適当な区間全体（例えば，$-1.4 < b < -1.0$）で残差平方和を繰り返し計算する必要があり，その計算値を `sse` とおく（そう名付ける理由は後で分かる）．

- 傾き $b$ の値を変化させる $(b_j, j = 1, 2, \ldots, m)$
- 各 $b_j$ での切片 $a_j = \bar{y} - b_j\bar{x}$ を求める
- `tannin` の各レベル $x_i$ で成長 `growth` $y_i$ の推定値 $a_j + b_j x_i$ を求める
- 残差 $y_i - a_j - b_j x_i$ を求める
- 残差の平方和 $\sum_{i=1}^{n}(y_i - a_j - b_j x_i)^2$ を求め，`sse[j]` に代入する
- 傾き $b_j$ に上の平方和 `sse[j]` を対応させる

この計算が終了すると，$x$ 軸に傾きの母数 $b$，$y$ 軸に残差平方和 `sse` をとった U 字型のグラフを描くことができる．`sse` の最小値を見つけ（20.072 である）青色の破線を水平に引く．そのとき，その最小値が水平線に接する点の $x$ 座標を読み取ると，それが傾きの最適値である（赤の矢印）．その値（$b = -1.217$）はすでに R で与えられている．

次は，図を描き，$b$ の最適値を導く R コードである．

```
b <- seq(-1.43, -1, 0.002)
sse <- numeric(length(b))
for (i in 1:length(b)) {
      a <- mean(growth) - b[i] * mean(tannin)
      residual <- growth - a - b[i] * tannin
      sse[i] <- sum(residual^2)
}
plot(b, sse, type = "l", ylim = c(19, 24))
arrows(-1.216, 20.07225, -1.216, 19, col = "red")
abline(h = 20.07225, col = "blue", lty = 2)
lines(b, sse)

b[which(sse == min(sse))]
```

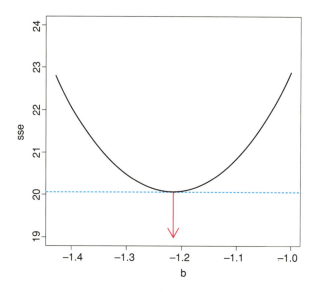

図 **7.5** 残差平方和 sse の最小値を与える傾き $b$

## 線形回帰に関係する計算

残差平方和 $\sum_{i=1}^{n} d_i^2 = \sum_{i=1}^{n}(y_i - a - bx_i)^2$ の最小値を求めたい．これを行うには，「有名な5つの量」を必要とする．つまり，$\sum_{i=1}^{n} y_i^2, \sum_{i=1}^{n} y_i, \sum_{i=1}^{n} x_i^2, \sum_{i=1}^{n} x_i$ に加えて，新しく積和 $\sum_{i=1}^{n} x_i y_i$ を必要とする．積和は要素ごとの積の和であり，今扱っている例では，次のように計算される．

```
tannin
[1] 0 1 2 3 4 5 6 7 8
```

```
growth
[1] 12 10  8 11  6  7  2  3  3

tannin * growth
[1]  0 10 16 33 24 35 12 21 24
```

$0 \times 12 = 0, 1 \times 10 = 10, 2 \times 8 = 16, \ldots$ と計算したものの和である．

```
sum(tannin * growth)
[1] 175
```

次になすべきことは，この 5 つの量から 3 つの重要な「修正和」を求めることである．つまり，$x$ の修正平方和，$y$ の修正平方和，$x$ と $y$ との修正積和を求める．$y$ と $x$ の平方和はすでに知っている．

$$SSY = \sum_{i=1}^{n} y_i^2 - \frac{1}{n}\left(\sum_{i=1}^{n} y_i\right)^2$$

$$SSX = \sum_{i=1}^{n} x_i^2 - \frac{1}{n}\left(\sum_{i=1}^{n} x_i\right)^2$$

$y$ の標本分散を求めるときは，$SSY$ をその自由度で割れば求まるのであった（$x$ に対しても同様，p.62 参照）．ゆえに，修正積和だけが新しい計算式ではあるが，その構成のしかたは平方和とまったく同様である．$SSY$ の式を見てみると，$y_i$ と $y_i$ の積の和 $\sum_{i=1}^{n} y_i^2$ から，$y_i$ の和の平方 $\left(\sum_{i=1}^{n} y_i\right)^2$ を標本数 $n$ で割ったものを引いて計算している．$SSX$ に対しても同様である．つまり，$x_i$ と $x_i$ の積の和 $\sum_{i=1}^{n} x_i^2$ から，$x_i$ の和の平方 $\left(\sum_{i=1}^{n} x_i\right)^2$ を標本数 $n$ で割ったものを引いて計算している．では，$x$ と $y$ との修正積和を定義しよう．

$$SSXY = \sum_{i=1}^{n} x_i y_i - \frac{1}{n}\left(\sum_{i=1}^{n} x_i\right)\left(\sum_{i=1}^{n} y_i\right)$$

これを注意深く眺めると，修正積和はまったく同じ構造をもっていることに気づくだろう．つまり，$x_i$ と $y_i$ の積の和 $\sum_{i=1}^{n} x_i y_i$ から，$x_i$ の和と $y_i$ の和の積 $\left(\sum_{i=1}^{n} x_i\right)\left(\sum_{i=1}^{n} y_i\right)$ を標本数 $n$ で割ったものを引いて求めている．

これら 3 つの修正和は，回帰分析と分散分析において間違いなく中心的な役割をはたす概念である．それゆえに，$SSX, SSY, SSXY$ が一体何を表しているのか理解できたと確信がもてるまで必要な限り何回もこの節を読み返すとよい（Box 7.3）．

> **Box 7.3.** 回帰における平方と積の修正和
>
> $y$ の修正全平方和は $SSY$, $x$ の修正全平方和は $SSX$, $y$ と $x$ の修正積和は $SSXY$ である.
>
> $$SSY = \sum_{i=1}^{n} y_i^2 - \frac{1}{n}\left(\sum_{i=1}^{n} y_i\right)^2$$
>
> $$SSX = \sum_{i=1}^{n} x_i^2 - \frac{1}{n}\left(\sum_{i=1}^{n} x_i\right)^2$$
>
> $$SSXY = \sum_{i=1}^{n} x_i y_i - \frac{1}{n}\left(\sum_{i=1}^{n} x_i\right)\left(\sum_{i=1}^{n} y_i\right)$$
>
> 回帰によって説明される変動は回帰平方和[2]
>
> $$SSR = \sum_{i=1}^{n}(\hat{y}-\bar{y})^2 = \sum_{i=1}^{n}\{\hat{a}+\hat{b}x_i - (\hat{a}+\hat{b}\bar{x})\}^2 = \hat{b}^2 \sum_{i=1}^{n}(x_i-\bar{x})^2$$
> $$= (SSXY/SSX)^2 SSX = SSXY^2/SSX$$
>
> である. 一方, 回帰によって説明されない変動は誤差平方和
>
> $$SSE = \sum_{i=1}^{n}(y_i-\hat{y}_i)^2 = \sum_{i=1}^{n}(y_i-\hat{a}-\hat{b}x_i)^2$$
>
> である. このとき
>
> $$SSY = SSR + SSE$$
>
> が成り立つ (証明は Box 7.5). また, 相関係数 $r$ は次で与えられる (6 章を参照).
>
> $$r = \frac{SSXY}{\sqrt{SSX \times SSY}}$$

次の問題はパラメータの最尤推定値とその標準誤差を求めるために $SSX$, $SSY$ 及び $SSXY$ をどのように用いるかであるが, 最尤推定値についてはすでに求まっている. Box 7.1 で導かれたように, $a, b$ の最尤推定値は

$$\hat{a} = \bar{y} - \hat{b}\bar{x}$$
$$\hat{b} = \frac{SSXY}{SSX}$$

で与えられる.

今扱っている例において, 母数の推定値を求めることができる. 話は簡単な方が良いので, 変数名は `SSX`, `SSY`, `SSXY` とする. (**R** は大文字と小文字を区別することに注意しよう (`SSX` と `ssx` とは異なる変数である).

---

[2] 原著の定義式は $(SSXY)^2/SSX$ である. ここは, 名称どおりの定義式を与えた. もちろん両者は一致する.

線形回帰に関係する計算

**Box 7.4.** 修正積和 $SSXY$ の計算

$SSXY$ は積 $(x_i - \bar{x})(y_i - \bar{y})$ の和に基づく．まず，括弧をはずす．

$$(x_i - \bar{x})(y_i - \bar{y}) = x_i y_i - x_i \bar{y} - y_i \bar{x} + \bar{x}\bar{y}$$

和をとり，$\sum_{i=1}^{n} x_i \bar{y} = \bar{y} \sum_{i=1}^{n} x_i$ と $\sum_{i=1}^{n} y_i \bar{x} = \bar{x} \sum_{i=1}^{n} y_i$ を用いて次を得る．

$$\sum_{i=1}^{n} x_i y_i - \bar{y} \sum_{i=1}^{n} x_i - \bar{x} \sum_{i=1}^{n} y_y + n\bar{x}\bar{y}$$

$\sum_{i=1}^{n} x_i = n\bar{x}, \sum_{i=1}^{n} y_i = n\bar{y}$ なので

$$\sum_{i=1}^{n} x_i y_i - n\bar{y}\bar{x} - n\bar{x}\bar{y} + n\bar{x}\bar{y} = \sum_{i=1}^{n} x_i y_i - n\bar{x}\bar{y}$$

2つの平均の積を $\frac{1}{n}\sum_{i=1}^{n} x_i \times \frac{1}{n}\sum_{i=1}^{n} y_i$ で置き換えて

$$\sum_{i=1}^{n} x_i y_i - n\left(\frac{1}{n}\sum_{i=1}^{n} x_i\right)\left(\frac{1}{n}\sum_{i=1}^{n} y_i\right)$$

$n$ をキャンセルして次の修正積和の変形を得る．

$$SSXY = \sum_{i=1}^{n} x_i y_i - \frac{1}{n}\sum_{i=1}^{n} x_i \sum_{i=1}^{n} y_i$$

```
SSX <- sum(tannin^2) - sum(tannin)^2/length(tannin)
SSX
[1] 60

SSY <- sum(growth^2) - sum(growth)^2/length(growth)
SSY
[1] 108.8889

SSXY <- sum(tannin * growth)
        - sum(tannin) * sum(growth)/length(tannin)
SSXY
[1] -73
```

必要なものは揃った．傾きは

$$\hat{b} = \frac{SSXY}{SSX} = \frac{-73}{60} = -1.2166667$$

切片は

$$\hat{a} = \bar{y} - \hat{b}\bar{x} = \frac{1}{n}\sum_{i=1}^{n} y_i - \hat{b}\frac{1}{n}\sum_{i=1}^{n} x_i$$

$$= \frac{62}{9} + 1.2166667\frac{36}{9} = 6.8889 + 4.86667 = 11.755556$$

これで，最尤推定値による回帰直線を完全に書き下すことができる．

$$y = 11.75556 - 1.216667x$$

しかし，これで話が終わったわけではない．母数の推定値 $\hat{a} = 11.756$, $\hat{b} = -1.2167$ を求めたら，これらに関わる非信頼度を評価する必要がある．言い換えると，切片の標準誤差と傾きの標準誤差を求めなければならない．すでに平均の標準誤差については求めている．それを利用して信頼区間（p.69）も得られたし，スチューデントの $t$ 検定（p.102）も行えた．回帰係数の標準誤差もそれと同様の形をしているのである．大きな平方根で囲まれているし（これにより，標準誤差の単位が母数の単位と同じになる），その中身の分子には誤差分散 $s^2$ も存在している．しかし，傾きと切片の非信頼度に特有な別の項も付随している（詳細は Box 7.6 と Box 7.7 を見ると分かる）．とは言え，誤差分散 $s^2$ の値を求めないことには話を進められない．そのためには，分散分析を必要とする．

### 回帰における平方和の分解：$SSY = SSR + SSE$

考え方は簡単である．$y$ の全変動 $SSY$ を求め，それをモデルの説明力が分かるような要素へと分解する．Box 7.3 で述べたように，モデルで説明される変動は回帰平方和（$SSR$）と呼ばれ，説明できなかった変動は誤差平方和（$SSE$，図 7.4 の散布図に描き入れた赤線の長さの平方和である）と呼ばれる．このとき，$SSY = SSR + SSE$ である（証明は Box 7.5）．

---

**Box 7.5.** $SSY = SSR + SSE$ の証明

知っていることから始めよう．図 7.6 から見てとれるように，

$$y_i - \bar{y} = (y_i - \hat{y}_i) + (\hat{y}_i - \bar{y})$$

が成り立つ．

---

回帰における平方和の分解：$SSY = SSR + SSE$

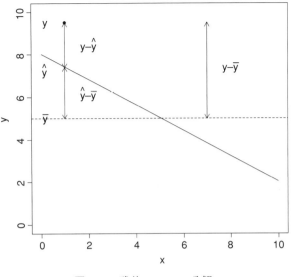

図 **7.6** 残差 $y_i - \bar{y}$ の分解

しかしながら，これらの量の平方に関する次の等式

$$\sum_{i=1}^{n}(y_i - \bar{y})^2 = \sum_{i=1}^{n}(y_i - \hat{y}_i)^2 + \sum_{i=1}^{n}(\hat{y}_i - \bar{y})^2$$

は必ずしも自明ではない．まず，$(y_i - \hat{y}_i) + (\hat{y}_i - \bar{y})$ を 2 乗しよう．$(c+d)^2 = c^2 + 2cd + d^2$ なので，2 乗は次のように書ける．

$$(y_i - \hat{y}_i)^2 + 2(y_i - \hat{y}_i)(\hat{y}_i - \bar{y}) + (\hat{y}_i - \bar{y})^2$$

$i = 1, 2, \ldots, n$ の和をとって

$$\sum_{i=1}^{n}(y_i - \hat{y}_i)^2 + 2\sum_{i=1}^{n}(y_i - \hat{y}_i)(\hat{y}_i - \bar{y}) + \sum_{i=1}^{n}(\hat{y}_i - \bar{y})^2$$

最初の項は $SSE = \sum_{i=1}^{n}(y_i - \hat{y}_i)^2$，第 3 項は $SSR = \sum_{i=1}^{n}(\hat{y}_i - \bar{y})^2$．証明しようとしているように $SSY = SSE + SSR$ ならば，第 2 項の $2\sum_{i=1}^{n}(y_i - \hat{y}_i)(\hat{y}_i - \bar{y})$ は 0 でなければならない．これを示そう．まず第 2 項の中の $\hat{y}_i$ と $\bar{y}$ をそれぞれ，$\hat{y}_i = \hat{a} + \hat{b}x_i$ と $\bar{y} = \hat{a} + \hat{b}\bar{x}$ で置き換える．

$$2\sum_{i=1}^{n}(y_i - \hat{a} - \hat{b}x_i)\{\hat{a} + \hat{b}x_i - (\hat{a} + \hat{b}\bar{x})\}$$

これから，第 2 因数の $\hat{a}$ をキャンセルして

$$
\begin{aligned}
2\sum_{i=1}^{n}(y_i - \hat{a} - \hat{b}x_i)(\hat{b}x_i - \hat{b}\bar{x}) &= 2\hat{b}\sum_{i=1}^{n}(y_i - \hat{a} - \hat{b}x_i)(x_i - \bar{x}) \\
&= 2\hat{b}\sum_{i=1}^{n}\{(y_i - \bar{y}) - \hat{b}(x_i - \bar{x})\}(x_i - \bar{x}) \\
&= 2\hat{b}\left[\sum_{i=1}^{n}(x_i - \bar{x})(y_i - \bar{y}) - \hat{b}\sum_{i=1}^{n}(x_i - \bar{x})^2\right] \\
&= 2\hat{b}(SSXY - \hat{b}\cdot SXX) = 0
\end{aligned}
$$

$SSE$ は，当てはめたモデルからデータ点への偏差の平方和なので，その定義に従って計算できる．つまり，$\hat{a}$ と $\hat{b}$ は分かっているので，$\sum_{i=1}^{n}d_i^2 = \sum_{i=1}^{n}(y_i - \hat{a} - \hat{b}x_i)^2$ により計算することができる．しかし，この式は引いたり，2乗したり，また総和をとったりしなければならないので，少々厄介である．しかし，有り難いことに，$SSE$ ではなく，説明される変動 $SSR$ を計算できる非常に簡単な次の公式が存在している[3]．

$$SSR = \hat{b}\cdot SSXY$$

ゆえに，すぐに $SSR = (-1.21667)\times(-73) = 88.81667$ が得られる．また，$SSY = SSR + SSE$ なので，引き算によって $SSE$ が求められる．

$$SSE = SSY - SSR = 108.8889 - 88.81667 = 20.07222$$

これらは**分散分析表（ANOVA table）**と呼ばれるものの中に書き込まれる．厳密に言うと，現時点までは平方和を分析したのであって，分散そのものは扱っていない．しかし，なぜこれを分散分析と呼ぶのかすぐに分かるだろう．分散分析表の左端の列には変動因が並んでいる．ここでは回帰，誤差，合計である．次の2列目には修正平方和である $SSR, SSE, SSY$ が並ぶ．3列目には，多くの意味で最も理解しておくべき重要なものが来る．つまり，自由度である．ここでは散布図に $n$ 個の点があるとしよう（例では，$n = 9$ である）．今までのところ，分散分析表は次のようになっているはずである．

| 変動因 | 平方和 | 自由度 | 平均平方 | $F$ 比 |
|---|---|---|---|---|
| 回帰 | 88.817 | | | |
| 誤差 | 20.072 | | | |
| 合計 | 108.889 | | | |

---

[3] Box 7.3, あるいはそこにある脚注により
$$SSR = (SSXY)^2/SSX = (SSXY/SSX)SSXY = \hat{b}\cdot SSXY$$

順番に各平方和に付随する自由度を求めてみよう．最も簡単なのは全平方和つまり，$SSY$ に関してである．その自由度は常に同じ公式で計算されるからである．定義によると，$SSY = \sum_{i=1}^{n}(y_i - \bar{y})^2$ なので，データから1つだけ母数が推定されているのが分かるはずである．そう，母平均が $\bar{y}$ で推定されている．データから1個の母数を推定しているので，自由度は $n-1$ である（$n$ はグラフ上の点の総数，つまり標本数，ここの例では $n = 9$）．次に簡単なのは誤差平方和に関してである．$SSE = \sum_{i=1}^{n}(y_i - \hat{a} - \hat{b}x_i)^2$ を計算するためには，データから何個の母数を推定する必要があるのか調べてみるとよい．$SSE$ を計算するには，推定値 $\hat{a}, \hat{b}$ が必要である．データからこれらは推定されなければならないので，$SSE$ の自由度は $n-2$ である．これは重要なので，ピンと来ないようなら，もう一度ここは読み返すべきである．3 つある自由度の中で一番難しいのは回帰に対する自由度である．これについては違った角度から考え直さないといけない．問題はこうである．データに回帰モデルを当てはめる際に，$y$ の平均の他に，さらに何個の母数を推定しなければならなかったか？答えは 1 個である．推定しなければならなかった母数は傾き $b$ だけである．1 個の説明変数だけをもつというこの単純なモデルにおいては，回帰平方和に関する自由度は 1 に他ならない．実地に慣れると，もっとすっきりと理解できるようになることだろう．

分散分析表を完成させるには，「平均平方」と名付けられた 4 番目の列を理解する必要がある．この列には分散を記入する．これに基づいて分散分析は行われる．思い出してほしい重要な式は次である．

$$[\text{分散}] = \frac{[\text{平方和}]}{[\text{自由度}]}$$

これを分散分析表の中で計算するのは非常に簡単である．平方和と自由度は隣り合わせに書いてあるからである．回帰分散は $SSR/1 = SSR$，誤差分散は $s^2 = SSE/(n-2)$ である．慣習的には，最後の欄には何も書かないことになっている（書くとしたら，$y$ の全分散 $SSY/(n-1)$ である）．最後に，2 つの分散の比である $F$ 比を計算して分散分析表は完成する．この最も簡単な分散分析表では，分子に処理分散（ここでは回帰分散），分母に誤差分散を置いて割り算を行う．線形回帰における検定での帰無仮説は，回帰直線の傾きが 0 というものである（つまり，$y$ は $x$ に依存しない）．両側対立仮説はまた，その傾きが 0 から有意に異なっている（正または負に）というものである．多くの応用においては，帰無仮説の棄却にはあまり興味を示さない．効果の大きさ（切片や傾きの推定）やその標準誤差の方に興味があるからである．初めから帰無仮説はおかしいと分かっていることが多いのである．しかしながら，帰無仮説を棄却できるくらいに $F$ 比が十分に大きいかを検定するには，**検定統計量**（分散分析表の最後の列にある $F$ の計算値）を $F$ の**棄却限界値**と比べなければならない．検定統計量とは，帰無仮説が正しいときに偶然のみによって得られる $F$ 値のことであること思い出しておこう．$F$ の棄却限界値は，分子の自由度が 1 で分母の自由度が $n-2$ の $F$ 分布の分位点関数 `qf` を使って求められる．次が完成した分散分析表である．

| 変動因 | 平方和 | 自由度 | 平均平方 | $F$ 比 |
|---|---|---|---|---|
| 回帰 | 88.817 | 1 | 88.817 | 30.974 |
| 誤差 | 20.072 | 7 | $s^2 = 2.86746$ | |
| 合計 | 108.889 | 8 | | |

全平方和の自由度はそれ以外の変動因の自由度の和に等しいことを注意しておく（これは分散分析表において常に成り立つので，実験計画をよく理解しているのか，それを知る良い試金石として使える）．最後の疑問は [$F$ 比] $= 30.974$ の大きさに関してである．帰無仮説が棄却できるほどに大きいのだろうか？ $F$ 比の棄却限界値は，分子の自由度 1，分母の自由度 7 が与えられたとき，帰無仮説が正しいときに偶然だけで起こりうる $F$ 比の分布から計算される値である．許容できる不確実性（第 1 種の過誤の確率）を決めなければならない．慣習的な値は 5% である．このとき，確実性は $0.95 = 1 - 0.05$ ということになる．棄却限界値を求めるためには，$F$ 分布の分位点関数 qf を用いればよい．

```
qf(0.95, 1, 7)
[1] 5.591448
```

計算された $F$ 値（30.974）は棄却限界値（5.591）よりも非常に大きいので，安心して帰無仮説を棄却できる．しかし，5%信頼水準で杓子定規に検定するよりも，帰無仮説が正しいときに $F$ 値が 30.974 よりも大きな値をとる確率はいくらかと問う方がたぶん良いだろう．これには，qf ではなくて，1-pf を用いる（pf は $F$ 分布の分布関数）．

```
1 - pf(30.974, 1, 7)
[1] 0.0008460725
```

事実，非常に起こりそうもない確率である（$p$ 値 $< 0.001$）．

次に，求められた誤差分散 $s^2 = 2.867$ を用いて傾きの標準誤差（Box 7.6）と切片の標準誤差（Box 7.7）を求めよう．まず，傾きの標準誤差は

$$SE_{\hat{b}} = \sqrt{\frac{s^2}{SSX}} = \sqrt{\frac{2.867}{60}} = 0.2186$$

---

**Box 7.6. 回帰の傾きの標準誤差**

この量は

$$SE_{\hat{b}} = \sqrt{\frac{s^2}{SSX}}$$

で与えられる．誤差分散 $s^2$ は分散分析表から得られ，母数の標準誤差，信頼区間の導出，仮説検定などのために用いられる．$SSX$ は $x$ 値の $x$ 軸に沿った散らばり具合を表す．標準誤差は**非信頼性の推定値**であることを思い出そう．非信頼性は誤差分散とともに増加するから，$s^2$ を分子に置くことは妥当である．非信頼性が $x$ 値の範囲に依存することはあまり明

白ではない．同じ傾き ($b=2$) と同じ切片 ($a=3$) をもつ次の 2 つのグラフを見てみよう．

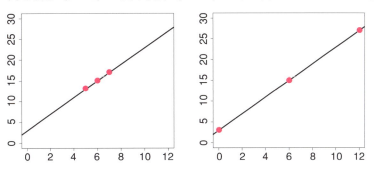

違いは，左のグラフでは $x$ 値がその平均に近いのに対して，右のグラフでは $x$ 値が広い範囲にわたっていることである．傾きに関する信頼できる推定値をどちらが与えるだろうか？広範囲な $x$ 値をもつ右のグラフであることはかなり明らかである．$x$ 値の範囲が大きくなれば推定された傾きの非信頼性は小さくなり，したがって，$SSX$ は分母に現れるのが自然である．大きい平方根の目的は何だろうか？ これは非信頼性の推定値の単位をその対象となる母数がもつ単位と一致させるためである．誤差分散の単位は $y$ の単位の 2 乗であり，$SSX$ の単位は $x$ の単位の 2 乗である．一方，傾きは $x$ の変化量に対する $y$ の変化量の比だから，その単位は $y/x$ の単位に等しい．

切片の標準誤差の公式はもう少し複雑である（Box 7.7）．

$$SE_{\hat{a}} = \sqrt{\frac{s^2 \sum_{i=1}^n x_i^2}{n \times SSX}} = \sqrt{\frac{2.867 \times 204}{9 \times 60}} = 1.0408$$

---

**Box 7.7.** 切片の標準誤差

この量は

$$SE_{\hat{a}} = \sqrt{\frac{s^2 \sum_{i=1}^n x_i^2}{n \times SSX}}$$

で与えられる．この式は傾きの標準誤差を求める式に似ているが，2 個の項が追加されている．標本の大きさ $n$ が大きくなれば非信頼性は低下する．非信頼性が $\sum_{i=1}^n x_i^2$ とともに増加する理由はあまり明白ではない．実はその理由は，$x$ の平均値が原点から離れれば切片の推定値の非信頼性が大きくなる[4]，という点に求められる．$y = 3 + 2x$ のグラフ（黒の実線）を見ればこのことを理解できるだろう．左側のグラフは $\bar{x} = 2$ という小さな値をもつデータセットから，右側のグラフは $\bar{x} = 9$ という大きな値をもつデータセットから推定されている（ただし，どちらも同じ傾きと同じ切片である）．

---

[4] $\sum_{i=1}^n x_i^2 = \sum_{i=1}^n (x_i - \bar{x})^2 + n\bar{x}^2 = SSX + n\bar{x}^2$ なので $\bar{x}^2$ が影響する．

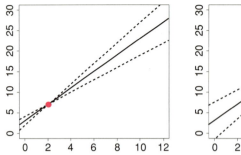 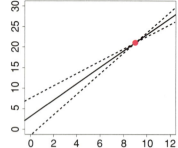

両者に傾きに関して $b = 1.5$ から $b = 2.5$ の変動がある．それぞれの切片の予測の異なり具合を比べてみるとよい．線形回帰による予測の信頼性は，予測がなされる $x$ 値と $x$ の平均値 $\bar{x}$ との差の 2 乗（すなわち，$(x_i - \bar{x})^2$）とともに低下する．したがって，グラフの原点が $x$ の平均から離れているときは，切片の標準誤差は大きくなり，逆もまた同様である．

一般に，$x$ での**予測値 $\hat{y}$ の標準誤差**は次で与えられる．

$$SE_{\hat{y}} = \sqrt{s^2 \left[ \frac{1}{n} + \frac{(x - \bar{x})^2}{SSX} \right]}$$

切片に対する標準誤差の式 $SE_{\hat{a}}$ はこの上式 $SE_{\hat{y}}$ の $x = 0$ の特別な場合であることに注意する．

これですべての数値の求め方が分かったので，この解析を **R** で確認しよう．どんなに簡単なことか分かるはずである．統計モデルに名前を付けるのは良い習慣である．model という名前でも悪くはない．

```
model <- lm(growth ~ tannin)
```

この model でいろいろなことができる．たぶん最も重要なのは，推定された効果の詳細を summary 関数で見ることだろう．

```
summary(model)
Coefficients:
            Estimate Std. Error t value Pr(>|t|)
(Intercept) 11.7556     1.0408   11.295 9.54e-06 ***
tannin      -1.2167     0.2186   -5.565 0.000846 ***

Residual standard error: 1.693 on 7 degrees of freedom
Multiple R-squared:  0.8157,    Adjusted R-squared:  0.7893
F-statistic: 30.97 on 1 and 7 DF,  p-value: 0.0008461
```

母数の推定値とその標準誤差について必要なものはすべてこれで与えられる（$SE_{\hat{a}}$ と $SE_{\hat{b}}$ のここでの値と，p.142，p.143 で 1 つひとつ計算した値とを比較してほしい）．他の用語（残差標準誤差，$R$ 平方，修正 $R$ 平方）はまもなく登場するが，$p$ 値と $F$ 統計量は分散分析表でなじみのものである．

母数の推定値よりもむしろ分散分析表そのものを見たいなら，適切な関数は `summary.aov` である．

```
summary.aov(model)
            Df Sum Sq Mean Sq F value   Pr(>F)
tannin       1 88.817  88.817  30.974 0.000846 ***
Residuals    7 20.072   2.867
```

ここには，誤差分散（$s^2 = 2.87$）が $SSR$ (88.82) や $SSE$ (20.07) とともに与えられる．また，さきほど `1-pf(30.974, 1, 7)` で求めた $p$ 値（p.142）も与えられている．この 2 つの要約表を比較すると，`summary` の方が格段に優れた情報を提供している．なぜならば，効果の大きさ（ここでは，グラフの傾き）とその非信頼度（傾きの標準誤差）も与えてくれるからである．一般的なことを言えば，著作物の中に分散分析表をそのまま載せたいという誘惑には抵抗すべきである．$p$ 値や誤差分散というような重要な情報は，本文や図の凡例の中に書かれてこそ，より効果的に生きるというものである．分散分析表はあまりにも仮説検定に力点を置きすぎていて，効果の大きさとその非信頼性については直接に何も述べていないのである．

## 適合度の指標：$r^2$

考えるべき重要な問題がまだ残っている．図 7.7 の 2 つの回帰直線は正確に同じ傾きと同じ切片をもっている．しかし，まったく異なるデータから導かれている．

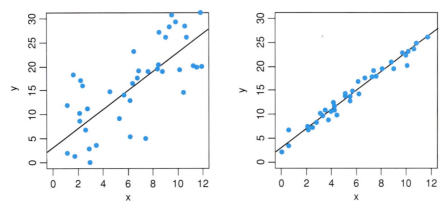

図 **7.7** 異なるデータからの同一の回帰直線

ここでは，左のグラフでは小さく，右では大きくなるような適合度の指標が欲しい．極端な場合には，すべての点が直線の上に落ちるかもしれない．このときの散らばりの度合いは 0 で

あり，当てはめは完璧である（図7.8左，この完璧な当てはめに対する適合度の指標は1と定義できるかもしれない）．もう1つの極端な場合は，$x$が$y$の変動をまったく説明できないときである．このときの適合度が0であり，散らばり度は100%である（図7.8右）．

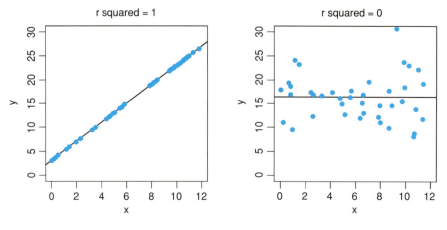

図 7.8　直線の当てはめ：2つの極端な場合

このような当てはまりの度合いを測れるような指標を，すでに学んだ$SSY, SSR, SSE$を使って作ることはできないだろうか？　ここで提案する指標は，**$y$の全変動に対する回帰で説明できる変動の割合**である．全変動は$SSY$であり，説明される変動は$SSR$である．ゆえに，その指標$r^2$を次のように定義する

$$r^2 = \frac{SSR}{SSY}$$

これは，回帰がすべての$y$の変動を説明するとき（$SSR = SSY$）に1になり（図7.8左），回帰が$y$の変動をまったく説明できないとき（$SSE = SSY$）は0になる（図7.8右）．この指標は正式には決定係数と呼ばれる．しかし，最近は簡単に「$r$平方」と呼ばれることも多くなった．実際この値は，すでに出てきた相関係数$r$の平方である（p.118を参照）．

### モデル検査

最後にすべきことはモデルを批判的に評価しなおすことである．本当に確かめたいのは，分散の均一性と誤差の正規性である．これを調べる最も簡単な方法は4つのモデル検査プロットを使うことである（図7.9）．

```
par(mfrow = c(2, 2))
plot(model)
```

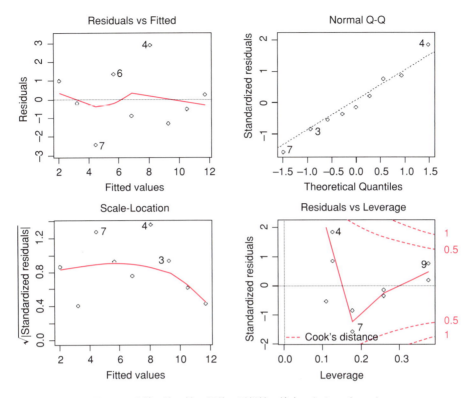

図 7.9 分散の均一性，誤差の正規性の検査のためのプロット

　図 7.9 において，最初のプロット（左上）は $x$ 軸に適合値をとり，$y$ 軸に残差をとったものである．これを解釈するには多少の経験を必要とするが，要するに，プロットの中に傾向や構造が**見つからない**，というのが望みである．この例のように，点が夜空の星のように見えることが理想的である．適合値が増加するとき散らばりも増加するようなら問題である．そのときは，扇形のチーズのように片側に広がって見えるだろう（記号 ◀ や，希にではあるが ▶ のように．p.74 を参照）．しかし，この例の分散は均一的に見えるので何も問題はない．

　次のプロット（右上）は正規 Q-Q プロット（`qnorm`, p.89 を参照）である．誤差が正規分布に従うならば，直線的に見えるはずである．このプロットでもまた，この例は悪くない．S 型やバナナ型の傾向を示すときには，データには別のモデルを当てはめる必要があるだろう．

　3 番目のプロット（左下）は最初のものに似ているが，尺度を変更して表示している．標準化された残差の絶対値の平方根を適合値に対して表示している．問題があるようならば，適合値が増加すると残差の散らばりも増加するように，点が三角形のように分布することだろう．ここでも，そのような傾向は見られず，良好である．

　4 番目の最後のプロット（右下）は影響点に焦点を当てている（p.162 を参照）．母数推定で最も影響を与える点をグラフ上に表示する．てこ比と標準化された残差を座標にもつグラフ上にクック距離を赤い等高線で表す．白丸は標本点を表し，幾つか選ばれた点に番号を付ける（これは，データフレームに現れる順番を示す番号である）．番号 9 の点が最大のてこ比をもち，番号 7 の点が最大のクック距離をもち（ラベルの下にほとんど隠れているけれども），番号 4 の点

が最大の残差をもつ．この情報については，筆者には表形式の方がより鮮明に表示できるように思える．`influence.measures(model)` を試してもらいたい．

　`plot(model)` の上の 2 つのグラフが最も重要であり，これらに集中すべきである．モデル検査を必ず行うことも重要であり，`summary(model)` をやったら回帰分析はお終い，というわけにはいかないのである．

### 変換

　応答変数と 1 つの連続型説明変数との間の関係を記述する 2 母数モデルは $y = a + bx$ のみである，と考える陥穽にはまらないようにすべきである．統計解析において，モデル選択はきわめて大きな部分を占める．いくつか他の役立つ 2 母数モデルを挙げてみよう（表 7.1，図 7.10）．

表 **7.1**　代表的な 2 母数モデル

| | | |
|---|---|---|
| log $X$ | $y = a + b\ln(x)$ | 1. |
| log $Y$ | $y = \exp(a + bx)$ | 2. |
| asymptotic | $y = \dfrac{ax}{1 + bx}$ | 3. |
| reciprocal | $y = a + \dfrac{b}{x}$ | 4. |
| power law | $y = ax^b$ | 5. |
| exponential | $y = ae^{bx}$ | 6. |

　モデルを表す方程式が変換により母数に関する線形関数に変形できるなら，そのようなモデルの母数を推定するのは簡単である．例を挙げた方が分かりが良いだろう．次のデータは，放射性崩壊と時間との関係を表す．

```
par(mfrow = c(1, 1))
data <- read.csv("c:\\temp\\decay.csv")
attach(data)
names(data)
[1] "time"    "amount"
plot(time, amount, pch = 21, bg = "blue")
```

まず最初に，線形モデルでの回帰直線を，`abline` 関数を用いて散布図に書き込んでみよう（図 7.11）．

```
abline(lm(amount ~ time), col = "red")
```

データには明らかに曲線的な関係があることが，図 7.11 から見てとれる．ほとんどの残差は回帰直線に比較して，時間の経過が小さいときは上側にあり，中頃では下側になり，大きくなるとまた上側に出現する．このデータに対して良いモデルではないことは明白である．

　ここには非常に大事な教訓が含まれている．もしも `plot` によりモデルの適合性を見ること

変換　　　　　　　　　　　　　　　　　　　　　　　　　　　　　　　　　　　149

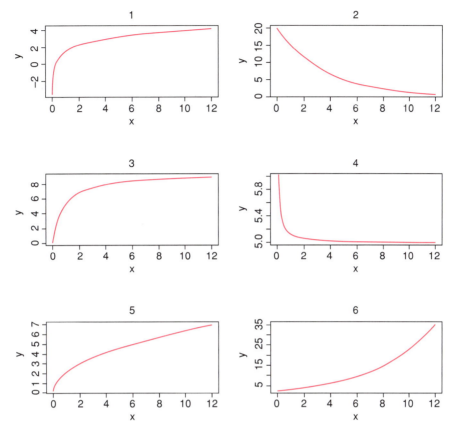

図 **7.10**　表 7.1 の 2 母数モデルの関数形

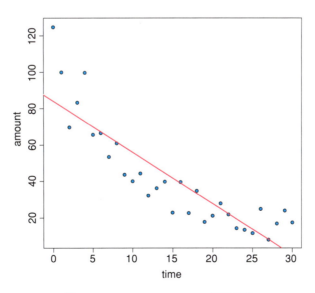

図 **7.11**　`amount` の `time` への回帰直線

なく，ただ単に統計解析をやるだけだったなら，容易に逆の結論に行き着いたことだろう．このデータに線形モデルを当てはめたときの要約が次である．

```
summary(lm(amount ~ time))
Coefficients:
            Estimate Std. Error t value Pr(>|t|)
(Intercept)  84.5534     5.0277   16.82  < 2e-16 ***
time         -2.8272     0.2879   -9.82 9.94e-11 ***

Residual standard error: 14.34 on 29 degrees of freedom
Multiple R-squared: 0.7688,     Adjusted R-squared: 0.7608
F-statistic: 96.44 on 1 and 29 DF,  p-value: 9.939e-11
```

モデルは，応答変数のもつ変動の76%以上を説明している（非常に高い $r^2$ である）．また，$p$ 値は極めて小さい．$p$ 値と $r^2$ だけではモデルの良さを十分に評価することはできない，これが教訓である．

データは崩壊過程に関するものなので，指数関数 $y = ae^{-bx}$ がデータをうまく表現できるのではないだろうか．この関数を線形化できたなら，線形モデルで母数の推定ができることになる．$y = ae^{-bx}$ の両辺の対数をとると，次を得る．

$$\log(y) = \log(a) - bx$$

$\log(y)$ を $Y$ に置き換え，$\log(a)$ を $A$ と表すと，線形モデルが得られたことに気づくだろう．

$$Y = A - bx$$

この線形モデルの切片は $A$ であり，傾きは $-b$ である．線形モデルを当てはめるために，$x$ 軸に非変換の `time` を，$y$ 軸に `amount` の対数を置けばよい．

```
plot(time, log(amount), pch = 21, bg = "blue")
abline(lm(log(amount) ~ time), col = "red")
```

モデルへの適合は大幅に改善されている（図 7.12）．しかしながら，新しく不都合なところも現れている．時間に関して分散が大きくなっているように見える．覚えているだろうが，分散の非均一性はもしかすると深刻な問題を引き起こすかもしれない．では，この指数的なモデルの母数を推定し，`plot(model)` を用いてモデル検査を行おう．

```
model <- lm(log(amount) ~ time)
summary(model)
Coefficients:
            Estimate Std. Error t value Pr(>|t|)
(Intercept) 4.547386   0.100295   45.34  < 2e-16 ***
time        -0.068528  0.005743  -11.93 1.04e-12 ***
```

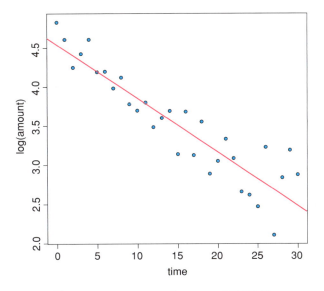

図 **7.12** `log(amount)` の `time` への回帰直線

```
Residual standard error: 0.286 on 29 degrees of freedom
Multiple R-squared: 0.8308,      Adjusted R-squared: 0.825
F-statistic: 142.4 on 1 and 29 DF,  p-value: 1.038e-12
```

適合直線の傾きは $-0.068528$ であり，その標準誤差は $0.005743$ である．$r^2$ の値は，変換に伴いかなり高くなっている（83%）．$p$ 値もかなり低い．標準誤差 $0.100295$ をもつ切片 $4.547386$ は $A$ に対するものであり，指数的モデルの $a$ に対するものではない．$A$ は $a$ の対数である．逆変換を行うと，標準誤差は上下で非対称的に変換される．なぜそうなるのか，ちょっと考える時間が必要かもしれない．傾きの推定値に $1 \times$ [標準誤差] を加えたものを `upper`，引いたものを `lower` としよう．

```
upper <- 4.547386 + 0.100295
lower <- 4.547386 - 0.100295
```

関数 `exp` により逆変換して，測定した本来の尺度に戻す．

```
exp(upper)
[1] 104.3427

exp(lower)
[1] 85.37822
```

これで，本来の尺度では，傾きは $85.38$ と $104.34$ の間にあることが分かり，その最良の推定値は

```
exp(4.547386)
[1] 94.38536
```

これにより，傾きの上側の区間の長さは 9.957 であり，下側の区間の長さは 9.007 となる．2 つの非信頼性の尺度が異なる大きさになるということに初心者は無頓着であることが多い．

では，`plot(model)` を利用してモデル検査を行ってみよう（図 7.13）．

```
par(mfrow = c(2, 2))
plot(model)
```

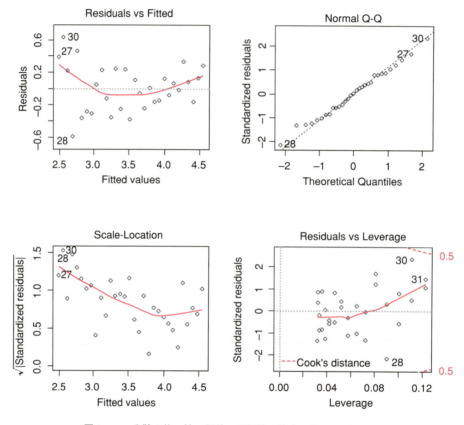

図 **7.13** 分散の均一性，誤差の正規性の検査のためのプロット

誤差の正規性に関する仮定は良好なようである（上側右のプロットは比較的直線的である）．これは良い知らせである．しかし，変換したデータを見て気がかりに感じていたように，分散は非均一性の強い兆候を示している（上側左と下側左のプロット）．下側右のプロットでは，30 番目と 31 番目のデータ点が大きなてこ比をもち，28 番目のものは大きな残差を示している．この問題をどう扱えばよいのか後に見ることにするが，この段階では測定した本来の尺度での散布図の上に適合曲線を描くに留めよう．

```
par(mfrow = c(1, 1))
plot(time, amount, pch = 21, bg = "blue")
```

# 多項式回帰

R で曲線を描く際に念頭に置くべきは，短い線分を大量につないで曲線はできているという点である．一般的には，グラフをおおよそ 100 個程度かそれ以上の線分に分割すれば，曲線はかなり滑らかに見える．散布図を見てみると，時間は 0 から 30 まで変化させなければいけないことが分かる．曲線を 100 個以上に分割するためには，1 時間を少なくとも 3 つに分割する必要があるが，ここでは 4 分割にしよう．そうすると，間隔 0.25 の数列になる．$x$ の値（$x$ values）という意味を込めて，その数列を xv と名付ける．

```
xv <- seq(0, 30, 0.25)
```

長さは 121 である（length(xv)）．指数曲線の関数は $94.38536 \cdot \exp(-0.068528x)$ と分かっているので，各 $x$ 値に対応する $y$ 値が計算できる．

```
yv <- 94.38536 * exp(-0.068528 * xv)
```

では，lines 関数を用いて散布図に曲線を上書きする（図 7.14）．

```
lines(xv, yv, col = "red")
```

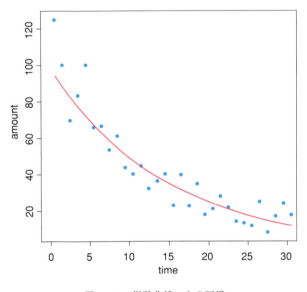

図 **7.14** 指数曲線による回帰

見てのとおり，曲線は時間の中間的な値に対しては望ましい表示を与えているが，時刻 0 や 29 以上では予測量の観点から見ると貧弱である．明らかに，両端でどうなっているのか，理解するための研究がさらに必要である．しかし，データのほとんどの部分は比較的良好に指数的な崩壊により記述できている．

## 多項式回帰

$y$ と $x$ との関係は多くの場合直線的なものになるとは限らないだろう．しかし，オッカムの

剃刀（p.9 を参照）は，データを解釈するのに非線形的な関係が有意に良いとならない限り線形関係を当てはめよ，と要求するのである．では，質問である．線形性から有意に乖離しているならば，それをどのように評価すべきだろうか？ 最も簡単な方法の 1 つとして**多項式回帰**（**polynomial regression**）がある．

$$y = a + bx + cx^2 + dx^3 + \cdots$$

多項式回帰という考え方は簡単である．これまでのように連続型説明変数 $x$ を 1 つだけ用いるが，その高次の冪を当てはめることができる．$y$ と $x$ との曲線的な関係を説明するために，$x$ に加えて平方 $x^2$ や立方 $x^3$ などを利用するのである．非常に簡単なモデルを使ってそれらから生成される曲線について慣れておくことは役に立つ．2 次項 $x^2$ だけを含めたモデルに制限したとしても，1 次項や 2 次項の符号を変えると，多くの曲線を描くことができる（図 7.15）．

```
par(mfrow = c(2, 2))
curve(4 + 2 * x - 0.1 * x^2, 0, 10, col = "red", ylab = "y")
curve(4 + 2 * x - 0.2 * x^2, 0, 10, col = "red", ylab = "y")
curve(12 - 4 * x + 0.3 * x^2, 0, 10, col = "red", ylab = "y")
curve(4 + 0.5 * x + 0.1 * x^2, 0, 10, col = "red", ylab = "y")
```

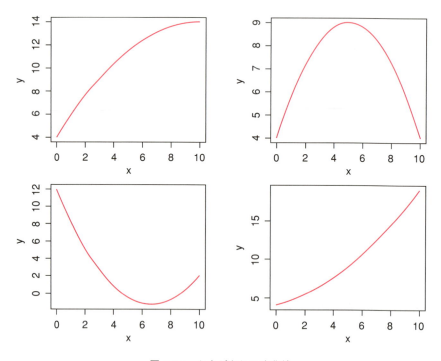

図 **7.15** さまざまな 2 次曲線

図 7.15 の左上のグラフは減少する正の変化率をもつ曲線を表し，コブ状のものは見られない ($y = 4 + 2x - 0.1x^2$)．右上は明らかに最大値をもつ曲線であり ($y = 4 + 2x - 0.2x^2$)，左下も明らかに最小値をもつ曲線である ($y = 12 - 4x + 0.35x^2$)．右下の曲線には $y$ と $x$ の間の正の関係が見られ，$x$ が増加すると傾きも増加している ($y = 4 + 0.5x + 0.1x^2$)．このように，3 つの母数（切片，$x$ の係数，$x^2$ の係数）の単純な 2 次モデルでも，$y$ と $x$ の間のいろいろな関係を表現できることが分かるだろう．ただ，次を理解しておくことは重要である．この 2 次モデルは $y$ と $x$ との関係をただ記述しているだけであって，$y$ と $x$ との構造的（あるいは因果的）関係を説明しようとしているわけではない．

モデル比較の例として崩壊のデータを用いてみよう．3 母数をもつ 2 次関数モデル (model3) が 2 母数の線形モデル (model2) よりもどれぐらい優れているのか？関数 I は「そのままで (as is)」という意味をもち，キャレット（冪を表す ^）のような計算演算子がモデル式の中で「そのまま」用いられるようにする．計算演算子はモデル式の中では少し異なる意味をもつからである（例えばモデル式でのキャレットは，当てはめられる交互作用項の次数を表す）．

```
model2 <- lm(amount ~ time)
model3 <- lm(amount ~ time + I(time^2))
summary(model3)
Coefficients:
             Estimate Std. Error t value Pr(>|t|)
(Intercept) 106.38880    4.65627  22.849  < 2e-16 ***
time         -7.34485    0.71844 -10.223 5.90e-11 ***
I(time^2)     0.15059    0.02314   6.507 4.73e-07 ***

Residual standard error: 9.205 on 28 degrees of freedom
Multiple R-squared: 0.908,     Adjusted R-squared: 0.9014
F-statistic: 138.1 on 2 and 28 DF,  p-value: 3.122e-15
```

2 次の項の係数 (0.15059) は高度に有意なので，データには重要な湾曲があることが分かる．線形モデルに比較して，2 次モデルがどれほど優れているのか見たいときは，AIC (p.255 を参照）または anova を用いる．

```
AIC(model2, model3)
       df      AIC
model2  3 257.0016
model3  4 230.4445
```

2 次モデル model3 の AIC がかなり小さいことから，こちらの方が優れていることを示している（詳細は p.255 を参照）．一方，$p$ 値で見るのを好むなら，anova で 2 つのモデルを比較すると，2 次の項は高度に有意である（$p$ 値 $< 0.000001$）．

```
anova(model2, model3)
Analysis of Variance Table

Model 1: amount ~ time
Model 2: amount ~ time + I(time^2)
  Res.Df    RSS Df Sum of Sq      F    Pr(>F)
1     29 5960.6
2     28 2372.6  1    3588.1 42.344 4.727e-07 ***
```

## 非線形回帰

ときには，$y$ と $x$ の関係が構造的に分かっている場合もある．そのときは，データからその特殊な非線形関係式の母数の推定値とその標準誤差を求めることになる．よく用いられる非線形モデルが多数存在する．ここで非線形と言うときに意味しているものは，その関係が曲線的であるということではない（多項式回帰は曲線的であったが，線形モデルである）．応答変数の変換や説明変数の変換で，あるいは両方用いても線形化できない関係を指している．例を挙げよう．鹿の年齢の関数としてアゴの骨の大きさを考えてみる．理論上は，「近似的に指数関数的」であり，3つの母数で記述されることを示唆している．

$$y = a - be^{-cx}$$

**R** における線形モデルと非線形モデルとの違いは，非線形モデルを利用するときはモデル式の中にその関係式をありのままの形で記述する，という点にある．また，`lm` の代わりに，`nls` を用いる（これは「非線形最小2乗（non-linear least squares）」から来ている）．ここでは，`y ~ a - b * exp(-c * x)` のように，データに当てはめたい非線形モデルを正確に省略せずに記述する．少々面倒なのは，母数 $a, b, c$ の初期値の指定が要求される点である（しかし，よく使われる非線形モデルでは自動的に設定するという選択肢もある）．データをプロットすることにより，適切な初期値を定めてみよう．また，このような場合いつも，その式の「極限における振る舞い」を見ておくことも役に立つ．つまり，$x = 0$ と $x = \infty$ のときの $y$ の値である．$x = 0$ のときは，`exp(-0)` $= 1$ なので，$1 \times b = b$，よって $y = a - b$ である．$x = \infty$ のときは，`exp(-infinify)` $= 0$ なので，$0 \times b = 0$，よって $y = a$ である．最終的に，$y$ の極限値は $a$，切片は $a - b$ になる．数学的に確かめたければ，つぎのように **R** において $-\infty$ と $0$ を代入した計算をしてみるとよい．

```
exp(-Inf)
[1] 0

exp(-0)
[1] 1
```

# 非線形回帰

次が，年齢の関数としての骨の長さのデータである．

```
deer <- read.csv("c:\\temp\\jaws.csv")
attach(deer)
names(deer)
[1] "age"  "bone"

par(mfrow = c(1, 1))
plot(age, bone, pch = 21, bg = "lightgrey")
```

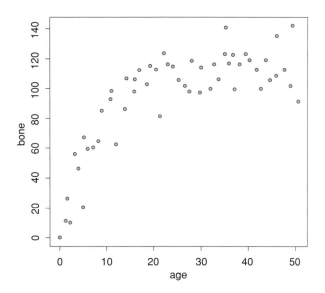

図 **7.16** 鹿のアゴの骨の大きさ bone の年齢 age に対する散布図

図 7.16 より，極限としての適当な値は $a \approx 120$，切片はおおよそ 10，ゆえに $b \approx 120 - 10 = 110$．$c$ の値の目安は少し難しい．曲線がかなり急速に立ち上がるところを使ってみよう．年齢が 5 のとき，アゴの大きさはおおよそ 40 である．ゆえに，$y = a - be^{-cx}$ より

$$c = -\frac{\log[(a-y)/b]}{x} = -\frac{\log[(120-40)/110]}{5} = 0.06369075$$

このようにして 3 母数の初期値が得られたので，`nls` に初期条件として `list(a = 120, b = 110, c = 0.064)` を渡す．

```
model <- nls(bone ~ a - b * exp(-c * age),
             start = list(a = 120, b = 110, c = 0.064))
summary(model)
Formula: bone ~ a - b * exp(-c * age)

Parameters:
  Estimate Std. Error t value Pr(>|t|)
```

```
a  115.2528    2.9139    39.55  < 2e-16 ***
b  118.6875    7.8925    15.04  < 2e-16 ***
c    0.1235    0.0171     7.22 2.44e-09 ***

Residual standard error: 13.21 on 51 degrees of freedom

Number of iterations to convergence: 5
Achieved convergence tolerance: 2.381e-06
```

すべての母数が有意性を示している（$p$ 値 $< 0.001$）．しかし，用心が必要である．これは必ずしも，すべての母数がそのままモデルで使われるということを意味するわけではない．ここでは，$\hat{a} = 115.2528$ で，その標準誤差は $SE_{\hat{a}} = 2.9137$，また，$\hat{b} = 118.6875$ で，その標準誤差は $SE_{\hat{b}} = 7.892$ なので，明らかに $\hat{a}$ と $\hat{b}$ は有意に異なってはいない（有意であるためには，$2 \times$ [標準誤差] 以上離れている必要がある）．そこで，もっと簡単な 2 母数モデル

$$y = a(1 - e^{-cx})$$

を当てはめてみよう．

```
model2 <- nls(bone ~ a * (1 - exp(-c * age)),
              start = list(a = 120, c = 0.064))
anova(model, model2)
Analysis of Variance Table

Model 1: bone ~ a - b * exp(-c * age)
Model 2: bone ~ a * (1 - exp(-c * age))
  Res.Df Res.Sum Sq Df  Sum Sq F value Pr(>F)
1     51     8897.3
2     52     8929.1 -1 -31.843  0.1825  0.671
```

モデルのこの単純化は明らかに支持できる（$p$ 値 $= 0.671$）．ゆえに，2 母数モデル model2 を最小十分モデルとして採用しよう．では，散布図にその曲線を描いておこう．変数 age の範囲は 0 から 50 である．

```
av <- seq(0, 50, 0.1)
```

予測されるアゴの骨の大きさを生成するために model2 に predict 関数を適用する．

```
bv <- predict(model2, list(age = av))
```

上の list で指定しているのは，model2 で $x$ 軸に対して用いられている変数（age）に $x$ 軸に沿ったベクトル（av）を代入して計算させるためである．

# 非線形回帰

```
lines(av, bv, col = "blue")
```

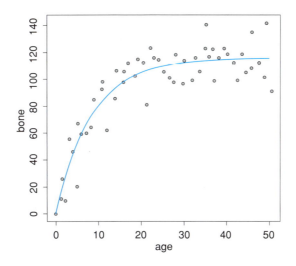

図 **7.17** 2 母数非線形モデル $y = a(1 - e^{-cx})$ の当てはめ

この曲線（図 7.17）の母数は `model2` から得られる．

```
summary(model2)
Formula: bone ~ a * (1 - exp(-c * age))

Parameters:
    Estimate Std. Error t value Pr(>|t|)
a 115.58056    2.84365  40.645  < 2e-16 ***
c   0.11882    0.01233   9.635 3.69e-13 ***

Residual standard error: 13.1 on 52 degrees of freedom

Number of iterations to convergence: 5
Achieved convergence tolerance: 1.356e-06
```

この結果は，個人的な好みや学会誌の様式によって，$y = 115.58(1 - e^{-0.1188x})$ と書かれたり，$y = 115.58(1 - \exp(-0.1188x))$ と書かれたりする．母数の推定値と同時にその標準誤差も書き込んでおきたいならば，次のように報告する．

> モデル $y = a(1 - \exp(-bx))$ は，
> $\hat{a} = 115.58 \pm 2.84\,(1\,\text{s.e.}, n = 54)$ と $\hat{b} = 0.1188 \pm 0.0123\,(1\,\text{s.e.})$ をもち，
> アゴの骨の大きさの全変動の 84.9%を説明する．

この最小十分モデルでの母数は 2 個なので $a, b$ としている（元のモデルでの $a, c$ は用いなかった）．

この報告において，`model2` が骨の長さの全変動の 84.9%を説明しているとあるのを不思議に思うかもしれない．なぜならば，`summary` 関数は $r^2$ を求めないからである．少し苦労して，$SSY$ と $SSR$ を求めないといけない（p.135 を参照）．$SSY$ を求める最も簡単なやり方は，空モデルを当てはめて切片だけを推定させるというものである．R において，切片は母数 1 なので，`y~1` のようにモデル式を指定する．このモデルで求められる平方和が $SSY$ である．

```
null.model <- lm(bone ~ 1)
summary.aov(null.model)
          Df Sum Sq Mean Sq F value Pr(>F)
Residuals 53  59008    1113
```

ここから求める $SSY = 59008$ を取り出す．いわゆる線形モデルではないので，$SSE$ や $SSR$ は出力されないが，以前の出力（`summary(model2)`）には次のようにあった（p.159 を参照）．

```
Residual standard error: 13.1 on 52 degrees of freedom
```

この情報は有益である．残差標準誤差を平方して残差分散を求められる（$13.1^2 = 171.61$）．これに自由度を掛けて残差平方和が求められる（$SSE = 52 \times 13.1^2 = 8923.72$）．$SSR = SSY - SSE$ であり，$r^2$ は $SSR/SSY$ の%表示であったことを思い出すと，このモデルで説明される骨の長さの分散の割合は

```
100 * (59008 - 8923.72)/59008
[1] 84.8771
```

## 一般化加法モデル

$y$ と $x$ との間の関係は非線形であるが，その関係を記述する特別な関数形（数学的な関係式）を示すような構造的なモデルや理論が存在しない，という場合もときにはあるだろう．そのような場合は，**一般化加法モデル**（**generalized additive model**）が極めて有用である．その非線形な関係を記述するような特別な数学的モデルの指定を要求することなく，データにノンパラメトリックな平滑子を当てはめてくれるからである．例を見ると，よく分かるだろう．

```
library(mgcv)
hump <- read.csv("c:\\temp\\hump.csv")
attach(hump)
names(hump)
[1] "y" "x"
```

`x` に平滑化関数 `s` を使って一般化加法モデルを当てはめることから始めよう．

```
model <- gam(y ~ s(x))
```

そのモデル曲線を描き，データ点の散布図を重ねて描く（図 7.18）．

```
plot(model, col="blue")
points(x, y - mean(y), pch=21, bg="red")
```

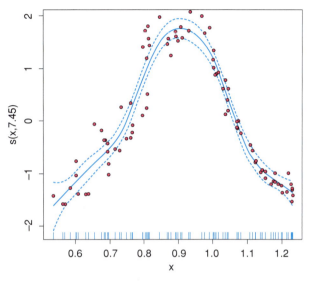

**図 7.18** 一般化加法モデルの当てはめ

$y$ 軸にはラベル `s(x,7.45)` とある．これは，青の実線で表された滑らかな関数（ノンパラメトリック円滑子による）が 7.45 相当の自由度（単回帰なら自由度 2，傾きと切片）で描かれたと解釈できる．この関数の信頼区間は破線で表される．$x$ 軸上には敷物プロット（p.78 を参照）も表示され，`x` 値がどの辺りに出現しているか見ることができる（図 7.18）．

いつものように行って，モデル要約が得られる．

```
summary(model)
Family: gaussian
Link function: identity

Formula:
y ~ s(x)

Parametric coefficients:
            Estimate Std. Error t value Pr(>|t|)
(Intercept)  1.95737    0.03446    56.8   <2e-16 ***

Approximate significance of smooth terms:
       edf Est.rank     F p-value
s(x) 7.452    9.000 110.0  <2e-16 ***
```

```
R-sq.(adj) =  0.919    Deviance explained = 92.6%
GCV score = 0.1156    Scale est. = 0.1045    n = 88
```

これは y と x との間には山型の関係があることの強い有意性を示している（平滑項 s(x) の $p$ 値は 0.0000001 よりも小さい）．y のもつ変動の 91.9% は適合曲線で説明される（$r^2 = 0.919$）．切片 1.95937 は y の平均値そのものである．

強い山型の関係の存在により，線形モデル lm(y~x) では 2 変数間の有意性が生じない（$p$ 値 = 0.346）．これは，統計解析から結論を得る前には必ずデータをプロットしてみるべきである，という実例である．この解析において，線形モデルから出発していたならば，何も起こってはいないと結論して，重要な特徴を見逃していたかもしれない．事実，何らかの非常に有意なことが起こっていて，それが線形な関係というよりは山型の関係を生み出しているのである．

## 影響

適合を邪魔する最大原因の 1 つが，データの中の外れ値の存在である．ではあるが，ある標本点が外れ値に見えたとしても，それはデータに何か不具合があるせいではなく，単にモデルの選択ミスのせいなのかもしれない．

次の円状に並べられる，x と y の間に完璧にどのような関係も考えられないデータを例にとる．

```
x <- c(2, 3, 3, 3, 4)
y <- c(2, 2, 3, 1, 2)
```

2 つのグラフを横に並べて描きたい．また，両方の各座標の表示範囲は同じにしておく．

```
windows(7, 4)
par(mfrow = c(1, 2))
plot(x, y, xlim = c(0, 8), ylim = c(0, 8))
```

明らかに本来のデータには，x と y の間の関係は存在しない（図 7.19 左）．では，c 関数を用いて外れ値 (7, 6) を追加するとどうなるだろう．

```
x1 <- c(x, 7)
y1 <- c(y, 6)
plot(x1, y1, xlim = c(0, 8), ylim = c(0, 8))
abline(lm(y1 ~ x1), col = "blue")
```

y 値の x 値への有意な回帰が存在することになった（図 7.19 右）．この外れ値は高度に影響をもっているといわれる．

# 一般化加法モデル

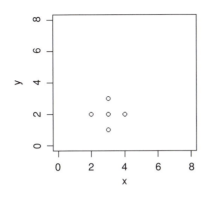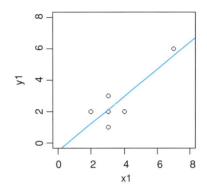

図 **7.19** 外れ値の影響

影響点の存在を検査することは，統計的モデル化において重要な仕事である．これは残差を解析しても難しい．というのも，それらは強い影響度をもつので，回帰直線の近くに現れることになるからである．

与えられた標本点 $(x_i, y_i)$ のてこ比は $(x_i - \bar{x})^2$ に比例するように測られる．最も良く利用されるてこ比は

$$h_i = \frac{1}{n} + \frac{(x_i - \bar{x})^2}{\sum_{j=1}^{n}(x_j - \bar{x})^2}$$

であり，分母にあるのは $SSX$ である．経験則では，

$$h_i > \frac{2p}{n}$$

であるとき，その標本点は高い影響力をもつとされる．ただし，$p$ は母数の個数である．

与えられたモデルでの影響力をもつ点に焦点を当てる `influence.measures` という役に立つ関数が存在する．

```
reg <- lm(y1 ~ x1)
influence.measures(reg)
Influence measures of
        lm(formula = y1 ~ x1) :

  dfb.1_   dfb.x1  dffit  cov.r  cook.d    hat  inf
1  0.687  -0.5287  0.7326 1.529 0.26791 0.348
2 -0.031   0.0165 -0.0429 2.199 0.00122 0.196
3  0.382  -0.2036  0.5290 1.155 0.13485 0.196
4 -0.496   0.2645 -0.6871 0.815 0.19111 0.196
5 -0.105  -0.1052 -0.5156 1.066 0.12472 0.174
6 -3.023   4.1703  4.6251 4.679 7.62791 0.891    *
```

6番目の点にアスタリスクを打ち，その高い影響力に注目させる．

**発展**

Cook, R. D. and Weisberg, S. (1982) *Residuals and Influence in Regression*, Chapman & Hall, New York.

Hastie, T. and Tibshirani, R. (1990) *Generalized Additive Models*, Chapman & Hall, London.

Wetherill, G.B., Duncombe, P., Kenward, M. *et al.* (1986) *Regression Analysis with Applications*, Chapman & Hall, London.

# 第8章

# 分散分析

　分散分析（analysis of variance, ANOVA）は，説明変数がすべてカテゴリカル型のときに用いられる手法である．説明変数は**要因**（**factor**）と呼ばれ，各要因は2つ以上の**水準**（**level**）をもつ．1要因で，その水準が3以上のとき**1元配置分散分析**（**one-way analysis of variance**）と呼ばれる．1要因2水準の場合にはスチューデントの$t$検定が用いられる（p.102を参照）．2水準のときに，分散分析で得られる結果と$t$検定の結果は正確に同じである（このとき，$F = t^2$であることを思い出してほしい[1]）．2個以上の要因があるとき，その個数に応じて，2元配置分散分析や3元配置分散分析などを用いる．多元配置分散分析において，各水準で反復があるとき，その実験は**要因計画**（**factorial design**）と呼ばれる．このとき要因間の**交互作用**（**interaction**）を調べることができる．つまり，ある要因への応答が他の要因の水準に依存していないかを検定することができるのである．

## 1元配置分散分析

　困ったことに，分散分析は筋違いな計算をやっているように見える．このことが，正しく行われていることの明確な理解をしばしば妨げている．分散分析の目的はいくつかの平均を比較することにある．にもかかわらず，分散を比較するのである．一体，どうなっているのだろうか？

　何がなされているのか知りたいとき，その一番の方法は図を描きながらやってみることである．事を簡単にするために，ここでは2水準しかもたない1要因を考えてみよう．しかし，ここでの議論は任意個数の水準であっても成り立つはずである．2箇所の業務用レタス圃場で空中のオゾン濃度を1/100000000単位（pphm）で測定したとしよう（簡単のために，圃場A，圃場Bと呼ぶ）．

```
oneway <- read.csv("c:\\temp\\oneway.csv")
attach(oneway)
names(oneway)
[1] "ozone"   "garden"
```

　いつものように，データをプロットする．しかしここでは，$y$の値（オゾン濃度）をそれが測定された順序でプロットしておこう．

---

[1] $t$が自由度$k$の$t$分布に従うとき，$t^2$は分子の自由度1，分母の自由度$k$の$F$分布に従う．

```
plot(1:20, ozone, ylim=c(0, 8), ylab = "y", xlab = "order",
    pch=21, bg="red")
```

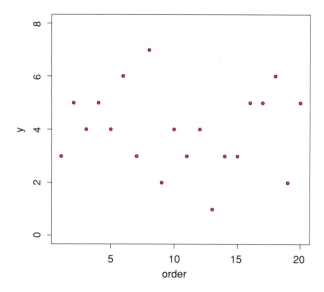

図 8.1　測定された順序でプロットしたオゾン濃度

かなり散らばっているので，$y$ の分散は大きそうである（図 8.1）．全分散の感触をつかむために，$y$ の平均を表す横線を描き，各 $y$ 値の平均からの残差を垂直の線分で表しておく（図 8.2）．

```
abline(h=mean(ozone), col = "blue")
for (i in 1:20) lines(c(i, i), c(mean(ozone), ozone[i]), col = "red")
```

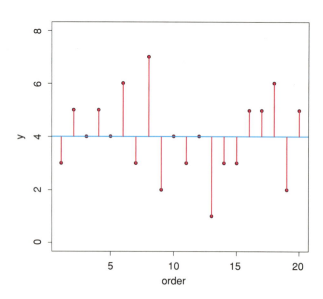

図 8.2　オゾン濃度の全平均からの残差

この全変動を**全平方和**（**total sum of squares, $SSY$**）と呼ぶ．ここでは，赤色の線分の長さの平方和である．正式には，次で与えられる．

$$SSY = \sum_{i=1}^{n}(y_i - \bar{y})^2$$

$y$ の分散を定義したときにすでにおなじみのものである（$s^2 = SSY/$[自由度], p.62 参照）[2]．

これからが分散分析を理解する上で重要なところである．$y$ の全平均を当てはめて，その全平均からの各データ点の離れ具合を見る代わりに，それぞれの処理での平均（ここでは，圃場 A の平均と圃場 B の平均）を当てはめて，各データ点が属する処理の平均からの離れ具合を見ることにしよう．異なる圃場は異なる色で表した方が分かりやすいので，圃場 A には黒丸（`col=1`），圃場 B には赤丸（`col=2`）を使うことにする．関数 `as.numeric` を用いる理由は，画面のプロット記号に色を付けたい（引数 `bg` で指定する）ので，要因の水準 A と B をそれぞれ 1 と 2 に変換したいからである．

```
plot(1:20, ozone, ylim = c(0, 8), ylab = "y", xlab = "order",
     pch = 21, bg = as.numeric(garden))
abline(h = mean(ozone[garden == "A"]))
abline(h = mean(ozone[garden == "B"]), col = "red")
```

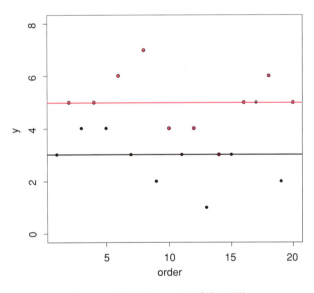

図 **8.3** 圃場ごとのオゾン濃度の平均

圃場 B（赤色）のオゾン濃度の平均の方が明らかにかなり高い（図 8.3 の水平線の比較）．分散分析の目的は，両圃場のオゾン濃度の母平均が等しいと仮定してその標本平均の差が有意に大きいのか，それともその違いは偶然に起こりうるものなのか，それを決定することにある．

---

[2] $SSY$ は 7 章で定義されたものと同じである．

次に，オゾン濃度の測定値とそれらが属する圃場の平均との差，つまり残差を描く．

```
index <- 1:length(ozone)
for (i in 1:length(index)) {
    if (garden[i] == "A")
        lines(c(index[i], index[i]),
              c(mean(ozone[garden == "A"]), ozone[i]))
    else lines(c(index[i], index[i]),
               c(mean(ozone[garden == "B"]), ozone[i]), col = "red")
}
```

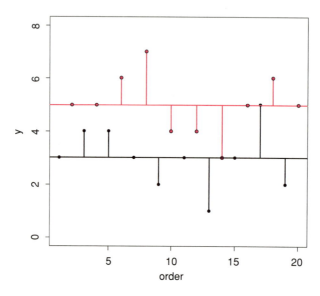

図 8.4　圃場ごとのオゾン濃度の残差

そこで質問である．2 つの圃場の平均が有意に異なっていないのなら，この図 8.4 の赤と黒の残差線分の長さと最初に描いた図 8.2 の赤の残差線分の長さとの間にどのような違いがでるのだろうか？ 少し考えると分かるだろうが，もしも母平均が等しいならば，図 8.3 の 2 つの水平線はほぼ一致すると期待できるので，残差の長さは図 8.2 と近くなるだろう．

議論はまだこれからである．では，オゾン濃度の平均が 2 つの圃場で**違っていたとしよう**．各処理平均から計算した残差線分（図 8.4 の赤と黒）は，全平均から計算した残差線分（図 8.2 の緑）よりも短くなるだろうか，長くなるだろうか？ **処理平均が異なっているならば，各処理平均から計算した残差線分の方が総じて短いことだろう**．

そうなのである．このことから分散分析はうまくいくのである．**平均が有意に異なっているときは，各処理平均から計算される平方和は全平均から計算される平方和よりも小さくなるだろう**．この理由により，2 つの平方和の違いの有意性が，分散分析を用いて判定できるのである．

分析は新しい平方和を定義することにより定式化される．つまり，$y$ 値とそれが属する処理

の平均との差の平方和を定義する．これを**誤差平方和**（error sum of squares, $SSE$）と呼ぶことにする（ここでの「誤差」には間違いという意味はない，「残差」という言葉の言い換えにすぎない）．ここでの例ならば，赤の垂直線分の長さの平方和と黒の垂直線分の長さの平方和，この2つの和で定義される．

$$SSE = \sum_{i=1}^{k} \sum_{j=1}^{n_i} (y_{ij} - \bar{y}_i)^2$$

ただし，要因には$k$水準あるとし，$n_i$は各水準に関係した反復数，$y_{ij}$は処理$i$を受けた（水準$i$の）$j$番目（$j = 1, 2, \ldots, n_i$）の応答変数，$\bar{y}_i$はその処理水準でのデータの平均である．要因の各水準での平均が計算され，それとの残差の平方を合計するのである．このように計算されたとすると，その$SSE$に付随する自由度はいくつになるのだろうか？ 簡単のために，今後$n_1 = \cdots = n_k = n$と仮定すると，各処理には$n$個（ここでは$n = 10$）の反復がある．また$k$個（ここでは$k = 2$）の水準が存在する．$SSE$を計算する前にデータから$k$個の母数を推定するので，それにより$k$個の自由度を失うに違いない．要因の$k$個の水準のどれもが$n$個の反復をもつので，全実験は$k \times n$個のデータ数になる（ここでは，$2 \times 10 = 20$）．ゆえに，$SSE$に付随する自由度は$k \times n - k = k(n-1)$になる．これを理解する別のやり方もある．各処理の中に$n$個の反復が与えられるので，各処理の誤差に対する自由度は$n-1$である（各処理平均を推定するのに自由度が1つ失われるので）．また，$k$個の処理があるので（要因に$k$水準ある），全実験では$k(n-1)$の自由度があることになる．

今，分散分析の「分析」の部分に来たところである．$y$の全平方和$SSY$は要素に分解（分析）される．変動の説明されない部分は誤差平方和$SSE$と呼ばれる．変動のうち，処理平均間の違いによって説明される部分は処理平方和と呼ばれ，伝統的に$SSA$と表記される．この理由は，2つの異なるカテゴリカル型の変数をもつ2元配置分散分析において，2番目の要因に関する処理平均間の違いによる平方和を表すのに$SSB$を用いるからである．3元配置ならば，3番目の要因に関する処理平均間の違いによる平方和を$SSC$と表すことになる．

それゆえに，分散分析は全平方和$SSY$をそれぞれに情報をもった要素に分解するという考え方に基づいている．

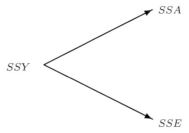

通常は，平方和のうちの1個を除いて他をすべて計算し，除いておいた平方和は$SSY$から他の平方和の値をすべて差し引くことによって求める．$SSE$の計算式はすでに分かっているので，$SSA$は差$SSA = SSY - SSE$で求められる．では$SSY$から始めよう．y値と全平均との差を平方して和を求める．

```
SSY <- sum((ozone - mean(ozone))^2)
SSY
[1] 44
```

ここでの問題は，「この 44 の内訳はいくらか，つまり圃場 A と圃場 B の平均の差に起因するもの（$SSA =$ [説明される変動]）はいくらで，標本誤差に相当するもの（$SSE =$ [説明されない変動]）はいくらか」というものである．ここでは，$SSE$ を計算する式はすでに分かっている．各圃場ごとに，その平均から別々に計算される残差の平方和である．圃場 A においては，

```
sum((ozone[garden == "A"] - mean(ozone[garden == "A"]))^2)
[1] 12
```

圃場 B では

```
sum((ozone[garden == "B"] - mean(ozone[garden == "B"]))^2)
[1] 12
```

誤差平方和はこれらの合計なので，$SSE = 12 + 12 = 24$ である．最後に，差をとり，次の処理平方和を得る．

$$SSA = 44 - 24 = 20$$

**表 8.1** 分散分析表

| 変動因 | 平方和 | 自由度 | 平均平方 | F 比 |
|---|---|---|---|---|
| 圃場 | 20.0 | 1 | 20.0 | 15.0 |
| 誤差 | 24.0 | 18 | $s^2 = 1.3333$ | |
| 合計 | 44.0 | 19 | | |

この時点で，分散分析表（p.140 参照）に書き込むことができる（表 8.1）．$F$ 比 15.0 が大きいのか小さいのか検定しなければならない．そのために，$F$ 分布の分位点関数 qf で求められる $F$ 比の棄却限界点と比較する．分子は自由度 1，分母は自由度 18 なので，95％の信頼度（$\alpha = 0.05$）で求めると

```
qf(0.95, 1, 18)
[1] 4.413873
```

**検定統計量** $F$ 比の計算値 15.0 は**棄却限界値** $F = 4.41$ よりもかなり大きいので，帰無仮説（母平均は等しい）を棄却し，対立仮説（2 つの母平均は有意に異なる）を採択する．ここでは，片側 $F$ 検定を用いる（qf 関数で 0.975 ではなく 0.95 を指定）．処理分散が誤差分散よりも大きいことにのみ興味があるからである．このやり方はかなり古風だと言ってよい．近年は**効果の大きさ**の推定値（この例では，平均間の差が効果の大きさであり，オゾン差 2.0 pphm である（p.63 を参照））を求め，平均差が実際は 0 であるときに，偶然のみによりそれ以上の差が起こりうる確率 $p$ 値を記述する．このためには，$F$ 分布の分位点関数ではなく分布関数 pf を用いる．

```
1 - pf(15.0, 1, 18)
[1] 0.001114539
```

2つの母平均が等しいときに，この観測値よりも極端なデータが得られる確率はおおよそ0.1%である．

結構な計算量であった．しかし，この全解析を **R** に命令するには，わずか1行で行える．

```
summary(aov(ozone ~ garden))
            Df Sum Sq Mean Sq F value  Pr(>F)
garden       1     20  20.000      15 0.00111 **
Residuals   18     24   1.333
```

第1列は $SSA$ や $SSE$ などの変動因を表す．このとき，**R** は全変動 $SSY$ に関する行は出力しない．第2列には自由度が来る．圃場には2水準（AとB）あるので，$2-1=1$ である．各圃場には10反復あるので，誤差の自由度は1圃場あたり $10-1=9$ となり，2圃場で $2 \times 9 = 18$ の自由度になる．第3列は平方和で，$SSA = 20$ と $SSE = 24$ である．第4列は平均平方（[平方和]/[自由度]）を与える．処理平均平方は20.0，誤差分散（誤差平均平方）$s^2$ は $24/18 = 1.3333$ である．$F$ 比は $20/1.333 = 15.0$ であり，2つの母平均が等しいとき誤差のみによりその値が（正確には，それよりも極端な値が）出現する確率は 0.001115 である（上で，手順に従って求めたものと一致する）．

最後に，モデルの前提，分散の均一性と誤差の正規性をグラフを用いて検査すれば終了である．

```
par(mfrow = c(2, 2))
plot(aov(ozone ~ garden))
par(mfrow = c(1, 1))
```

これで表示される図 8.5 の第1プロットでは，分散が2処理において同じであることが分かる（これが知りたかったことである）．2番目の正規 Q-Q プロットでは，それなりの直線性を示しているので（特に，この例では y は整数値なので），誤差の非正規性はそれほど問題にならないと確信できる．3番目は適合値に対して残差を別の尺度で表示している（再び，均一な分散である）．4番目は圃場ごとの標準化された残差を表示する．これらは，データ点 17, 8, 13, 14 が大きな残差もっていることに注意を促す[3]．

## 簡便な計算式

あまりありうることではないが，万が一にも電卓を用いて分散分析をやらなければならなくなったとしたら，$SSA$ を簡便に計算してくれる公式を知っていると便利である．上で1つひとつ手順に従って計算したときは，先に $SSE$ が分かっていたので，差をとって求めていた．定義通り $SSA$ を計算しようとするとき，理解しておくべきは，「処理和」についてである．処理和とは，要因の各水準での $y$ 値の和に他ならない．2つの圃場に対しては，

---

[3] 番号 13 は表示されていないが，図 8.4 から 13 番目の測定値であることがわかる．

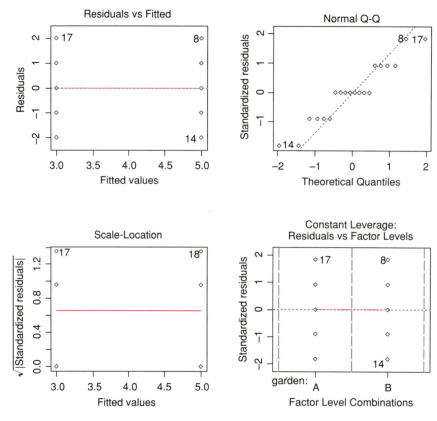

図 8.5 分散の均一性，誤差の正規性を見るためのプロット

```
cbind(ozone[garden == "A"], ozone[garden == "B"])
      [,1] [,2]
 [1,]   3    5
 [2,]   4    5
 [3,]   4    6
 [4,]   3    7
 [5,]   2    4
 [6,]   3    4
 [7,]   1    3
 [8,]   3    5
 [9,]   5    6
[10,]   2    5

tapply(ozone, garden, sum)
 A  B
30 50
```

圃場 A と圃場 B に対する処理和はそれぞれ 30 と 50 である．これらを $T_1$ と $T_2$ と名付けよう．すると，$SSA$ に対する簡便な計算式は次で与えられる[4]（Box 8.1）．

$$SSA = \frac{1}{n}\sum_{i=1}^{k} T_i^2 - \frac{1}{kn}\left(\sum_{i=1}^{k} T_i\right)^2$$

これを実際の値で計算して確かめてみよう．

$$SSA = \frac{30^2 + 50^2}{10} - \frac{80^2}{2 \times 10} = 340 - 320 = 20$$

確かに成り立っている．各水準での反復数が同じである分散分析においては，次が重要である．**部分和 $T_i$ の平方の和は常に各水準での反復数で割られる**ということである．少し面倒なようだが，実際は簡単である．ここでは，部分和 $T_1$ と $T_2$ を平方し，合計している．$T_1$ と $T_2$ は同じ 10 個の反復から計算されているので，つまり 10 で割ることになる．

---

**Box 8.1. 1 元配置分散分析における修正平方和**

全平方和 $SSY$ はデータ点 $y_{ij}$ と全平均 $\bar{y}$ との差の平方の和である．

$$SSY = \sum_{i=1}^{k}\sum_{j=1}^{n}(y_{ij} - \bar{y})^2$$

内側の和は，$k$ 個の各要因水準内での $n$ 個の反復についてのものである．外側の和は，各要因水準での部分和の総和である．誤差平方和 $SSE$ はデータ点 $y_{ij}$ とそれぞれの処理での平均 $\bar{y}_i$ との差の平方の和である．

$$SSE = \sum_{i=1}^{k}\sum_{j=1}^{n}(y_{ij} - \bar{y}_i)^2$$

処理平方和 $SSA$ はそれぞれの処理での平均 $\bar{y}_i$ と全平均 $\bar{y}$ との差の平方和である．

$$SSA = \sum_{i=1}^{k}\sum_{j=1}^{n}(\bar{y}_i - \bar{y})^2 = n\sum_{i=1}^{k}(\bar{y}_i - \bar{y})^2$$

括弧の中を 2 乗して和をとると

$$\sum_{i=1}^{k}\bar{y}_i^2 - 2\bar{y}\sum_{i=1}^{k}\bar{y}_i + k\bar{y}^2$$

$\bar{y}_i$ を $\frac{1}{n}T_i$ で置き換え（ここで $T_i$ は $k$ 個の処理のそれぞれでの部分和を表す），$\bar{y}$ を $\frac{1}{kn}\sum_{i=1}^{k}\sum_{j=1}^{n}y_{ij}$ で置き換えて次を得る．

---

[4] 各水準での反復数は同じ $n$ をとるとして公式は与えてある．また，ここでの例では $k = 2$ である．

$$\frac{1}{n^2}\sum_{i=1}^{k}T_i^2 - 2\frac{1}{kn^2}\sum_{i=1}^{k}\sum_{j=1}^{n}y_{ij}\sum_{i=1}^{k}T_i + k\frac{1}{k^2n^2}\left(\sum_{i=1}^{k}\sum_{j=1}^{n}y_{ij}\right)^2$$

$\sum_{i=1}^{k}T_i = \sum_{i=1}^{k}\sum_{j=1}^{n}y_{ij}$ なので，第2項と第3項にはどちらにも $\frac{1}{kn^2}\left(\sum_{i=1}^{k}\sum_{j=1}^{n}y_{ij}\right)^2$ が現れることに注意する．最後に $n$ を掛けて次を得る．

$$SSA = \frac{1}{n}\sum_{i=1}^{k}T_i^2 - \frac{1}{kn}\left(\sum_{i=1}^{k}\sum_{j=1}^{n}y_{ij}\right)^2 = \frac{1}{n}\sum_{i=1}^{k}T_i^2 - \frac{1}{kn}\left(\sum_{i=1}^{k}T_i\right)^2$$

$SSY = SSA + SSE$ の証明は，演習問題として適当である（ヒントは Box 7.5）．

## 処理効果の大きさ

ここまでは，`summary.aov` によって得られる分散分析表を用いて，仮説検定に焦点をあてて説明してきた．しかし，`summary.lm` を用いるとそれぞれの要因水準の効果を調べられるので，さらに情報が得られる．

`summary.lm(aov(ozone ~ garden))`

回帰においてこの出力を解釈するのは容易であった．各行が直感的に分かりやすい母数（つまり，切片と傾き）を表していたからである．分散分析において，同様の出力が明確に理解できるようになるには，少し経験を必要とする．

```
Coefficients:
            Estimate Std. Error t value Pr(>|t|)
(Intercept)   3.0000     0.3651   8.216 1.67e-07 ***
gardenB       2.0000     0.5164   3.873  0.00111 **

Residual standard error: 1.155 on 18 degrees of freedom
Multiple R-Squared: 0.4545,     Adjusted R-squared: 0.4242
F-statistic:    15 on 1 and 18 DF,  p-value: 0.001115
```

行には `(Intercept)` と `gardenB` とラベルが付けられている．しかし，母数の推定値 3.0 と 2.0 は実際は何を意味しているのだろうか？ 2行の標準誤差が異なっているのはなぜだろうか（0.3651 と 0.5164）？ 結局のところ，2つの圃場の分散は同じだったはずである（p.170 を参照）．

これらの疑問への答えを理解するには，ここでのように説明変数がカテゴリカル型であるとき，その説明変数に対する（回帰）式がどのように構成されるのか知らなければならない．前を思い出してみよう．線形回帰モデルは次のように書けるのであった．

$$\mathtt{lm(y \ \sim \ x)}$$

R はこれを次のような 2 母数の線形関係式であると解釈する．

$$y = a + bx$$

母数 $a$ と $b$ はデータから推定される．しかし，分散分析の場合はどうだろうか？ 説明変数 $x$ である garden は 2 つの水準 A と B をもっている．次の分散分析モデルは回帰モデルに実にそっくりなのである．

$$\mathtt{aov(y \ \sim \ x)}$$

しかし，これが意味する関係式は何なのだろうか？ まずは目で確かめてもらい，その後で理解してもらうことにしよう．

$$y = a + bx_1 + cx_2$$

これはまさに説明変数 $x_1$ と $x_2$ をもつ重回帰のようである．ここで理解すべきは，$x_1$ と $x_2$ が **$x$ と呼ばれる要因の水準を表している**，ということである．もしも garden が 4 水準の要因ならば，この式は 4 つの形式的な説明変数 $x_1, \ldots, x_4$ をもつことになるだろう．カテゴリカル型説明変数においては，それぞれの $y$ 値が関係している水準（$i$ 番目の水準とする）を表す変数 $x_i$ の値は 1，その他の水準を表す変数 $x_j\, (j \neq i)$ の値は 0 と定義される．相当に慣れないと，この説明は難しいと感じるかもしれない．ここでのデータフレームの最初の行について見てみよう．

garden[1]
[1] A

つまり，データフレームの最初のオゾン値は圃場 A からのものである．これは $x_1 = 1$ と $x_2 = 0$ を意味する．このとき，この最初の行に対する関係式は次のようになる．

$$y = a + b \times 1 + c \times 0 = a + b$$

第 2 行に対してはどうだろうか？

garden[2]
[1] B

この行は圃場 B からのものなので，$x_1 = 0$ であり，$x_2 = 1$ になる．そこで，その関係式は次のようになる．

$$y = a + b \times 0 + c \times 1 = a + c$$

これから母数 $a, b, c$ に関して何が言えるのだろうか？ 実験は 2 つの平均しか扱わないのに，

なぜ3つの母数をもつのだろうか？　分散分析の結果を `summary.lm` で出力したものを理解する上で，これらは非常に重要である．この3母数モデルを最も簡単に解釈するには，切片 $a$ を実験の全平均

```
mean(ozone)
[1] 4
```

と見なすことである．$a$ が全平均ならば，$a+b$ は圃場 A の平均になるはずである（上の式から分かるように）．同様に，$a+c$ は圃場 B の平均になるはずである．ではそうならば，$b$ は**圃場 A と全平均との差**でなければならない．また，$c$ は**圃場 B と全平均との差**でなければならない．ところで，R がデフォルトで採用する出力においては，`(Intercept)` は $a+b$（ここでは圃場 A の平均）を表し，他の母数は**平均間の差** $c-b=(a+c)-(a+b)$ を表している．これで，なぜ標準誤差が表の各行で異なっているのか理解できるようになる．`(Intercept)` の標準誤差はある平均の標準誤差（ここでは圃場 A の平均の標準誤差）

$$SE_{\bar{y}_A} = \sqrt{\frac{s_A^2}{n_A}}$$

なのである．次の行の標準誤差は2つの平均の差の標準誤差なので

$$SE_{\bar{y}_B-\bar{y}_A} = \sqrt{\frac{s_A^2}{n_A} + \frac{s_B^2}{n_B}}$$

これはさらに大きな値になる（この例では，各水準での標本数（反復数）と分散は等しいので，ちょうど $\sqrt{2}=1.4142$ 倍になる）．

3母数に関しては，$b=$ [圃場 A の平均オゾン濃度] $-4$，$c=$ [圃場 B の平均オゾン濃度] $-4$ になる．

```
mean(ozone[garden == "A"]) - mean(ozone)
[1] -1

mean(ozone[garden == "B"]) - mean(ozone)
[1] 1
```

この分散分析に対するモデルを母数で表現するために上で用いたやり方は，何の問題もなく合理的な手法である．しかし，無駄な母数を含んでいるというところが弱点である．実験は2つの平均（各圃場に1つずつ）しか含まないので，出力を3母数で表現しなければならない理由は何もない．3母数の1つは他の母数から求められるので，その母数は「別名表記」される，と言われる（p.18 を参照）．別名表記にはいろいろなやり方があり，対比についての第11章で詳細に説明することにする．ここでは，R のデフォルトの表記法を採用する．**処理対比**（**treatment contrast**）と呼ばれるそのやり方では，全平均 $a$ を出力せずに，きっちり2個の数値（$a+b$ と $c-b$）だけで表記する．処理対比においては，**アルファベット順で最初に来る要因水準の平均値が** `(Intercept)` **に等しい**．この平均と他の水準の平均との差が他の母数の推定値になる．

ここでの例では，圃場 A の平均が (Intercept) である．

```
mean(ozone[garden == "A"])
[1] 3
```

圃場 B と圃場 A との平均の差が 2 番目の値である．

```
mean(ozone[garden == "B"]) - mean(ozone[garden == "A"])
[1] 2
```

では，もう一度 summary.lm による表を見て，理解できるか確かめてみよう．

```
Coefficients:
            Estimate Std. Error t value Pr(>|t|)
(Intercept)   3.0000     0.3651   8.216 1.67e-07 ***
gardenB       2.0000     0.5164   3.873  0.00111 **
```

切片は 3.0 であり，これは圃場 A の平均である（要因水準名 A は水準名 B よりもアルファベットで先にあるからである）．gardenB に現れる数値は 2.0 である．これは圃場 B の平均オゾン濃度が圃場 A よりも 2 pphm だけ大きいということを意味している（符号がないときは「より大きい」ということを表す）．ゆえに，圃場 B の平均は $3.0 + 2.0 = 5.0$ と計算できる．実際は，このようにして平均を求めることはあまりない．代わりに，例えば tapply 関数などを用いる．

```
tapply(ozone, garden, mean)
A B
3 5
```

第 11 章でさらにこれらの問題を扱うことにしよう．

## 1 元配置分散分析を解釈するためのプロット

分散分析の結果をプロットする方法には伝統的に 2 通りある．

- 箱ヒゲ図
- 誤差棒を伴った棒グラフ

この 2 種類を比較するために，例で見てみよう．応答変数は植物成長 (biomass) であり，1 要因 5 水準での比較実験である．要因は clipping（剪定）と名付けられている．水準は対照（剪定無し）と 2 種類の長さでの枝剪定および 2 種類の長さでの根剪定である．

```
comp <- read.csv("c:\\temp\\competition.csv")
attach(comp)
names(comp)
[1] "biomass"  "clipping"
```

データは次のようである．

```
plot(clipping, biomass, xlab = "Competition treatment",
     ylab = "Biomass", col="lightgrey")
```

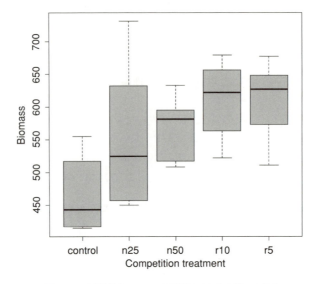

**図 8.6** 対照群と 4 つの処理群に対する箱ヒゲ図

箱ヒゲ図（図 8.6）は各処理内における変動の様子をうまく表示できている．また，どの処理においても歪みがあることもよく分かる（例えば，対照群においては，中央値と第 3 四分位点の間が，また中央値と第 1 四分位点との間よりも広くなっている）．ヒゲ以上に飛び越えた外れ値は見当たらないので，どの処理においても棒の上限と下限がデータの最大値と最小値である．また，4 つの処理群の中央値はすべて対照群の第 3 四分位点よりも大きくなっているので，対照群とは有意に異なっているだろうと思われる．しかし，処理群間においては，その差が有意であるとする心証は少ない（その解析は以下で行う）．

　誤差棒付きの棒グラフは多くの学術誌の編集者に好まれている．この方が簡単に仮説検定ができると考える人達も多い．実際そうなのか見てみることにしよう．S-Plus と違い，**R** には `error.bar` と呼ばれる組込み関数が存在していない．そこで，自分で作らなければならない．まずは `barplot` に関して，5 つの処理のそれぞれにおいて，`biomass` の平均を表すための棒の長さを計算しなければいけないが，そのためには `tapply` を用いるのが最も簡単なやり方である．

```
heights <- tapply(biomass, clipping, mean)
```

では，`barplot` を用いるが，後で追加する誤差棒の上端が表示できるように，$y$ 軸の表示幅を十分に広くとっておく．

```
barplot(heights, col = "lightblue", ylim = c(0, 700),
        ylab = "mean biomass", xlab = "competition treatment")
```

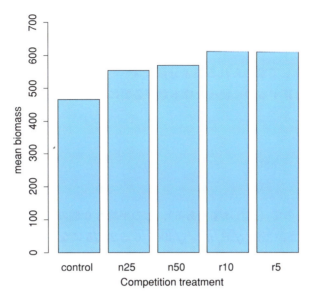

図 8.7　対照群と4つの処理群に対する棒グラフ

今のところこれに問題は無いが，各棒の推定された長さに関係する不確実性については何も教えてくれない．

ここでは，余計な警告など発することのない非常に単純なものを作ろう．S-Plus にあるかなり一般的な関数と区別するため，`error.bars` と名付ける．関数には2つの引数を渡す：棒の高さ $y$ と誤差棒の長さ $z$ である．

```
error.bars <- function(y, z) {
  x <- barplot(y, plot = F)
  n <- length(y)
  for (i in 1:n) arrows(x[i], y[i] - z, x[i], y[i] + z,
                  code = 3, angle = 90, length = 0.15)
}
```

2行目で，棒グラフを描くことなく（`plot=FALSE`）棒の中心の $x$ 座標を求め，次の行で，棒の個数を手に入れる（`n <- length(y)`，ここでの例では5である）．ここでの誤差棒を描くときのこつは，矢軸に対して直角（`angel=90`）な矢じりを矢軸の両端に付ける（`code=3`）という `arrows` 関数の使い方にある．デフォルトの矢じりの長さは少し不格好なので，0.15インチに縮めておく．`n` 個の誤差棒を1つずつ描くために `for` 文を用いる．

この関数を用いるには，誤差棒の長さの値 `z` に何を用いるか決める必要がある．ここでは，分散分析で得られる合算した誤差分散に基づいた，**平均の $1 \times$ [標準誤差]** を用いることにする．別の誤差棒を採用したときの賛否両論については後で議論しよう．まず1元配置分散分析を行う．

```
model <- aov(biomass ~ clipping)
summary(model)
            Df Sum Sq Mean Sq F value   Pr(>F)
clipping     4  85356   21339  4.3015 0.008752 **
Residuals   25 124020    4961
```

分散分析表から，合算して求められる誤差分散は $s^2 = 4961$ であることが分かる．ここで，5つの平均をそれぞれ計算するのに使った標本数が必要になる．

```
table(clipping)
clipping
control    n25    n50    r10     r5
      6      6      6      6      6
```

すべて等しい反復数なので（これは楽である），どの平均も 6 個のデータに基づき求められたことが分かり，平均の標準誤差は $\sqrt{s^2/n} = \sqrt{4961/6} = 28.75$ になる．どの平均にも上に 28.75，下にも同じ長さの誤差棒を描けばよい．そこで，どの棒にも 28.75 を設定する，5 つの値からなる z を作る．

```
se <- rep(28.75, 5)
```

これで誤差棒付きの棒グラフが生成できる（図 8.8）．

```
error.bars(heights, se)
```

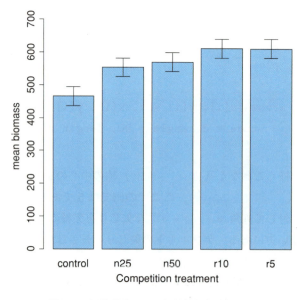

図 **8.8** 標準誤差による誤差棒付き棒グラフ

箱ヒゲ図が表示していた各処理群内の値の分布についての印象と同じものは得られないけれども，どの平均が有意に異なっているのかは明らかに見ることができる．ここでのように誤差棒の長さを $\pm 1 \times$ [標準誤差] に設定するとき，**その棒どうしに重なるところがあると，その 2 つの平均は有意には異なっていない**ということを意味する．$t$ 検定に関する慣習則によると，有意であるためには $2 \times$ [標準誤差] 以上離れている必要があった．棒どうしに重なるところがあると，平均間の距離は $2 \times$ [標準誤差] よりも小さいことを意味する．この図から明らかに，剪定された植物の平均のどれも（n25, n50, r10, r5）互いに有意に異なっているとは言えない（n25 の上端と r10 の下端と重なっている）．

ここには別の問題もある．平均を比較するのなら，2 平均の差の標準誤差を用いるべきであった（1 つの平均の標準誤差ではない，p.176 を参照）．とすると，ここに描いた棒よりも 1.4 倍長い棒でないといけない．それゆえに，剪定処理が互いに有意には異なっていないということは明らかであるが，対照群が他の処理群よりも有意に低い生産量しかもたないということを，このプロットから結論することはできない（誤差棒には平均間の差を検定するための正しい長さが設定してないからである）．

別の表示法として，平均の標準誤差の代わりに，誤差棒に 95% 信頼区間を用いる場合もある．これも簡単である．スチューデントの $t$ 分布による qt(0.975,25) = 2.059839 と標準誤差との積をとると，信頼区間を用いるときの z の値が得られる．

```
ci <- se * qt(0.975, 25)
barplot(heights, col = "lightblue", ylim = c(0, 700),
        ylab = "mean biomass", xlab = "competition treatment")
error.bars(heights, ci)
```

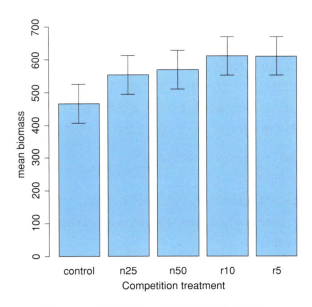

図 **8.9** 95%信頼区間による誤差棒付き棒グラフ

対照群の誤差棒と重なり合う誤差棒をもつ処理群が出てくる（図 8.9）．これは視覚的には，それらの平均間に有意な差がないことを意味している．しかし，分散分析の結果から，これは正しくないことをすでに知っている．すべての平均が同じであるという帰無仮説は $p$ 値 $= 0.00875$ で棄却されている．しかし，信頼区間を用いた誤差棒に重ならないところがあるようならば，平均が $4\times$[標準誤差][5] 以上離れていることを意味するので，$t$ 検定において母平均が有意に異なっているという結論に必要な差よりも相当に大きいことになる．ゆえに，これも完全とは言いがたい．標準誤差を用いると，誤差棒に重なるところがあるときに，母平均は有意には異なっていないと確信できる．一方，信頼区間を用いると，誤差棒に重なるところがないときに，平均は有意に異なっていると確信できる．どちらも，これら以外のときには，はっきりとしていない．棒が重ならないときは平均の差は有意，重なるときは有意でないというように，両者の長所を生かせないものだろうか？

もちろん，これに応えるものがある．LSD 棒を用いればよい（LSD は「最小有意差（least significant difference）」の頭文字である）．スチューデントの $t$ 値を求める式を思い出してみよう（p.102 を参照）．

$$t = \frac{[2\text{つの平均の差}]}{[\text{差の標準誤差}]} = \frac{\bar{y}_A - \bar{y}_B}{SE_{\bar{y}_A - \bar{y}_B}}$$

その差は $t$ 値 $> 2$ のとき有意になる（これは慣習則，もっと正確には $t > $ `qt(0.975,df)` のとき）．この式を書き換えて，有意であると見なせる最小の差を求めることができる．これを最小有意差と呼ぶ．

$$\text{LSD} = \texttt{qt(0.975, df)} \times [\text{差の標準誤差}] \approx 2 \times SE_{\bar{y}_A - \bar{y}_B}$$

ここでは，誤差の自由度は 25 なので LSD は次で求められる[6]．

```
qt(0.975, 25) * sqrt(2 * 4961/6)
[1] 83.75175
```

2 つの平均の差が 83.75 よりも大きくなれば，その差は有意であるということになる．これをグラフで表すにはどうしたらよいだろうか？ 誤差棒が互いに重なるときは 83.75 よりも小さな差を表したい．重ならないときは，83.75 よりも大きな差を表したい．少し考えれば，平均の上下に LSD/2 の長さで誤差棒を描けばよいと気づくだろう．今の例に適用すると，

```
lsd <- qt(0.975, 25) * sqrt(2 * 4961/6)
lsdbars <- rep(lsd, 5)/2
barplot(heights, col="lightblue", ylim=c(0,700),
        ylab="mean biomass", xlab="competition treatment")
error.bars(ybar, lsdbars)
```

---

[5] $4 \approx 2 \times \texttt{qt}(0.975, 25)$.
[6] 原著では自由度 10 となっているが，ここでは自由度 25 で以下の計算を行っている．

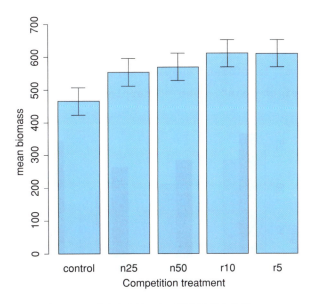

図 8.10　最小有意差による誤差棒付き棒グラフ

これで有意な差を視覚的に判断できるようになった（図 8.10）．対照群の成長量はどの処理群よりも有意に小さい．しかし，4 つの処理群はどれも互いに有意に異なってはいない．この対比の統計解析についてはさらに第 11 章で詳しく説明する．残念なことに，多くの学術誌編集者が $\pm 1 \times$ [標準誤差] の誤差棒を要求している．LSD 棒を利用するときの難しい問題も存在するが（特に，多重比較のややこしい問題に関しては，p.19 を参照），少なくとも誤差プロットで表したかったものを LSD/2 が実現していることは確かである（つまり，棒が重なれば非有意性を，重ならないときは有意性を意味している）．標準誤差でも信頼区間でもそれはできなかったことである．箱ヒゲ図に引数 `notch = T` を付けるという別のやり方も悪くはない．これでも有意性を表示できるからである（p.103 を参照）．

## 要因実験

要因実験（**factorial expeiment**）は 2 つ以上の要因をもち，どの要因も 2 つ以上の水準をもっている．また，要因水準の任意の組合せに対しても反復をもっている．これにより，**ある要因への応答が他の要因の水準に依存する**という統計的交互作用も調べられるようになる．ここで扱う例は動物飼料に関する農場実験からのものである．`diet`（飼料）と `supplement`（補助食品）という，2 つの要因を考える．`diet` は 3 水準をもつ．`barley`（大麦），`oats`（オート麦），`wheat`（小麦）である．`supplement` は 4 水準をもつ．`agrimore`, `control`, `supergain`, `supersupp` である．応答変数は `gain`（6 週間後の体重増加量）である．

```
weights <- read.csv("c:\\temp\\growth.csv")
attach(weights)
names(weights)
[1] "supplement" "diet"       "gain"
```

barplot を用いて，データを調べてみる．ただし，引数 beside = T を指定して，要因 supplement の各水準内で横並びに棒を並べて表示する[7]（後で誤差棒を追加したいので）．

```
barplot(tapply(gain, list(diet, supplement), mean), beside = T,
        ylab = "weight gain", xlab = "supplement")
```

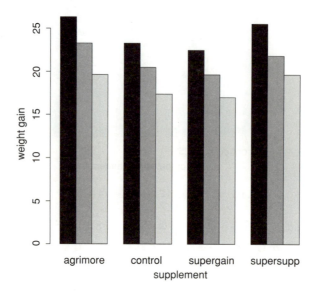

図 8.11　2 元配置分散分析データの棒グラフ

list の 2 番目の要因 supplement のもつ水準に関係する棒がまとめられてアルファベット順に左から右へ（agrimore から supersupp まで）並べて表示される．list の最初の要因 diet の 3 水準は，3 本の隣接した棒として表示される（supplement の水準ごとに）．画面上の棒は，barley は暗く，oats は中間的に，wheat は明るく描き，水準名のアルファベット順に並べられているはずである．飼料の水準を説明する凡例を追加すべきである．このとき，凡例内のラベルとして用いるために，diet のもつ名前を取り出すのに levels 関数を利用する．

```
labels <- levels(diet)
```

今まで色を用いてきたが，ここでは R の gray 関数による陰影を利用した方が簡単である．連続的に 0 ＝黒 から 1 ＝白 へ変化するので，ここでは 0.2, 0.6, 0.9 を用いよう．

```
shade <- c(0.2, 0.6, 0.9)
```

ちょっと工夫がいるのは，凡例を棒と重ならないようにするところである．R が legend を使って凡例を置くとき，その左上の角の座標を利用するということを知っている必要がある．つまり，右側と下側に適度な空白をもつような点を見つけなければならない．カーソルをその点に移動させクリックすると，R はその点の右下に凡例を描いてくれる．

---

[7] デフォルトでは，各水準内で値が累積された形式で表示される．

```
barplot(tapply(gain, list(diet, supplement), mean), beside = T,
        ylab = "weight gain", xlab = "supplement", ylim = c(0, 30))
legend(locator(1), legend=lables, fill=gray(shade))
```

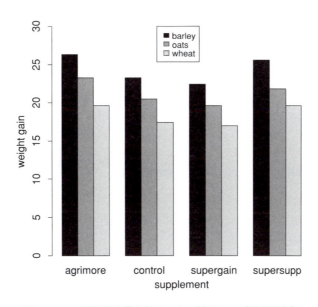

図 8.12 2元配置分散分析データの棒グラフ（凡例付き）

3種類の飼料には明らかに大きな違いが見られる．しかし，`supplement` の効果はあまり明らかではない．いつものように，`tapply` を用いて平均値を求める．

```
tapply(gain, list(diet, supplement), mean)
        agrimore  control supergain supersupp
barley  26.34848 23.29665  22.46612  25.57530
oats    23.29838 20.49366  19.66300  21.86023
wheat   19.63907 17.40552  17.01243  19.66834
```

分散分析を行うために `aov` または `lm` を利用する（どちらを選ぶかによって，`summary` のデフォルトによる出力が分散分析表になるか母数の推定値の表（係数表）になるかの違いが出る．表 1.2（p.21）を参照）．`diet` の各水準の主効果，`supplement` の各水準の主効果，`diet` と `supplement` との交互作用が推定される．交互作用の自由度は各要因のもつ自由度の積で求められる．つまり，$(3-1) \times (4-1) = 6$ である．モデル式は

```
gain ~ diet + supplement + diet:supplement
```

であるが，アスタリスク * を用いて次のように簡単に書くこともできる．

```
model <- aov(gain ~ diet * supplement)
summary(model)
```

```
                 Df Sum Sq Mean Sq F value   Pr(>F)
diet              2 287.17  143.59   83.52 3.00e-14 ***
supplement        3  91.88   30.63   17.82 2.95e-07 ***
diet:supplement   6   3.41    0.57    0.33    0.917
Residuals        36  61.89    1.72
```

分散分析表を見ると，2つの説明変数間に交互作用の兆候はない（$p$ 値 $= 0.917$）．明らかに，`diet` と `supplement` の効果は加法的であると考えてよく，共に強く有意である．誤差分散は $s^2 = 1.72$ であると分かるので，プロット画面に誤差棒を追加できる．標準誤差を表す誤差棒のためには，要因水準の組合せごとに反復数を求める必要がある．

```
tapply(gain, list(diet, supplement), length)
       agrimore control supergain supersupp
barley        4       4         4         4
oats          4       4         4         4
wheat         4       4         4         4
```

ゆえに，適切な標準誤差は $\sqrt{1.72/4} = 0.656$ である．以前作成した `error.bars` 関数は，グループ分けされた棒グラフには役に立たないので，そのコードを次のように少し修正する．

```
x <- as.vector(barplot(tapply(gain, list(diet, supplement), mean),
                  beside = T, ylim = c(0, 30),
                  xlab = "supplement", ylab = "weight gain"))
y <- as.vector(tapply(gain, list(diet, supplement), mean))
z <- rep(0.656, length(x))
for (i in 1:length(x)){
    arrows(x[i], y[i] - z[i], x[i], y[i] + z[i],
    length = 0.05, code = 3, angle = 90)
}
```

前のように，最も高い位置に描かれる誤差棒のために，$y$ 軸の上側に余裕をもたせる必要がある．関数 `as.vector` を用いるのは，`tapply` の表形式の出力をプロットに適切な形式に変換するためである．そして，凡例を付けるのを忘れないようにする (図 8.13)．

```
legend(locator(1), legend=labels, fill=gray(shade))
```

要因実験                                                                                                                     187

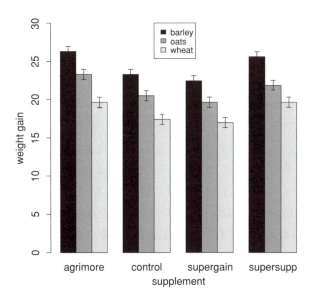

図 **8.13** 2 元配置分散分析データの棒グラフ（誤差棒，凡例付き）

分散分析表の欠点は，効果の大きさを表示しないところにある．2 つの要因のそれぞれで何個の水準が有意に異なっているのか教えてくれないのである．モデル単純化に利用するには，`summary.lm` の方が `summary.aov` よりも優れて便利なことが多い．

```
summary.lm(model)
Coefficients:
                                Estimate Std. Error t value Pr(>|t|)
(Intercept)                      26.3485     0.6556  40.191  < 2e-16 ***
dietoats                         -3.0501     0.9271  -3.290 0.002248 **
dietwheat                        -6.7094     0.9271  -7.237 1.61e-08 ***
supplementcontrol                -3.0518     0.9271  -3.292 0.002237 **
supplementsupergain              -3.8824     0.9271  -4.187 0.000174 ***
supplementsupersupp              -0.7732     0.9271  -0.834 0.409816
dietoats:supplementcontrol        0.2471     1.3112   0.188 0.851571
dietwheat:supplementcontrol       0.8183     1.3112   0.624 0.536512
dietoats:supplementsupergain      0.2470     1.3112   0.188 0.851652
dietwheat:supplementsupergain     1.2557     1.3112   0.958 0.344601
dietoats:supplementsupersupp     -0.6650     1.3112  -0.507 0.615135
dietwheat:supplementsupersupp     0.8024     1.3112   0.612 0.544381


Residual standard error: 1.311 on 36 degrees of freedom
Multiple R-Squared: 0.8607,     Adjusted R-squared: 0.8182
F-statistic: 20.22 on 11 and 36 DF,  p-value: 3.295e-12
```

このモデルはかなり複雑である．6個の主効果と6個の交互作用という12個もの母数の推定値をもっている（表の行数でも分かる）．出力から，交互作用のどれも有意ではないことがはっきりと分かる．また，最小十分モデルには5個の母数が必要だとも示唆している．`(Intercept)`，`oats`に関する差，`wheat`に関する差，`control`に関する差，`supergain`に関する差の5つである（これらの行には有意性を表す*が付いている）．デフォルトでの処理対比を用いたときの大きな欠点についても注意を促してくれる．表を注意深く眺めてみると，`supplement`の2つの水準`control`と`supergain`の主効果の推定値は互いに有意には異なっていないことが分かるだろう．頭の中で$t$検定を素早くできるようになるには少し訓練がいる．符号を無視し（どちらも同じ符号なので），3.05と3.88を比較して，差0.83を得る．次にそれらの標準誤差を見る（どちらも0.927）．その差0.83は，2つの平均の差の1×[標準誤差]程度でしかない．有意性のためには，おおよそ1×[標準誤差]必要である（慣習則では，$t \geq 2$ であれば有意である，p.93を参照）．各行に有意性を表す*が付けられるのは，処理対比が各行の主効果と`(Intercept)`の主効果とを比較しているからである（各要因においてその水準はアルファベット順で並べられるので，ここでは最初に来る`agrimore`と`barley`の主効果が`(Intercept)`に現れる）．ここでのように，いくつかの要因水準が`(Intercept)`のものと異なっているときは，それらが互いには異なっていなかったとしても，すべてに*が付けられる．有意に異なっている要因水準の数を決めようとして，*の付いた行の数を数え上げても役に立たないということを意味している．

では，交互作用を除いてモデルを単純化してみよう．

```
model <- aov(gain ~ diet + supplement)
summary.lm(model)
Coefficients:
                    Estimate Std. Error t value Pr(>|t|)
(Intercept)          26.1230     0.4408  59.258  < 2e-16 ***
dietoats             -3.0928     0.4408  -7.016 1.38e-08 ***
dietwheat            -5.9903     0.4408 -13.589  < 2e-16 ***
supplementcontrol    -2.6967     0.5090  -5.298 4.03e-06 ***
supplementsupergain  -3.3815     0.5090  -6.643 4.72e-08 ***
supplementsupersupp  -0.7274     0.5090  -1.429    0.160

Residual standard error: 1.247 on 42 degrees of freedom
Multiple R-Squared: 0.8531,     Adjusted R-squared: 0.8356
F-statistic: 48.76 on 5 and 42 DF,  p-value: < 2.2e-16
```

`diet`の3水準はすべて残す必要があるのは明らかである．`oats`と`wheat`は $5.99 - 3.10 = 2.89$ 異なっていて，標準誤差は0.44だからである（$t$値 $\gg 2$）．しかし，`supplement`に4水準のすべてが必要なのかは明確でない．`supersupp`は明らかに`agrimore`と異なっていない（差0.727に対して標準誤差0.509）．`supergain`と補助食品を与えられなかった`control`も明ら

かに異なっていない（3.38 − 2.70 = 0.68）．では，4 水準の supplement を新しく 2 水準の要因に置き換えて，その結果，モデルの説明力が減少するかどうか見てみよう．agrimore と supersupp は best に，control と supergain は worst に名前を付け替えよう．

```
supp2 <- supplement
levels(supp2)
```

```
[1] "agrimore"  "control"   "supergain" "supersupp"
```

```
levels(supp2)[c(1, 4)] <- "best"
levels(supp2)[c(2, 3)] <- "worst"
levels(supp2)
```

```
[1] "best"  "worst"
```

では，この簡単なモデルを当てはめて，2 つのモデルを比較してみよう．

```
model2 <- aov(gain ~ diet + supp2)
anova(model, model2)

Analysis of Variance Table
Model 1: gain ~ diet + supplement
Model 2: gain ~ diet + supp2
  Res.Df    RSS Df Sum of Sq      F Pr(>F)
1     42 65.296
2     44 71.284 -2   -5.9876 1.9257 0.1584
```

簡単なモデル model2 は 2 つの母数を節約でき，複雑なモデル model よりも有意には悪くなっていない（$p$ 値 = 0.1584）．これが最小十分モデルである．すべての母数は有意に，0 と異なっているし，互いに異なってもいる．

```
summary.lm(model2)

Coefficients:
            Estimate Std. Error t value Pr(>|t|)
(Intercept) 25.7593     0.3674  70.106   < 2e-16 ***
dietoats    -3.0928     0.4500  -6.873 1.76e-08 ***
dietwheat   -5.9903     0.4500 -13.311   < 2e-16 ***
supp2worst  -2.6754     0.3674  -7.281 4.43e-09 ***


Residual standard error: 1.273 on 44 degrees of freedom
Multiple R-Squared: 0.8396,     Adjusted R-squared: 0.8286
F-statistic: 76.76 on 3 and 44 DF,  p-value: < 2.2e-16
```

モデル単純化によって，最初の 12 母数モデルをかなり扱いやすい 4 母数モデルに縮小することができた．こちらの方が読者にははるかに理解しやすいだろう．最大の体重増加を目的とするならば，`barley` を飼料とし `agrimore` あるいは `supersupp` の補助食を与えるという組合せが示唆される．目的が体重増加ではなく，利益が目的変数であったなら，モデルの推奨する結果は違ったものになるかもしれない．なぜなら，経費は考慮されていなかったからである．

## 擬似反復：入れ子の計画と分割区画

モデル当てはめ関数 `aov` や `lme`[8] や `lmer` は複雑な誤差構造であっても扱えるようにできている．このような話題に関する解析は，この本の想定する範囲を超えている（解析例を見たければ，*The R Book*（Crawley, 2013）を参照するとよい）．しかし，それらをよく認識できれば擬似反復の落とし穴を避けることができる．一般的には次の 2 つが存在する．

- 入れ子になった標本収集：同じ個体を繰り返し測定する場合や，空間的にいくつかの異なる規模でなされる観測研究（要因のほとんどあるはすべてが**変量効果, random effect**）
- 分割区画をもつ解析：異なる処理（要因）に異なる大きさの区画が割り当てられて実行される実験計画（要因のほとんどが**固定効果, fixed effect**）

## 分割区画実験

**分割区画実験（split-plot experiment）**では，処理が異なるものには，規模の異なる区画が割り当てられ，その区画固有の誤差分散が設定される．今までは 1 つの誤差分散しか考えてこなかった（これまでに出てきた分散分析はすべてそうである）．異なる区画規模とそれと同じ個数の異なる誤差分散があることになる．解析結果は，各区画規模ごとに 1 つの分散分析がそれぞれ対応し，上から下へ並ぶという形で表される．1 番上には最少の反復をもつ最大の区画規模が来て，一番下には最多の反復をもつ最小の区画規模が来るという階層性をもつ．

ここでの例は，穀物収穫量に関する野外実験計画である．これには，`irrigation`（散水），`density`（種蒔きの密度），`fertilizer`（肥料）の 3 つの要因がある．`irrigation` は `irrigated`（散水有），`control`（無）の 2 水準，`density` は `low`, `medium`, `high` の 3 水準，`fertilizer` は `N`（窒素），`P`（リン），`NP`（両方）の 3 水準をもつ．

```
yields <- read.csv("c:\\temp\\splityield.csv")
attach(yields)
names(yields)
[1] "yield"     "block"     "irrigation" "density"    "fertilizer"
```

最も大きな区画は 4 つの畑（`block`）であり，そのそれぞれが 2 つに分けられ，2 つのうちのどちらかが無作為に選ばれ散水される．この 2 段階目の区画はさらに 3 つに分けられ，無作為に選ばれた密度（`low, medium, high`）でそれぞれに種が蒔かれる（`block` および散水水準とは

---

[8] **L**inear **M**ixed **E**ffects Model

独立に）．最後に，各密度区画も 3 つに分けられ，さらに無作為に選ばれた肥料（`N`, `P`, `NP`）がそれぞれにほどこされる．モデル式は，各要因と `*` を使って表現できる．誤差構造は `Error()` 項で定義できる．区画規模が大きいものから小さいものへ，左から右へと `/` で各要因を区切って表す．最小の区画規模である `fertilizer` は，`Error()` 項の中に書き込む必要はない．

```
model <- aov(yield ~ irrigation * density * fertilizer
                    + Error(block/irrigation/density))
summary(model)
Error: block
          Df Sum Sq Mean Sq F value Pr(>F)
Residuals  3  194.4   64.81

Error: block:irrigation
           Df Sum Sq Mean Sq F value Pr(>F)
irrigation  1   8278    8278   17.59 0.0247 *
Residuals   3   1412     471

Error: block:irrigation:density
                  Df Sum Sq Mean Sq F value Pr(>F)
density            2   1758   879.2   3.784 0.0532 .
irrigation:density 2   2747  1373.5   5.912 0.0163 *
Residuals         12   2788   232.3

Error: Within
                             Df Sum Sq Mean Sq F value   Pr(>F)
fertilizer                    2 1977.4   988.7  11.449 0.000142 ***
irrigation:fertilizer         2  953.4   476.7   5.520 0.008108 **
density:fertilizer            4  304.9    76.2   0.883 0.484053
irrigation:density:fertilizer 4  234.7    58.7   0.680 0.610667
Residuals                    36 3108.8    86.4
```

各区画規模に対応して 1 つずつ 4 つの分散分析表が見てとれる．4 個の `block` が最大の区画で，それぞれが 2 分割され，`irrigation`（2 水準）の処理が割り当てられる．$4 \times 2 = 8$ 区画それぞれが 3 分割され，`density`（3 水準）の処理が割り当てられる．さらに，$4 \times 2 \times 3 = 24$ 区画それぞれが 3 分割され，`fertilizer`（3 水準）の処理が割り当てられる．`density` の主効果は有意ではないが（$p$ 値 $= 0.053$），そのことで `density` が重要でないとなるわけではない．`density` と `irrigation` が有意な交互作用をもつからである（`irrigation` の 2 つの水準について平均をとると，`density` 項が有意でなくなるのである，図 8.15）．有意な交互作用をもつ 2 つの項は `interaction.plot` を用いて表示すると最も良く理解できる．

```
interaction.plot(fertilizer, irrigation, yield)
```

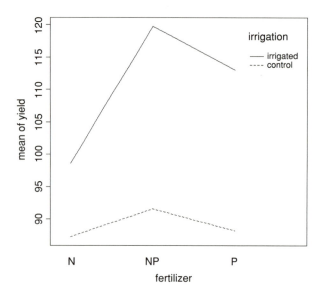

図 8.14　`irrigation` と `firtilizer` の交互作用

肥料 N の場合よりも，肥料 P の場合の方が散水（`irrigation`）による収穫量増加に貢献している（図 8.14）．`irrigation` と `density` の交互作用はさらに込み入っている．

```
interaction.plot(density, irrigation, yield)
```

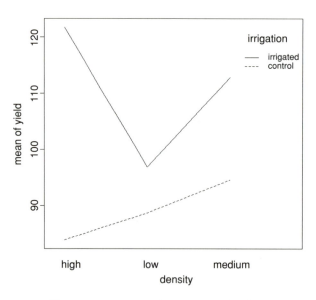

図 8.15　`irrigation` と `density` の交互作用

散水した区画では，`density` が `low` 水準であるとき収穫量は最少である．一方，散水しなかった区画では，`density` が `high` 水準であるとき収穫量は最少である（図 8.15）．

## 変量効果と入れ子の計画

混合効果モデル（**mixed effects model**）は，説明変数に固定効果と変量効果が混在するためにそのように呼ばれる．

- 固定効果は応答変数 $y$ の**平均**のみに影響を与える
- 変量効果は応答変数 $y$ の**分散**のみに影響を与える

変量効果は，いろいろな効果からなる母集団からの標本と考えるべきであり，そのような母集団の存在を仮定している．**変量効果**は，推定されるというよりは**予測される**という．固定効果がデータから**推定される**のに対して，変量効果が標本抽出されるその母集団について予測しようとするのである．固定効果はデータから推定されるべき未知の定数であるが，変量効果は応答変数の分散・共分散構造を決定する．固定効果は，実験者の管理の下で適用される処理であることが多い．一方，変量効果は，一般的にその母数そのものには興味はなく，それらが説明してくれる分散にのみ興味があり，このような事実により特徴づけられるカテゴリカル型あるいは連続型の変数である．

時間的あるいは空間的な群別を表すような説明変数が存在する．このとき，同じ群からの変量効果には互いに相関があるので，標準的な統計モデルがもつ基本仮定の1つである誤差の独立性に反することになる．混合効果モデルは，データの群別により持ち込まれる共分散構造をモデル化することにより**誤差の非独立性**をうまく処理する．変量効果モデルを仮定するときの大きな利点は，要因水準が増加することにより消費されてしまう自由度を節約するところにある．すべての要因水準1つひとつの平均を推定する代わりに，変量効果モデルはその平均の分布を推定する（通常は，要因水準の平均の差の標準偏差を）．混合効果モデルは特に，時間的な擬似反復（繰返し測定）や空間的な擬似反復（例えば，入れ子の計画や分割区画実験など）に対して有効である．これらのモデルは次のようなものに対して使われる．

- 隣接しているものどうしがもつ空間的な自己相関
- 同じ個体を繰返し測定したときの時間的な自己相関
- 野外実験におけるブロック間の平均応答の差異
- 繰返し測定を伴う医学的な試験における被験者間の差異

要するに，カテゴリカル型の変量要因のもつ個々の水準の母数を推定して貴重な自由度を無駄に使ってしまいたくないのである．他方では，手に入れたすべての測定値を利用したいのであるが，しかし擬似反復が存在するので，次の挙げるものも考慮に入れたいのである．

- 相関構造：時間的あるいは空間的相互依存による群内相関を伴うモデルに対して用いられる．**相関**を利用する
- 分散関数：群内誤差間の非均一的な分散をモデル化するのに用いられる．**重み**を利用する

## 固定効果それとも変量効果？

かなり経験を積まないと，カテゴリカル型説明変数を固定効果として扱う場合と変量効果として扱う場合の判断は難しい．いくつかの指針ならば与えることもできる．

- 効果の大きさに興味があるか？そうならば固定効果
- 要因水準の背後に水準の母集団を仮定することは妥当か？そうならば変量効果
- 効果からなる母集団の分散を推定するのに利用できるような要因水準が十分にデータフレームに存在するか？そうでなければ固定効果
- 要因水準はその要因に対する意味をもったものか？そうならば固定効果
- 要因水準は数値的なラベルにすぎないか？そうならば変量効果
- データフレームの中にある効果の無作為標本に基づいて，効果の分布について推測することに主たる興味があるか？そうならば変量効果
- 階層的構造をもつか？そうならば，データが実験的なものか観測的なものかに依存する
- 実験の取り扱いにより要因水準が決まるような階層的実験か？そうならば，分割区画計画の固定効果（p.190 を参照）
- 階層的な観察研究か？そうならば，たぶん分散成分分析（p.200 を参照）の変量効果
- モデルが固定効果も変量効果も含んでいるならば，混合効果モデルを用いる
- モデル構造が線形ならば，線形混合効果モデル lmer を用いる
- さもなければ，モデル関係式を指定し，非線形混合効果モデル nlme を用いる

## 擬似反復の除去

データセットの擬似反復に対する最も極端な対応は，それを単純に消去することである．空間的な擬似反復は平均をとればよい．時間的な擬似反復は各時間ごとに，別々の分散分析を実行すればよい．しかし，このやり方には大きな 2 つの欠点がある．

- 応答変数の平均的な特徴（例えば，連続する観測時点間の成長率の差）が経時的に変化するとき，それに関係する処理効果についての問題を解決できない
- 別々に行われた解析での推測は独立ではないので，どのようにそれらを組み合わせたらよいのか常に明らかであるとは限らない

## 経時データの解析

経時データの重要な特徴は，同じ個体が時間をかけて繰り返して測定されるという点にある．そのデータを無批判的に回帰や分散分析で解析すると，時間的な擬似反復を扱うことになる．1 個体についての観測値の集合は正の相関をもつ傾向があるだろうから，解析を行うときにはその相関を考慮に入れなければならない．別の選択肢としては，ある 1 時点でのみ集めたデータにおいて，それぞれの個体を単数データ点として扱うような横断的調査というものもある．しかし，経時データの利点は，**集団効果（cohort effect）**から**年齢効果（age effect）**を分離で

きるというところにある．この2効果は横断的調査においては分かちがたく交絡している．異なる時点で観測を始めた集団（コホート）は異なる条件下にあると考えられる場合は特に重要である．ゆえに，同じ年齢でも異なる集団に属する個体は違っているだろうと推測される．経時調査では次の2つの極端な場合が起こりうる．

- 大量の個体についての少量の測定値
- 少量の個体についての大量の測定値

前者では，個体の変化を捉える正確なモデルを当てはめるのは難しいが，処理効果を効率的に調べることは易しい．後者では，経時的な個体変化を表す正確なモデルを作れるだろうが，処理効果の有意性を検出するのは難しくなるだろう．個体間の変動が大きいときは特にそうなるだろう．前者では，相関構造を推定しようとすることはあまりなく，後者では，その相関構造こそが興味の対象になる．目的には次のようなものがあるだろう．

- 調査過程において経時的に変化する平均の推定
- 調査過程における個体間の差異の程度の特徴付け
- 集団効果も含めて，上の2つに関連した要因の特定

応答変数は，個体についての1個の測定値ではない．個体についての**測定値列**である．このおかげで年齢効果と経時年数効果効果を区別できることになるのである（詳細については，Diggle *et al.* (1994) を参照）．

## 要約変数の分析

　繰返し測定値を一連の要約統計量（傾き，切片，平均など）に縮約して擬似反復を取り除き，通常のパラメトリックな手法（分散分析や回帰など）によりその**要約統計量を解析**しよう，というのがここでの趣旨である．時間の経過に伴って説明変数も変化するような場合には，この手法はあまり効果的でない．要約変数分析は，時間の経過にかかわらず科学的に意味のある非線形モデルの母数が設定できるとき，最も効果的なものになる．しかし，理論的な観点からの最良のモデルが統計的な観点からの最良のモデルになるとは限らない．

　偶然変動には質的に異なる3つの原因が存在する．

- **変量効果**：実験個体が異なるので（例えば，遺伝子型，履歴，大きさ，生理的な条件などにおいて），本質的に強い反応を示すものやそうでないものが存在する
- **系列相関**：1個体内で時間に依存する確率的な変動があるかもしれない（例えば，市場動向，生理機能，生態遷移，免疫機能など）．そのため，同じ個体についての2つの測定値のもつ相関はそれらの時間的隔たりに依存する．相関は時間の経過に伴って弱くなる．
- **測定法に起因する誤差**：測定法そのものがある種の相関を持ち込むかもしれない（非常に近くで採取された標本には共通の測定法が使われ，後に採取された標本には別の測定法が使われるかもしれない）．

## 擬似反復の取り扱い

　変量効果に関して言えば，平均を推定したり平均間の差の有意性を評価することよりも，ある与えられた要因に応答変数の変動がどれくらい依存しているのかという疑問に興味があることが多い．この手法は**分散成分分析**（**variance component analysis**, **VCA**）（p.200 を参照）と呼ばれている．

```
rats <- read.csv("c:\\temp\\rats.csv")
attach(rats)
names(rats)
[1] "Glycogen"  "Treatment"  "Rat"        "Liver"
```

　スネデッカー・コクランの *Statistical Methods* (1980) からとってきた，古典的とも言える擬似反復の例について見てみよう．3 つの実験処理がネズミにほどこされ，ネズミの肝臓のグリコーゲン量が応答変数として解析された．設定は次のとおりである．1 処理あたり 2 匹のネズミを使い，全標本数は $n = 2 \times 3 = 6$ である．しかし，少し変った処置が行われた．どのネズミも殺された後，その肝臓は左片，中心片，右片へと 3 つに分割された．6 匹のネズミのそれぞれに 3 片あるので，合計 $3 \times 6 = 18$ 片あることになる．さらに，測定機器による誤差を評価するために，肝臓片のそれぞれから 2 つの試料がとられた．この時点で，合計 $2 \times 18 = 36$ 個の要素がデータフレームにあることになる．要因の水準は数値で与えられているので，まず最初に説明変数はカテゴリカル型であると宣言しておく必要がある．

```
Treatment <- factor(Treatment)
Rat <- factor(Rat)
Liver <- factor(Liver)
```

　間違った解析をまずやってみよう．

```
model <- aov(Glycogen ~ Treatment)
summary(model)
            Df  Sum Sq  Mean Sq  F value    Pr(>F)
Treatment    2    1558    778.8     14.5  3.03e-05 ***
Residuals   33    1773     53.7
```

処理は肝臓のグリコーゲン量に非常に有意な効果をもっている（$p$ 値 $= 0.00003$）．しかし，これは正しくない．擬似反復の典型的な過ちを犯している．分散分析表の残差の行を見てほしい．そこには自由度 33 とある．全体で 6 匹のネズミしか使わなかったのだから，誤差のもつ自由度は $6 - 1 - 2 = 3$ であるべきである（33 ではない）！

　次に，擬似反復を平均したものについて，正しい分散分析を行ってみよう．まず，36 個のデータ点をもつデータフレームを 6 個に縮小する．1 匹のネズミに 1 個の平均である．

```
yv <- tapply(Glycogen, list(Treatment, Rat), mean)
yv
```

```
          1         2
1 132.5000  148.5000
2 149.6667  152.3333
3 134.3333  136.0000
```

このオブジェクトをベクトルに変換して，新しい応答変数にする．

```
(yv <- as.vector(yv))
[1] 132.5000 149.6667 134.3333 148.5000 152.3333 136.0000
```

`tapply` の出力の 1 列と 2 列は反復されたネズミ，1 行，2 行，3 行は処理（対照，補助食品，補助食品＋砂糖）を表している．これと比較すると，`yv` の値は列優先で並べられていることが分かる．そのため，その処理を正しく表す長さ 6 の要因 1, 2, 3 の次にまた 1, 2, 3（ここはしっかりと理解してほしい）を準備する必要がある．

```
treatment <- factor(c(1, 2, 3, 1, 2, 3))
```

では，擬似反復を含まないモデルを当てはめよう．

```
model <- aov(yv ~ treatment)
summary(model)
            Df Sum Sq Mean Sq F value Pr(>F)
treatment    2  259.6  129.80   2.929  0.197
Residuals    3  132.9   44.31
```

見て分かるように，誤差の自由度は正しいものになり（d.f. = 3 であり 33 ではない），解釈もまったく異なったものになる．3 つの実験処理の下での肝臓グリコーゲンには有意な差は見られない（$p$ 値 = 0.197）．

R で適切に解析を行うには 2 つのやり方がある．多重誤差項を含む分散分析（`aov`）と線形混合効果モデル（`lmer`）である．問題は，同じ肝臓からの小片が擬似反復になっているという点にある．それらは空間的に相関をもつからである（同じネズミからのものである）．真の反復であるためには独立でなければならないが，そうはなっていない．同様に，同じ肝臓片からの 2 つの試料も非常に高い相関をもっている（肝臓片は 2 標本がとられる前に同じ処置を受け，本質的には同じ標本であると考えられるので，実験処理の独立な反復でないことは明らかである）．

多重誤差項をもつ `aov` を用いた正しい解析は次のとおりである．誤差項に関して言えば，1 番大きな誤差として処理があり，次に処理内のネズミの誤差があり，処理内のさらにネズミ内の肝臓片がもつ誤差がある．最後に，各肝臓片内での 2 つの試料の測定に関わる誤差がある（Box 8.2 を参照）．

```
model2 <- aov(Glycogen ~ Treatment + Error(Treatment/Rat/Liver))
summary(model2)
```

```
Error: Treatment
          Df Sum Sq Mean Sq
Treatment  2   1558   778.8

Error: Treatment:Rat
          Df Sum Sq Mean Sq F value Pr(>F)
Residuals  3  797.7   265.9

Error: Treatment:Rat:Liver
          Df Sum Sq Mean Sq F value Pr(>F)
Residuals 12    594    49.5

Error: Within
          Df Sum Sq Mean Sq F value Pr(>F)
Residuals 18    381   21.17
```

この出力を基に，擬似反復を含まない正しい分散分析を導くことができる．$F$ 検定は処理分散 778.8 をすぐ下に書かれている**一番大きな誤差分散**（処理内のネズミの誤差）で割ったものを使う．つまり，検定統計量は $F = 778.8/265.9 = 2.928921$ となり，有意ではない（p.196 の間違った解析結果と比較せよ）．**R** の最新バージョンでは，$F$ 値や $p$ 値を出力してくれないが，$F$ 検定の棄却限界値は次のとおりである．

```
> qf(0.95, 2, 3)
[1] 9.552094
```

---

**Box 8.2. 階層計画における平方和**

ここでの平方和を理解するには，入れ子構造の説明変数（変量効果）に対して部分和の平方和から差し引かれる修正項が通常の $\frac{1}{kn}\left(\sum_{i=1}^{k}\sum_{j=1}^{n} y_{ij}\right)^2$ ではないことを認識することが重要である．ここでは，修正項は注目している要因のすぐ上の階層における修正されていない平方和になる．多くの実計算をやらないと理解しづらい．全平方和 $SSY$ と処理平方和 $SSA$ は通常のやり方で計算される（Box 8.1 を参照）．

$$SSY = \sum_{i=1}^{k}\sum_{j=1}^{n} y_{ij}^2 - \frac{1}{kn}\left(\sum_{i=1}^{k}\sum_{j=1}^{n} y_{ij}\right)^2$$

$$SSA = \frac{1}{n}\sum_{i=1}^{k} T_i^2 - \frac{1}{kn}\left(\sum_{i=1}^{k}\sum_{j=1}^{n} y_{ij}\right)^2$$

擬似反復の取り扱い

この計算を理解するには，例を通して行うのがよいかもしれない．ネズミのデータでは処理和は 12 個の数値に基づく（$J = 2$ 匹のネズミ，ネズミ 1 匹あたり $K = 3$ 個の肝臓の切断片，切断片 1 個あたり $L = 2$ 種の試料）．この場合，上の $SSA$ の式において $n = 12$, $kn = 36$ である．処理群のネズミに対する平方和 $SS_{\text{Rats}}$, 処理群のネズミ内の肝臓片の平方和 $SS_{\text{Liverbits}}$, 肝臓片の試料の平方和 $SS_{\text{Preparations}}$ を計算する必要がある．

ここでは，処理 $i$, ネズミ $j$, 切断片 $k$, 試料 $l$ でのグリコーゲン量を $y_{ijkl}$, $1 \leq i \leq I$, $1 \leq j \leq J$, $1 \leq k \leq K$, $1 \leq l \leq L$ とする．

$$SSY = \sum_{i=1}^{I}\sum_{j=1}^{J}\sum_{k=1}^{K}\sum_{l=1}^{L}(y_{ijkl} - \bar{y}_{....})^2$$

$$= \sum_{i=1}^{I}\sum_{j=1}^{J}\sum_{k=1}^{K}\sum_{l=1}^{L} y_{ijkl}^2 - \frac{1}{IJKL}T_{....}^2$$

$$SSA = \sum_{i=1}^{I}\sum_{j=1}^{J}\sum_{k=1}^{K}\sum_{l=1}^{L}(\bar{y}_{i...} - \bar{y}_{....})^2$$

$$= \frac{1}{JKL}\sum_{i=1}^{I} T_{i...}^2 - \frac{1}{IJKL}T_{....}^2$$

$$SS_{\text{Rats}} = \sum_{i=1}^{I}\sum_{j=1}^{J}\sum_{k=1}^{K}\sum_{l=1}^{L}(\bar{y}_{ij..} - \bar{y}_{i...})^2$$

$$= \frac{1}{KL}\sum_{i=1}^{I}\sum_{j=1}^{J} T_{ij..}^2 - \frac{1}{JKL}\sum_{i=1}^{I} T_{i...}^2$$

$$SS_{\text{Liverbits}} = \sum_{i=1}^{I}\sum_{j=1}^{J}\sum_{k=1}^{K}\sum_{l=1}^{L}(\bar{y}_{ijk\cdot} - \bar{y}_{ij..})^2$$

$$= \frac{1}{L}\sum_{i=1}^{I}\sum_{j=1}^{J}\sum_{k=1}^{K} T_{ijk\cdot}^2 - \frac{1}{KL}\sum_{i=1}^{I}\sum_{j=1}^{J} T_{ij..}^2$$

$$SS_{\text{Preparations}} = \sum_{i=1}^{I}\sum_{j=1}^{J}\sum_{k=1}^{K}\sum_{l=1}^{L}(y_{ijkl} - \bar{y}_{ijk\cdot})^2$$

$$= \sum_{i=1}^{I}\sum_{j=1}^{J}\sum_{k=1}^{K}\sum_{l=1}^{L} y_{ijkl}^2 - \frac{1}{L}\sum_{i=1}^{I}\sum_{j=1}^{J}\sum_{k=1}^{K} T_{ijk\cdot}^2$$

ただし，

$$T_{....} = \sum_{i=1}^{I}\sum_{j=1}^{J}\sum_{k=1}^{K}\sum_{l=1}^{L} y_{ijkl}, \quad \bar{y}_{....} = \frac{1}{IJKL}T_{....},$$

$$T_{i...} = \sum_{j=1}^{J}\sum_{k=1}^{K}\sum_{l=1}^{L} y_{ijkl}, \quad \bar{y}_{i...} = \frac{1}{JKL}T_{i...},$$

$$T_{ij\cdot\cdot} = \sum_{k=1}^{K}\sum_{l=1}^{L} y_{ijkl}, \quad \bar{y}_{ij\cdot\cdot} = \frac{1}{KL}T_{ij\cdot\cdot},$$

$$T_{ijk\cdot} = \sum_{l=1}^{L} y_{ijkl}, \quad \bar{y}_{ijk\cdot} = \frac{1}{L}T_{ijk\cdot}$$

任意の要因における修正項は **1 つ上の階層の要因の修正されていない平方和**である．最後の平方和は次のように差で表される．

$$SS_{\text{Preparations}} = SSY - SSA - SS_{\text{Rats}} - SS_{\text{Liverbits}}$$

## 分散成分分析

この入れ子になった分散分析表を分散成分分析へと変換するには，少し手間がかかる．理解すべきは，表のどの行にもその下にある層の変動にその層で新たに導かれる変動を加えたものが表示されている，ということである．最下位の層にある 21.17 という分散は測定誤差を表している（同じ機器による同じような標本を読み取る際に生じる測定差違）．次に上の層では，個々のネズミにおける肝臓片の違いを反映する（肝臓の中心部のグリコーゲン含有量が左側や右側の肝臓部とは異なっているならばの話である；好むのなら，生理学的違いと言ってもよい）．さらに上の層はネズミ間の違いを反映する．その中には，性別の効果，遺伝子上の効果，栄養学上の効果，などが含まれる（これらは実験計画の段階で制御されるのが好ましいのであるが）．

この階層構造において，各層で新たに導入される分散を求めることに興味がわく．そのためには，隣接した層間の分散の差を計算することから始める．

層 2 対層 1：49.5 − 21.17 = 28.33 が肝臓片の違いを反映する

層 3 対層 2：265.9 − 49.5 = 216.4 がネズミの違いを反映する

この段階で終了である．なぜならば，その上の層は固定効果（処理）であり，変動効果（ネズミや，その内部での肝臓片）ではないからである．

次に，隣接する層の分散の差を，下の層にある試料数で割らなければならない（ここでは，肝臓片に対しては 2 つの試料；ネズミに対しては 6 つの試料であるが，3 つの肝臓片それぞれに対して 2 つあるからである）．

[肝臓片内の試料の分散成分]=21.17（残差の分散成分そのもの）

[処理内のネズミ内の肝臓片の分散成分]=$\frac{48.5 - 21.17}{2} = 14.165$

[処理内のネズミの分散成分]=$\frac{265.89 - 48.5}{6} = 36.065$

これらは**分散成分**と呼ばれる．見てのとおり，最大の分散は，個々のネズミ間の違いが肝臓の平均グリコーゲン含有の中に反映されて，この実験に入り込んでいる（36.065）．最小の分散は，肝臓を 3 片に切り分けることによりもち込まれている（14.165）．

分散成分分析の結果は通常，割合（%）で表現される．このために，3つの成分を足し合わせる．

```
vc <- c(21.17, 14.165, 36.065)
100 * vc/sum(vc)
[1] 29.64986 19.83894 50.51120
```

これでお終いである．このような解析は将来の実験を計画するときに非常に役に立つ．分散の50%以上はネズミの違いに由来し，ネズミの数を増加させると次の実験の成果に最大の効果をもたらすだろう（また例えば，同じ遺伝子をもつ同年齢で同性別であるようにネズミをより注意深く制御することを考慮するかもしれない）．肝臓を切り分けたことには全く意味がない．仕事を3倍に増やしただけで，分散の20%以下しか説明できていない．

## 参考文献

Crawley, M. J. (2013) *The R Book, 2nd edn*, John Wiley & Sons, Chichester.

Diggle, P. J., Liang, K. Y. and Zeger, S. L. (1994) *Analysis of Longitudinal Data*, Claren Press, Oxford.

Snedecor, G. W. and Cochran, W. G. (1980) *Statistical Methods*, Iowa State University Press, Ames.（第6版の邦訳：畑村又好，奥野忠一，津村善郎 訳，『統計的方法』，岩波書店，1972.）

## 発展

Pinherio, J. C. and Bates, D. M. (2000) *Mixed-Effects Models in S and S-PLUS*, Springer-Verlag, New York.

# 第 9 章

# 共分散分析

回帰と分散分析を組み合わせたものは**共分散分析**（analysis of covariance, ANCOVA）と呼ばれる．応答変数は連続型で，説明変数には連続型変数とカテゴリカル型変数のどちらも1個以上存在するようなものである．典型的な極大モデルは，カテゴリカル型変数のすべての水準の組合せ（モデルの分散分析の部分）に対して傾きと切片（モデルの回帰部分）をもつことになる．具体的な例を挙げよう．性別と年齢の関数として応答変数の体重 weight）をモデル化することを考えよう．性別（sex）は2水準（male と female）をもつ要因であり，年齢（age）は連続型の変数である．それゆえに，極大モデルには4つの母数がある．2つの傾き（male に対する傾き female に対する傾き）と2つの切片（male に対する切片と female に対する切片）である．

$$weight_{\text{male}} = a_{\text{male}} + b_{\text{male}} \times age$$

$$weight_{\text{female}} = a_{\text{female}} + b_{\text{female}} \times age$$

ここでもモデル単純化が共分散分析の本質的な部分を担う．節約の原則が，モデルの母数の個数をできるだけ少なくするように要求するからである．

この例では少なくとも6つのモデルがありうる（図9.1）．モデル単純化の過程は，4つの母数をすべて必要とするのか（左上）という設問から始まる．もしかしたら，2つの切片と共通の傾き（右上）でよいかもしれないし，あるいは共通の切片と2つの傾き（左中）でよいかもしれない．あるいはまた，年齢は応答変数に有意な効果をもたないかもしれない．このときは，体重を性別の主効果のみで記述する2母数モデルで十分である．このプロットは2つの水平線で示すことができる（それぞれの性に対する平均体重，右中）．さらにまた，性別の影響がまったくない場合もありうる．体重が年齢の効果のみで表せるので，必要な母数は2つだけである（傾きと切片に1つずつ，左下）．最後に極端な場合として，連続型変数とカテゴリカル型変数のどちらも応答変数に有意な効果をもたないものも考えられる．このときは，モデル単純化により1母数空モデル $\hat{y} = \bar{y}$ が導かれる（水平線が1本だけのプロットになる，右下）．

モデルを単純化するときは，モデルの説明力に基づいて行う．応答変数の変動を説明するとき，より簡単なモデルでの変動の説明力が有意に小さくなることがないようならば，その簡単なモデルの方が好まれる．説明力の評価は，anova や AIC によって2つのモデルを比較して行う．anova では，2つのモデルを比較して得られる $p$ 値が 0.05 よりも小さいようならば，より複雑なモデルの方が選ばれる．AIC では値の小さいモデルの方を単純に選ぶだけである．

この過程がどのように実行されるのか，具体的な例で見てみよう．データフレームは，ある

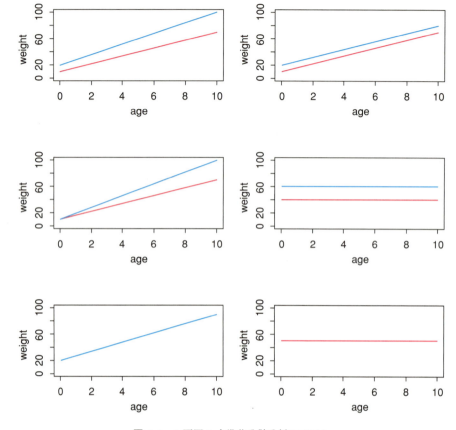

**図 9.1** 1 要因 2 水準共分散分析のモデル

植物が放牧で利用された後，再生し生産した種子量を調べた実験結果である．その植物がまだ放牧に利用される前の初期の大きさを Root（根茎の頂点での直径）で表す．要因 Grazing（放牧）は 2 水準をもつ．Grazed（放牧に利用された）と Ungrazed（柵で囲われて放牧に利用されなかった）である．応答変数 Fruit は，最盛期の終了時に生産された種子重量（1 植物あたり）である．より多くの種子を実らせるのは，小さな植物よりも大きな植物，放牧に利用されたものよりもされなかったものだろう，と予想できそうである．実際はどうなのか見てみよう．

```
compensation <- read.csv("c:\\temp\\ipomopsis.csv")
attach(compensation)
names(compensation)
[1] "Root"    "Fruit"    "Grazing"
```

まずは，データの視診から始めよう．植物の大きさは重要だろうか？

```
plot(Root, Fruit, pch = 16, col = "blue")
```

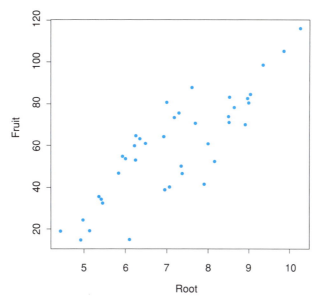

図 9.2 `Root` に対する `Fruit` の散布図

確かに，そのようである（図 9.2）．初めに大きかった植物は最盛期の終わりに多くの種子を実らせている．放牧の効果はどうだろうか？

```
plot(Grazing, Fruit, col = "lightblue")
```

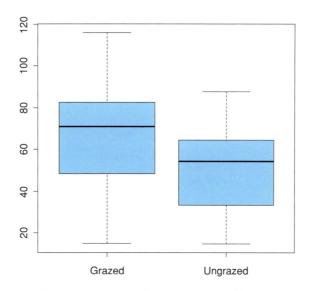

図 9.3 `Grazing` で層別された `Fruit` の箱ヒゲ図

この結果は予想したものとまったく異なる（図 9.3）．明らかに放牧に利用された植物の方が，

利用されなかったものよりも多くの種子を実らせている．そのままに受け取ると，効果は統計的に有意であるように見える（$p$ 値 $< 0.03$）．

```
summary(aov(Fruit ~ Grazing))
            Df Sum Sq Mean Sq F value Pr(>F)
Grazing      1   2910  2910.4   5.309 0.0268 *
Residuals   38  20833   548.2
```

統計モデルを適切に当てはめた後でこの問題を再検討することにしよう．

共分散分析は今まで扱ってきた解析法と同様に実行される．説明変数が連続型とカテゴリカル型との混在になっているだけである．まず最も複雑なもの，つまり放牧に利用された植物とされなかった植物とに別々の傾きと切片を当てはめるモデルから始める．これにはアスタリスク演算子 * を用いる．

```
model <- lm(Fruit ~ Root * Grazing)
```

共分散分析で特に注意すべきことは**順序の問題**である．Root を最初に置いて当てはめたモデルの分散分析表の回帰平方和を見てみよう．

```
summary.aov(model)
> summary.aov(model)
             Df Sum Sq Mean Sq F value    Pr(>F)
Root          1  16795   16795 359.968   < 2e-16 ***
Grazing       1   5264    5264 112.832 1.21e-12 ***
Root:Grazing  1      5       5   0.103    0.75
Residuals    36   1680      47
```

次は Root を 2 番目に置いて当てはめた場合である．

```
model <- lm(Fruit ~ Grazing * Root)
summary.aov(model)
             Df Sum Sq Mean Sq F value    Pr(>F)
Grazing       1   2910    2910  62.380 2.26e-09 ***
Root          1  19149   19149 410.420  < 2e-16 ***
Grazing:Root  1      5       5   0.103    0.75
Residuals    36   1680      47
```

どちらも，誤差平方和 1680 と交互作用に対する平方和 5 は同じである．しかし，Root の回帰平方和は，それが最初に置かれたときの 16795 よりも 2 番目に置かれたときの 19149 の方がかなり大きい．前に述べたこともあるように，共分散分析でのデータが非直交なためである．**非直交データには順序の問題があった**ことを思い出してほしい（p.18 を参照）．

**Box 9.1.** 共分散分析における修正平方和

全平方和 $SSY$, 処理平方和 $SSA$ は分散分析の場合（Box 8.1）と同様に計算できる．個々の要因水準 $i (1 \leq i \leq k)$ ごとに当てはめられた回帰に対する平方和 $SSXY_i, SSX_i, SSR_i, SSE_i$ は Box 8.2 に示された方法で計算される．これらの和をとって，次を定義する．

$$SSXY_{\text{total}} = \sum_{i=1}^{k} SSXY_i$$

$$SSX_{\text{total}} = \sum_{i=1}^{k} SSX_i$$

$$SSR_{\text{total}} = \sum_{i=1}^{k} SSR_i$$

このとき，全回帰平方和 $SSR$ は全修正積和と $x$ の全修正平方和から計算される．

$$SSR = \frac{(SSXY_{\text{total}})^2}{SSX_{\text{total}}}$$

2 つの推定値 $SSR$ と $SSR_{\text{total}}$ との差は $SSR_{\text{diff}}$ と呼ばれ，これは回帰直線の傾きの差の有意性の指標である．

$$SSR_{\text{diff}} = SSR_{\text{total}} - SSR$$

これらの平方和を使って

$$SSE = SSY - SSA - SSR - SSR_{\text{diff}}$$

が計算される．ところで，$k$ 個の各水準ごとに回帰が当てはめられたときの誤差平方和の和として，$SSE$ は本来は定義される．

$$SSE = \sum_{i=1}^{k} \sum_{j=1}^{n_i} (y_{ij} - \hat{a}_i - \hat{b}_i x_{ij})^2$$

もちろん，どちらで計算しても結果は同じである．

解析を続けよう．交互作用を調べるために用いられる $SSR_{\text{diff}}$ は，放牧に利用された場合と利用されなかった場合に当てはめた 2 つの傾きの違いを表している．これが有意でないようならば，取り除くことができる．

```
model2 <- lm(Fruit ~ Grazing + Root)
```

モデル式で * の代わりに + を使っていることに注意しよう．これは「放牧に利用された場合とされなかった場合に異なる切片を当てはめるが，傾きは同じものを当てはめる」ことを意味している．より単純化されたこのモデルの説明力は有意に低くなっているのだろうか？ それを見

るために anova を用いる．

```
anova(model, model2)
Analysis of Variance Table

Model 1: Fruit ~ Grazing * Root
Model 2: Fruit ~ Grazing + Root
  Res.Df    RSS Df Sum of Sq      F Pr(>F)
1     36 1679.7
2     37 1684.5 -1    -4.8122 0.1031   0.75
>
Analysis of Variance Table

Model 1: Fruit ~ Grazing * Root
Model 2: Fruit ~ Grazing + Root
  Res.Df     RSS Df Sum of Sq      F Pr(>F)
1     36 1679.65
2     37 1684.46 -1     -4.81 0.1031   0.75
```

より単純化されたこのモデルの説明力は有意には低くなっていない（$p$ 値 $= 0.75$）．ゆえに，単純な方を採用しよう．実を言うと，ここでの分散分析は行う必要がなかったのである．なぜならば，summary.aov(model) 表にある交互作用の $p$ 値がここでの $p$ 値に他ならないからである．こうして，最小十分モデルの母数の推定値が次のように得られる．

```
summary.lm(model2)
Coefficients:
                Estimate Std. Error t value Pr(>|t|)
(Intercept)     -127.829      9.664  -13.23 1.35e-15 ***
GrazingUngrazed   36.103      3.357   10.75 6.11e-13 ***
Root              23.560      1.149   20.51  < 2e-16 ***

Residual standard error: 6.747 on 37 degrees of freedom
Multiple R-Squared: 0.9291,     Adjusted R-squared: 0.9252
F-statistic: 242.3 on 2 and 37 DF,  p-value: < 2.2e-16
```

このモデルの説明力は高く，種子生産量のもつ変動の 90% 以上を説明している（決定係数 Multiple R-Suqared: 0.9291）．共分散分析は，母数の推定値が何を意味しているのか理解しようとするときが最も難しい．1 行目の (Intercept) から始めよう．ここには，要因 Grazing の水準名でアルファベット順で最初にくる処理に対する切片が書いてある．つまり，その初期根茎に対して種子生産量のグラフを描いたときの切片である．その水準名を見たいならば，levels を用いる．

```
levels(Grazing)
[1] "Grazed"    "Ungrazed"
```

今問題にしている切片は水準名 Grazed に対するものであることが分かる．項目名 GrazingUngrazed をもつ 2 行目には**切片間の差**が書いてある．そのため，Ungrazed に対する切片を求めるには，Grazed に対する切片に 36.103 を加える必要がある（$-127.829 + 36.103 = -91.726$）．項目名 Root をもつ 3 行目には**傾き**が書いてある．これは初期根茎に対する種子生産量のグラフの傾きであり，Grazed に対しても Ungrazed に対しても同じ値である．有意な交互作用が存在するときは，4 行目に**傾き間の差**が表示されることになる．

当てはめられたモデルを散布図にプロットしてみよう．Grazed である植物（赤）と Ungrazed である植物（青）とには異なる色を用いた方が分かりやすいだろう．

```
plot(Root, Fruit, pch = 21, bg = 2 * as.numeric(Grazing))
```

上で 2 * as.numeric(Grazing) とあるのは，異なる色を指定するためである：Grazed には 2（赤），Ungrazed には 4（青）．このことを明記するために凡例を付ける．

```
legend(locator(1), legend=c("grazed", "ungrazed"),
                   fill = c(2, 4), pch = 16)
```

凡例の左上の角を置きたいところにカーソルをもっていき，クリックする．

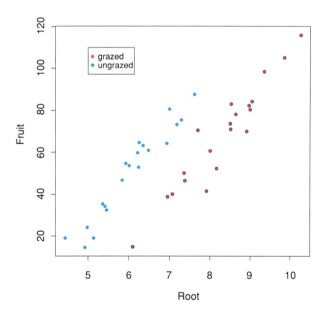

**図 9.4** Grazing で層別された Fruit の Root に対する散布図

図 9.4 を見れば，最初に得られた「放牧に利用されると種子生産量を増加させる」というちょっと興味をひかれる結果についての理由が明らかになるだろう．明らかに起こっていたのは，根茎の大きな植物の大部分が実は放牧に用いられていたということである（赤丸）．同じようなも

のどうしを比較すると（例えば，初期根茎が 7 mm の植物），放牧に利用されなかった植物（青色）のほうが多くの種子を生み出している（正確には，36.103）．このことは，`model2` で推定された 2 本の回帰直線を当てはめるともっと明らかになる（図 9.5）．

```
abline(-127.829, 23.56, col = "red")
abline(-127.829 + 36.103, 23.56, col = "blue")
```

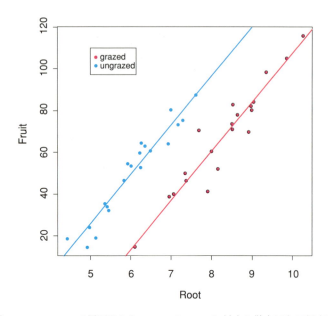

図 **9.5** `Grazing` で層別された `Fruit` の `Root` に対する散布図と回帰直線

この例は，共分散分析が非常に強力であることを示している．初期根茎を考慮することにより，最初の解釈を完全にひっくり返すことができた．最初の素朴な解釈とは，放牧は種子生産量を増加させるというものであった．

```
tapply(Fruit, Grazing, mean)
  Grazed Ungrazed
 67.9405  50.8805
```

そのままあわてて `Grazing` だけを当てはめてしまうと有意となってしまう（最初の解析では，$p$ 値 $= 0.0268$）．しかし，次に正しい共分散分析を行うと，逆の結論を得ることになる．つまりその結論とは，同じような大きさの植物で比較すると，放牧は種子生産量を有意に減少させるというものである（平均根茎 `mean(Root)` において，77.46 から 41.36 へ）．

```
-127.829 + 36.103 + 23.56 * mean(Root)
[1] 77.4619
```

```
-127.829 + 23.56 * mean(Root)
[1] 41.35889
```

　ここでの教訓は明らかである．共変量（この例では初期根茎）が存在するときは使え，というものである．これで悪くなることはない．共変量が有意でないときは，モデル単純化により取り除かれることになるだろう．また，共分散分析においては**順序の問題**が存在することも忘れてはならない．常に，最も高い次数の交互作用項を最初に取り除くようにモデル単純化は始めるべきである．共分散分析での交互作用項とは，**異なる水準に対する傾きの差**に他ならない．計数データ，比率データ，2項応答変数などとの関連で，第13章，第14章，第15章でも共分散分析の例を見ることにする．

## 発展

Huitema, B. E. (1980) *The Analysis of Covariance and Alternatives*, John Wiley & Sons, New York.

# 第10章

# 重回帰

　重回帰（multiple regression）には，連続型応答変数と2つ以上の連続型説明変数が存在する（カテゴリカル型の説明変数はもたない）．多くの応用において，すべての統計モデルの中でも重回帰はうまく扱うのが最も難しい．重回帰の利用を尻込みさせるような事項をいくつか並べてみよう．

- 研究がしばしば観測的である（制御された実験であると言うよりは）
- しばしば非常に多くの説明変数が存在する
- しばしばデータ点がかなり少ない
- 欠測となる説明変数の組合せの存在が通常である

　また，気をつけるべき重要な論点も存在する．

- 説明変数がしばしば互いに関係しあう（非直交的）
- どの説明変数をモデルに組み入れるかは大きな問題である
- 説明変数に対する応答が曲線的であるかもしれない
- 説明変数間に交互作用がありうる
- 上にある最後の3つの問題点により母数は増加する傾向がある

　特定のモデルに執着してしまうような誘惑も存在する．統計家はこれを「モデルと恋に落ちる」と呼んでいる．モデルに関する以下のような真実を記憶している方が良いだろう．

- モデルはすべて欠点をもつ
- 他よりましなモデルは存在する
- 正しいモデルが絶対的に判ることはない
- 簡単なモデルほど嬉しい

　データへのモデルの当てはめはRの重要な仕事である．その過程は本質的には探索的なものであり，定まった規則というものもなければ，絶対というものもない．目的は最小にして十分なモデルを決定することにある．与えられたデータセットを記述するのに利用できそうなモデルからなる非常に大きな集合の中から選ばなくてはならない．本書では次の5つのモデルについて議論する．

- 空モデル
- 最小十分モデル
- 現在考察中のモデル
- 最大モデル
- 飽和モデル

　飽和モデルから（あるいは最大モデルから，どちらからでも適切である）最小十分モデルへと単純化していく段階的な作業は，主効果や交互作用などの**項を検定により取り除き**ながら行う．取り除くための検定とは $F$ 検定や AIC, $t$ 検定，$\chi^2$ 検定などのことであり，現在考察中のモデルからある項を除くときに生じる逸脱度の増加の有意性を評価するために用いられる．

　モデルとは，現実の表現でなければならず，的確かつ役立つものでなければならない．しかし，モデルの現実性，一般性，有機的全体性を同時に最大化することは不可能である．ゆえに，節約の原理（あるいはオッカムの剃刀，p.9）が重要な道具となり，多くのモデルの中から1つを選ぶのを助けてくれるのである．かくして，ある説明変数が有意にモデルの当てはめに貢献するときにのみ，モデルの中にそれを含めることになる．あるものを測定するのに手間がかかったからといって，それをモデルに含めようというような判断は行わない．他の条件が変わらないようならば，節約の原理は次のようなものを好む．

- $n$ 個の母数のモデルよりも $n-1$ 個の母数のモデル
- $k$ 個の説明変数のモデルよりも $k-1$ 個の説明変数のモデル
- 曲線的なモデルよりも線形的なモデル
- 山型のモデルよりもそうでないモデル
- 要因間に交互作用のあるモデルよりもないモデル

　他に考慮すべきものとしては，測定が難しかったり費用がかさむ変数よりは簡単に測定できる変数を含むモデルを好む，というものもある．また，純粋に経験関数上の過程を，理にかなった構造的理解へと導くようなモデルの方を好む．

　節約の原理は，モデルができうる限り単純であることを要求する．これは，モデルが冗長な母数や要因水準を含むべきではないことを意味する．このことは，まず最大モデルを当てはめ，以下に述べる操作を何回か繰り返してモデルを単純化していくことにより達成される．

- 有意でない交互作用は取り除く
- 有意でない2次の項や非線形な項は取り除く
- 有意でない説明変数は取り除く
- 互いに差の認められない要因水準はまとめる
- 共分散分析において，連続型説明変数の有意でない傾きは0にする

　もちろんここに述べたことはすべて，単純化に科学的な意味がある，という警告付きでの話であり，そのことにより説明力が有意に低減するようであってはならない．

完全なモデルが存在しないように，モデルの測定に最適な尺度というものも存在するとは限らない．例えば，説明変数の効果が積の形で与えられ，それにポアソン誤差が入ったプロセスがあったとしよう．そのとき，次の3つの異なる尺度の中から選ぶに違いない．どれも異なる3つの性質を最適化しているのである．

- $\sqrt{y}$ は分散の安定化をもたらす
- $y^{2/3}$ は近似的に正規誤差をもたらす
- $\ln(y)$ は加法性をもたらす

このように，どの尺度でも必ず妥協を強いられるので，モデル全体の性能が最良のものとなるように尺度は選ばれなければならない．

| モデル | 解釈 |
| --- | --- |
| 飽和モデル | すべてのデータ点につき1つの母数 |
| | 適合度：完全 |
| | 自由度：0 |
| | モデルの説明力：0 |
| 最大モデル | 興味のあるすべての要因，交互作用，共変量を含む（計 $p$ 個） |
| | 多くの項は有意でない可能性が高い |
| | 自由度：$n-p-1$ |
| | モデルの説明力：一概には言えない |
| 最小十分モデル | 単純化されたモデル（母数は $0 \leq p' \leq p$ 個） |
| | 適合度：最大モデルには劣るが，有意には劣っていない |
| | 自由度：$n-p'-1$ |
| | モデルの説明力：$r^2 = SSR/SSY$ |
| 空モデル | ちょうど1個の母数，全平均 $\mu$ |
| | 適合度：0，$SSE = SSY$ |
| | 自由度：$n-1$ |
| | モデルの説明力：0 |

## モデル単純化の各段階

確かで手っ取り早い法則など存在しないが，以下に述べる手続きに従えば，実践上はうまくいくはずである．多くの説明変数，多くの交互作用，多くの非線形項が存在するとき，モデル単純化の過程には多大な時間がかかるものである．しかし，その時間は無駄ではない．データのもつ重要な特徴を見逃す危険性を軽減してくれるからである．**複雑なデータフレームに内在する本質的な構造をすべて見つけてくれると保証する方法など存在しない**，と認識しておくことも大事である．

| 段階 | 手続き | 説明 |
|---|---|---|
| 1 | 最大モデルの当てはめ | 興味のあるすべての要因,交互作用,共変量を当てはめ,残差変動を記録する.<br>ポアソン誤差や2項誤差を使うときは,過分散かどうか点検し,必要ならば変換する. |
| 2 | モデル単純化の開始 | `summary` を用いて母数の推定値を調べる.<br>まず,最高次の交互作用から始めて,`update -` を用いて,最も有意性のない項を除く. |
| 3 | 除去により逸脱度に<br>有意な増加が生じない場合 | モデルからその項を除く.<br>母数の推定値を再度調べ,最も有意性のない項を除く. |
| 4 | 除去により逸脱度に<br>有意な増加が生じる場合 | `update +` を用いて,モデルにその項を戻す.<br>最大モデルから除去するという時点で判断すると,それは統計的に有意な項である. |
| 5 | モデルからの<br>項の除去を続ける | モデルが有意な項以外を含まないようになるまで,3と4を繰り返す.その結果が最小十分モデルである.<br>どの母数も有意にならないときは,最小十分モデルは空モデルになる. |

## 警告

　モデル単純化は重要な手続きであるが,極端にまで行き過ぎてはならない.例えば,データから推定した母数を固定しておいて求めた逸脱度と標準誤差は,解釈するときは用心深く取り扱われなければならない.また,切りの良い数値を無批判に探し回るべきではない.特有の数値を使うのにもそれなりの適切な理由がある場合が多いのである(例えば,呼吸作用と体重間の相対成長関係における冪数 $0.66$ など).例えば,肥料を1単位増加させたときに 1 ha あたり 2 kg の収穫増が見込めると述べる方が,1.947 kg 増加すると述べるより簡単ではあるだろう.同様に,感染の見込みはその処置を受けたときよりも10倍も高いという表現を,2.321倍でロジットが増加するというよりも好むかもしれない(モデル単純化をやらないときは,これはオッズが 10.186 倍であると述べることに等しい).しかし,6.1 よりも 6 を選んだ理由が,それが整数だからであるというのは馬鹿げているだろう.

## 除去の順番

　説明変数が関係し合っているとき(重回帰を扱うときはほとんど常に),**順番の問題**があると覚えておく必要がある.説明変数に相関がある場合,与えられた説明変数の有意性は,最大モデルから除去されるときと空モデルに追加されるときとで違ってくる.常にモデル単純化により点検しているならば,この罠にはまることはないだろう.

特別な実験処理をモデルの中に含めようとして，どれほど長時間に渡りどれほど懸命に努力したとしても，解析で説明力がないと示されたのならば，その要因を含めることはできない．分散分析表では多くの場合，有意な効果と有意でない効果が互いに関連しあっている．これは直交計画では問題ない．各平方和がそれぞれ要因や交互作用の項にきっちりと対応するからである．しかし，欠損値や異なる重みが存在すると話は違ってくる．有意でない項を除いたとき，有意であった項の母数の推定値やその標準誤差が変化してしまうのである．そこで，最も良い実践とは，次の手順に従うことである．

- データが直交しているかどうか確かめ
- 最小十分モデルを見つけ
- 取り除いた有意でない項とその結果生じた逸脱度の変化の一覧表を作る

これにより，有意でない要因の相対的な大きさと，説明変数間の相関の重要度について判断できる．

「有意に近い」変数をモデルの中に残そうとするのは止めておいた方が良い．これに関して一番良い方法は次のとおりである．もしもそれが統計的に有意であった方が結果として**重要である**と思われるようならば，その要因の重要性を確実に統計的に受け入れられるような方法で実証しなければならない．そのためには，もっと大きな反復数で，あるいはもっと有効的なブロックを利用して実験を再度やり直す方が良い．

## 重回帰の例

重回帰を行うときここで推奨したいのは，性急にモデル構築に走り出す前に，次の2つを実行しておくことである．

- 複雑な交互作用が存在するか見るために樹木モデルを用いる
- 曲線関係を調べるために一般化加法モデルを用いる

大気汚染の研究からとってきた例を見てみよう．ozone（オゾン濃度）がwind（風速），temp（気温），rad（日射量）にどの程度関係しているのか，というものである．

```
ozone.pollution <- read.csv("c:\\temp\\ozone.data.csv")
attach(ozone.pollution)
names(ozone.pollution)
[1] "rad"   "temp"  "wind"  "ozone"
```

重回帰ではいつでもすべての相関を見たいので，関数pairsを用いるというのは良い考えである．

```
pairs(ozone.pollution, panel = panel.smooth)
```

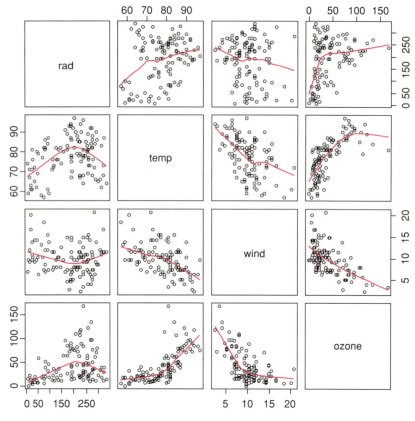

図 10.1 　変数間の対散布図

応答変数のオゾン濃度は，図 10.1 にある最下段のプロットの $y$ 軸に置かれている．風速とは強い負の相関が，気温とは正の相関が見られる．また，日射量とはあまりはっきりしていないが山型の関係がありそうである．

　重回帰を始めるときは，まずは一般化加法モデル用の関数 gam の中でノンパラメトリックな平滑化関数 s を用いてみるとよい．

```
library(mgcv)
par(mfrow = c(2, 2))
model <- gam(ozone ~ s(rad) + s(temp) + s(wind))
plot(model, col = "blue")
```

信頼区間は十分に狭く，この 3 つすべてで曲線関係がありそうである（図 10.2）．

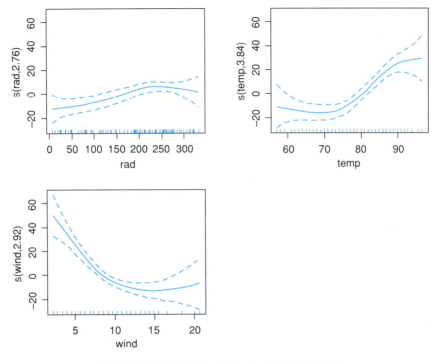

**図 10.2** 平滑化関数 s を用いた一般化加法モデル

次にやるべきは，樹木モデルを当てはめて，説明変数間に複雑な交互作用がないか調べることである[1]．画像を見て交互作用を調べたいときは，古い `tree` 関数の方が現代的な `rpart` 関数よりも優れている（後者はモデル構築するときに優れている）．

```
par(mfrow = c(1, 1))
library(tree)
model <- tree(ozone ~ ., data = ozone.pollution)
plot(model)
text(model)
```

これで，オゾン濃度に影響を与える要因の中でも，気温が極めて重要な要因であることが分かる（樹木モデルでの枝が長くなるほど，説明される逸脱度が大きい，図10.3）．風速は温度が高くても低くても重要である．大気が静かなときは高い平均オゾン濃度になっている（枝の末端に書き込まれている数値は平均オゾン濃度である）．日射量は少し興味深いが，たいした影響はもっていない．低い気温では，比較的強い風速（> 7.15）のときに日射量が影響している．一方，高い気温では，比較的弱い風速（< 10.6）のときに日射量は影響している．また，どちらにおいても，高い日射量の方が高い平均オゾン濃度を生じさせている．ゆえに，樹木モデルを見る限り，データの交互作用には特に複雑な構造は見られないようである（これで少しは安心できる）．

---

[1] 以下ではあらかじめ CRAN からパッケージ `tree` をダウンロード・インストールしておく必要がある．

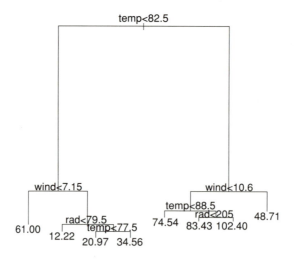

**図 10.3** オゾン濃度に対する樹木モデルの当てはめ

この事前の知識（応答変数との曲線関係はありそうだが，複雑な交互作用関係は比較的なさそうだ）を踏まえた上で，線形モデルを作ってみよう．まず最も複雑なモデルから始める．これには，3つの説明変数の間の交互作用ばかりでなく，3変数との間に応答変数が曲線関係をもつかどうかを検出するために2次の項も含めることにする．

```
model1 <- lm(ozone ~ temp * wind * rad
                    + I(rad^2) + I(temp^2) + I(wind^2))
summary(model1)
Coefficients:
              Estimate  Std. Error  t value  Pr(>|t|)
(Intercept)   5.683e+02  2.073e+02   2.741   0.00725 **
temp         -1.076e+01  4.303e+00  -2.501   0.01401 *
wind         -3.237e+01  1.173e+01  -2.760   0.00687 **
rad          -3.117e-01  5.585e-01  -0.558   0.57799
I(rad^2)     -3.619e-04  2.573e-04  -1.407   0.16265
I(temp^2)     5.833e-02  2.396e-02   2.435   0.01668 *
I(wind^2)     6.106e-01  1.469e-01   4.157  6.81e-05 ***
temp:wind     2.377e-01  1.367e-01   1.739   0.08519 .
temp:rad      8.402e-03  7.512e-03   1.119   0.26602
wind:rad      2.054e-02  4.892e-02   0.420   0.67552
temp:wind:rad -4.324e-04 6.595e-04  -0.656   0.51358

Residual standard error: 17.82 on 100 degrees of freedom
Multiple R-squared: 0.7394,     Adjusted R-squared: 0.7133
F-statistic: 28.37 on 10 and 100 DF,  p-value: <2.2e-16
```

3次の交互作用は明らかに有意ではないので，モデル単純化の手始めとして取り除くことにする．

```
model2 <- update(model1, ~. - temp:wind:rad)
summary(model2)
```

次に，最下行にある2次の交互作用項 wind:rad は有意ではないので取り除く．

```
model3 <- update(model2, ~. - wind:rad)
summary(model3)
```

さらに temp:wind も取り除こう．

```
model4 <- update(model3, ~. - temp:wind)
summary(model4)
```

かろうじて有意になった temp:rad はさしあたり残すことにするが（$p$ 値 $= 0.04578$），他の交互作用はすべて取り除こう．model4 で最も有意でない $p$ 値をもつ2次項は rad に対するのものである．ゆえにこれを取り除く．

```
model5 <- update(model4, ~. - I(rad^2))
summary(model5)
```

この除去により，交互作用項 temp:rad が有意でなくなり，日射量（rad）の主効果も有意ではなくなっている．ゆえに，交互作用項 temp:rad を取り除くべきである．

```
model6 <- update(model5, ~. - temp:rad)
summary(model6)
Coefficients:
             Estimate Std. Error t value Pr(>|t|)
(Intercept) 291.16758  100.87723   2.886  0.00473 **
temp         -6.33955    2.71627  -2.334  0.02150 *
wind        -13.39674    2.29623  -5.834 6.05e-08 ***
rad           0.06586    0.02005   3.285  0.00139 **
I(temp^2)     0.05102    0.01774   2.876  0.00488 **
I(wind^2)     0.46464    0.10060   4.619 1.10e-05 ***

Residual standard error: 18.25 on 105 degrees of freedom
Multiple R-squared: 0.713,      Adjusted R-squared: 0.6994
F-statistic: 52.18 on 5 and 105 DF,  p-value:    0
```

さらに続けよう．model6 のすべての項が有意になっている．この時点で，モデルの仮定が成り立っているか調べておこう（p.146 を参照）．これには plot(model6) を用いる

```
par(mfrow = c(2, 2))
plot(model6)
par(mfrow = c(1, 1))
```

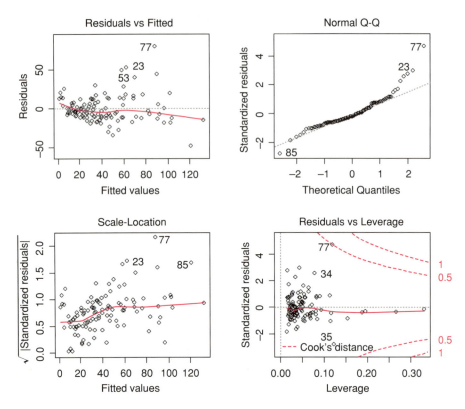

図 10.4　分散の均一性，誤差の正規性の検査のためのプロット

適合値が大きくなるにつれて分散も大きくなる傾向が明らかである（図 10.4）．これは嬉しい知らせではない（分散の非均一性）．また，正規 Q-Q プロットも明らかに湾曲している．またもや悪い知らせである．応答変数の変換を考えてみよう．応答変数に値 0 はないので，対数変換を試してみる価値はある．

```
model7 <- lm(log(ozone) ~ temp * wind * rad
                         + I(rad^2) + I(temp^2) + I(wind^2))
summary(model7)
```

関数 step を使えばモデル単純化を加速できる．

```
model8 <- step(model7)
summary(model8)
Coefficients:
            Estimate Std. Error t value Pr(>|t|)
```

```
(Intercept)   7.724e-01   6.350e-01    1.216 0.226543
temp          4.193e-02   6.237e-03    6.723 9.52e-10 ***
wind         -2.211e-01   5.874e-02   -3.765 0.000275 ***
rad           7.466e-03   2.323e-03    3.215 0.001736 **
I(rad^2)     -1.470e-05   6.734e-06   -2.183 0.031246 *
I(wind^2)     7.390e-03   2.585e-03    2.859 0.005126 **

Residual standard error: 0.4851 on 105 degrees of freedom
Multiple R-squared: 0.7004,      Adjusted R-squared: 0.6861
F-statistic:  49.1 on 5 and 105 DF,  p-value: < 2.2e-16
```

変換後の単純化されたモデルは以前とは別の構造をもっている．3つの主効果はすべて有意であり，変数間に交互作用がない所は変わらないが，気温についての2次項が去り，日射量の2次項が現れている．この変換が誤差の非正規性と非均一分散という問題を改善したのか，調べる必要がある．

```r
par(mfrow=c(2, 2))
plot(model8)
par(mfrow=c(1, 1))
```

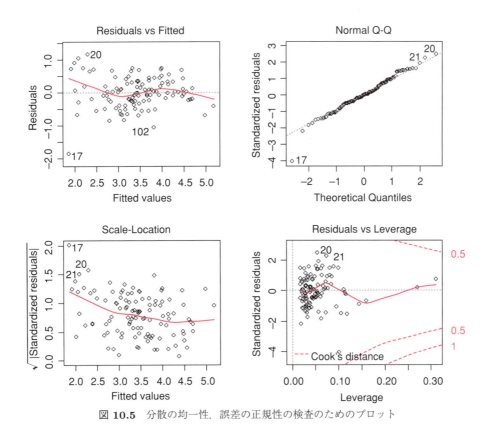

図 10.5 分散の均一性，誤差の正規性の検査のためのプロット

図 10.5 を見ると，分散も正規性もかなり良くなっているので，この時点で終了しよう．最小十分なモデルを見つけることができた．樹木モデルから受けた第一印象（交互作用はなさそうだ）と一般化加法モデルからの第一印象（曲線関係がかなりありそうだ）が統計的モデル化を通して確かめられた．

## さらに扱いにくい例

ここで扱う例は新たに 2 つのさらに現実的難点を抱えている．説明変数が増加し，データ数は減少している．今回も大気汚染のデータフレームではあるが，今度の応答変数は二酸化硫黄濃度である．6 つの連続型の説明変数が存在する．

```
pollute <- read.csv("c:\\temp\\sulphur.dioxide.csv")
attach(pollute)
names(pollute)
[1] "Pollution"  "Temp"       "Industry"   "Population" "Wind"
[6] "Rain"       "Wet.days"
```

`pairs` による対散布図は 42 個に増える（図 10.6）．

```
pairs(pollute, panel = panel.smooth)
```

今回は，一般化加法モデルではなく，樹木モデルでの解析から始めてみよう．

```
library(tree)
model <- tree(Pollution ~ ., data = pollute)
plot(model)
text(model)
```

この樹木図（図 10.7）は前節で見たオゾンの例よりもかなり複雑になっている．これは次のように解釈できる．最も重要な説明変数は Industry（工場）であり，これを高低で 2 つに分ける境界値は 748 である．樹木の右側の枝は Industry の高い値での空気汚染の平均値を与えている（67.00）．この大きな枝には小枝が付いていないので，Industry の高い値での汚染のもつ変動を他の変数は有意に説明できなかった，ということを意味する．左側の大枝に低い値での空気汚染の平均値が書いてないのは，他に有意な説明変数が存在するからである．Industry の低い値においては，Population（人口）が空気汚染に有意な影響を与えていることを示している．Population の低い値（< 190）では，空気汚染の平均値は 43.43 である．Population の高い値では Wet.days（降雨日数）が有意である．Wet.days の低い値（< 108）での空気汚染の平均値は 12.00 であるが，Wet.days の高い値では Temp（温度）が汚染に有意に影響を与える．Temp の高い値（> 59.35°F）での空気汚染の平均値は 15.00 であるが，Temp の低い値では Wind（風速）が重要になる．穏やかな大気状態（Wind < 9.65）での空気汚染（33.88）は，風が強いとき（23.00）よりも高めになる．

さらに扱いにくい例 225

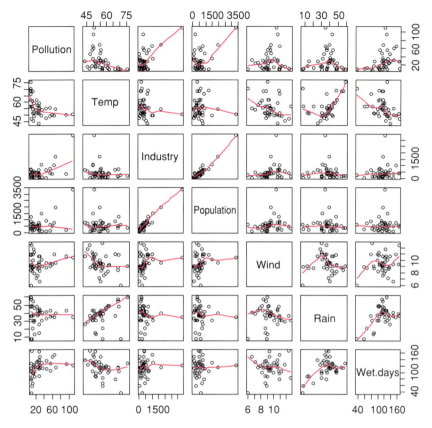

図 10.6 変数間の対散布図

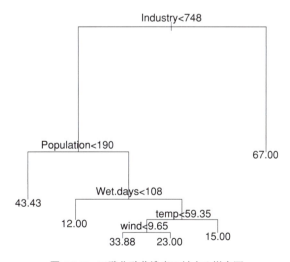

図 10.7 二酸化硫黄濃度に対する樹木図

樹木モデルの長所を挙げてみよう．

- 分かりやすく，他人に説明しやすい
- 最も重要な変数が目立って見える
- 交互作用がはっきりと表示される
- 非線形効果も効率的に取り出せる
- 説明変数のもつ効果の複雑さを簡単に見てとれる

交互作用の構造は相当に複雑なので，細かい注意を払いながら線形モデルを作る必要がある．

初等的な計算から始めよう．6つの説明変数があるが，交互作用は何個存在するだろうか？まず，2次の交互作用は $\binom{6}{2} = 15$ 個である．同様に3次のものは $\binom{6}{3} = 20$ 個，4次は $\binom{6}{4} = 15$ 個，5次は $\binom{6}{5} = 6$ 個で，最後に6次が $\binom{6}{6} = 1$ 個である[2]．これにそれぞれの変数の2次の項も存在する．このような完全最大モデルを考えたとすると，およそ70個もの母数を推定しなければならない．ところで，データ数はいくつだろうか？

```
length(Pollution)
[1] 41
```

困った．データ数よりも2倍近くの母数を推定することになる．モデル化に使う母数の新記録だ，などと言ってはおられない．これは非常に一般的でかつ重要性においては究極的な問題へと導く：**母数1つを推定するのに幾つぐらいの標本点が必要なのか？**

もちろんこれには，迅速かつ明快な答えなど存在しない．しかし，たぶん役に立つ経験則ならきっとあるにちがいない．逆に問えば，41個のデータ点が与えられたとして，そのデータから推定できると思える母数の数はどれほどが妥当なのだろうか？

絶対的に必要な最小値として，1母数あたり3個のデータ点は必要である（2つの点では，結合させても直線にしかならないことを思い出してほしい）．これを今の例に当てはめると，推定可能な母数のぎりぎりの最大数は $41/3 \approx 13$ 個である（切片に1個と12個の傾きになる）．より保守的な経験則では，母数1個に10個のデータ点が必要だとするかもしれない．この厳しめの基準に従うと，1個の切片とちょうど3個の傾きの推定が許されるだけである．

この時点では厳しい現状である．望ましいと考えている説明変数の幾つかが使えないのなら，どうやって当てはめる変数を選べばよいのだろう．これは問題である，というのも，

- 関係が強く曲線的な場合，主効果は有意とならない可能性がある．主効果である項を捨てて，その2次の項（別の母数として用いられている）を当てはめられなくなってしまうのなら，モデルからその主効果を除くのには自信がもてない
- 2つ以上の変数の間の交互作用が当てはめられると，主効果が有意とならない可能性がある（p.191を参照）
- 同じモデルに2つの変数が共に当てはめられるときにのみ，それらの交互作用は考慮される（2個の連続型の説明変数間の交互作用は通常，その2つの変数の積の関数としてモデルに含まれる．また，そうするときは，その2つの主効果そのものも含まれているべきである）

---

[2] $\binom{n}{r} = {}_nC_r = n!/(r!(n-r)!)$ は2項係数である．

理想的な戦略としては，すべての説明変数を含め，またそれらの曲線を表す項も含め，そしてすべての交互作用も含めた最大モデルから出発して単純化を始めることが望ましい．その際，初めから step 関数を用いてモデル単純化を加速化させる必要もあるだろう．しかし，今扱っている例では，これは全くの問題外である．余りにも多すぎる変数に余りにも少なすぎるデータ点なのである．

この例では，すべての変数の組合せを当てはめるのは不可能である．となると，重要な交互作用項を見逃してしまうということも大いにありそうである．たぶん，曲線構造を見つけるのが良い出発点である．変動の主な原因とは認められず除けるか見てみたい．すべての変数とその2次項を当てはめると，推定されるべき母数は切片と12個の傾きになる．これはまさに，母数1個あたり3個のデータ点である．

```
model1 <- lm(Pollution ~ Temp + I(Temp^2) + Industry + I(Industry^2)
                      + Population + I(Population^2)
                      + Wind + I(Wind^2) + Rain + I(Rain^2)
                      + Wet.days + I(Wet.days^2))
summary(model1)
Coefficients:
                   Estimate  Std. Error  t value  Pr(>|t|)
(Intercept)      -6.641e+01   2.234e+02   -0.297   0.76844
Temp              5.814e-01   6.295e+00    0.092   0.92708
I(Temp^2)        -1.297e-02   5.188e-02   -0.250   0.80445
Industry          8.123e-02   2.868e-02    2.832   0.00847 **
I(Industry^2)    -1.969e-05   1.899e-05   -1.037   0.30862
Population       -7.844e-02   3.573e-02   -2.195   0.03662 *
I(Population^2)   2.551e-05   2.158e-05    1.182   0.24714
Wind              3.172e+01   2.067e+01    1.535   0.13606
I(Wind^2)        -1.784e+00   1.078e+00   -1.655   0.10912
Rain              1.155e+00   1.636e+00    0.706   0.48575
I(Rain^2)        -9.714e-03   2.538e-02   -0.383   0.70476
Wet.days         -1.048e+00   1.049e+00   -0.999   0.32615
I(Wet.days^2)     4.555e-03   3.996e-03    1.140   0.26398

Residual standard error: 14.98 on 28 degrees of freedom
Multiple R-squared: 0.7148,      Adjusted R-squared: 0.5925
F-statistic: 5.848 on 12 and 28 DF,  p-value: 5.868e-05
```

初めて手にする良い知らせである．このまだ単純化できていないモデルでは，6個の説明変数のどれに対しても曲線関係の証拠は存在しない．Industry と Population の主効果のみがこの（母数過多）モデルで有意である．これを step 関数がどう処理するか見てみよう．

```
model2 <- step(model1)
summary(model2)
Coefficients:
             Estimate Std. Error t value Pr(>|t|)
(Intercept) 54.468341  14.448336   3.770 0.000604 ***
I(Temp^2)   -0.009525   0.003395  -2.805 0.008150 **
Industry     0.065719   0.015246   4.310 0.000126 ***
Population  -0.040189   0.014635  -2.746 0.009457 **
I(Wind^2)   -0.165965   0.089946  -1.845 0.073488 .
Rain         0.405113   0.211787   1.913 0.063980 .

Residual standard error: 14.25 on 35 degrees of freedom
Multiple R-squared: 0.6773,      Adjusted R-squared: 0.6312
F-statistic: 14.69 on 5 and 35 DF,  p-value: 8.951e-08
```

この単純化を行ったモデルでは，気温の 2 次項が有意であり，風速の 2 次項は際どく有意に近い．`step` 関数は `Temp` と `Wind` の 1 次項を取り除いている．しかし，2 次項を含むときは，たとえ 1 次項が 0 と有意に異なっていなくても，1 次項も入れておくのが普通である．では，`model2` から有意でなかった項を取り除くとどうなるのか見てみよう．

```
model3 <- update(model2, ~. - Rain - I(Wind^2))
summary(model3)
Coefficients:
             Estimate Std. Error t value Pr(>|t|)
(Intercept) 42.068701   9.993087   4.210 0.000157 ***
I(Temp^2)   -0.005234   0.003100  -1.688 0.099752 .
Industry     0.071489   0.015871   4.504 6.45e-05 ***
Population  -0.046880   0.015199  -3.084 0.003846 **

Residual standard error: 15.08 on 37 degrees of freedom
Multiple R-squared: 0.6183,      Adjusted R-squared: 0.5874
F-statistic: 19.98 on 3 and 37 DF,  p-value: 7.209e-08
```

この単純化は，気温の 2 次項の有意性を減少させている．ここに戻る必要がありそうだ．このモデルは，初めに調べた樹木モデルでの解釈を支持している．つまり，工場の主効果は人口の主効果と同様に非常に重要なのである．

　次に，交互作用を考える必要があるが，主効果として含まれていない変数に関係する交互作用を考える必要はない．また，すべての 2 次の交互作用を一度に当てはめることはできない（$15 + 6 = 21$ 個の母数になるが，経験則では 13 なので）．1 つの考え方としては，交互作用を無作為に選んで当てはめるというものもある．6 個の主効果があるので，残りの $13 - 6 = 7$ 個

を交互作用に利用することになる．これをやってみよう．では，2次の交互作用15個の名前を含んだベクトルを作る．

```
interactions <- c("ti", "tp", "tw", "tr", "td", "ip", "iw", "ir",
                  "id", "pw", "pr", "pd", "wr", "wd", "rd")
```

`sample` 関数を非復元抽出[3)]で利用して，無作為な順序に並べ替える．

```
sample(interactions)
```

```
 [1] "wr" "wd" "id" "ir" "rd" "pr" "tp" "pw" "ti" "iw" "tw" "pd"
[13] "tr" "td" "ip"
```

2次の交互作用を検査するために，1次の項はすべて含み，2次の交互作用は5個ずつ含んだ3つのモデルで調べてみるのも実際的であると言えるかもしれない．

```
model4 <- lm(Pollution ~ Temp + Industry + Population + Wind +
    Rain + Wet.days + Wind:Rain + Wind:Wet.days + Industry:Wet.days +
    Industry:Rain + Rain:Wet.days)
model5 <- lm(Pollution ~ Temp + Industry + Population + Wind +
    Rain + Wet.days + Population:Rain + Temp:Population +
    Population:Wind + Temp:Industry + Industry:Wind)
model6 <- lm(Pollution ~ Temp + Industry + Population + Wind +
    Rain + Wet.days + Temp:Wind + Population:Wet.days + Temp:Rain +
    Temp:Wet.days + Industry:Population)
```

3つのモデルから交互作用項だけを取り出したのが次の表である．

```
Wind:Rain          9.049e-01  2.383e-01   3.798 0.000690 ***
Wind:Wet.days     -1.662e-01  5.991e-02  -2.774 0.009593 **
Industry:Wet.days  2.311e-04  3.680e-04   0.628 0.534949
Industry:Rain     -1.616e-04  9.207e-04  -0.176 0.861891
Rain:Wet.days      1.814e-02  1.293e-02   1.403 0.171318

Population:Rain    6.898e-04  1.063e-03   0.649  0.5214
Temp:Population    1.125e-03  2.382e-03   0.472  0.6402
Population:Wind   -2.753e-02  1.333e-02  -2.066  0.0479 *
Temp:Industry     -1.643e-04  3.208e-03  -0.051  0.9595
Industry:Wind      2.668e-02  1.697e-02   1.572  0.1267

Temp:Wind                     1.261e-01  2.848e-01   0.443  0.66117
```

---

[3)] `sample` 関数の引数 `replace` のデフォルト値は FALSE（非復元抽出）．

```
Population:Wet.days    1.979e-05    4.674e-04     0.042  0.96652
Temp:Rain             -7.819e-02    4.126e-02    -1.895  0.06811 .
Temp:Wet.days          1.934e-02    2.522e-02     0.767  0.44949
Industry:Population    1.441e-06    4.178e-06     0.345  0.73277
```

次に，有意であるかあるいは有意に近い交互作用をすべて 1 つのモデルの中に入れて，どれが生き残るか見てみよう．

```
model7 <- lm(Pollution ~ Temp + Industry + Population + Wind
             + Rain + Wet.days + Wind:Rain + Wind:Wet.days
             + Population:Wind + Temp:Rain)
summary(model7)
Coefficients:
                  Estimate Std. Error t value Pr(>|t|)
(Intercept)     323.054546 151.458618   2.133 0.041226 *
Temp             -2.792238   1.481312  -1.885 0.069153 .
Industry          0.073744   0.013646   5.404 7.44e-06 ***
Population        0.008314   0.056406   0.147 0.883810
Wind            -19.447031   8.670820  -2.243 0.032450 *
Rain             -9.162020   3.381100  -2.710 0.011022 *
Wet.days          1.290201   0.561599   2.297 0.028750 *
Wind:Rain         0.997374   0.258447   3.859 0.000562 ***
Wind:Wet.days    -0.140606   0.053582  -2.624 0.013530 *
Population:Wind  -0.005684   0.005845  -0.972 0.338660
Temp:Rain         0.017644   0.027311   0.646 0.523171
```

Temp:Rain が必要ないのは確かだ．

```
model8 <- update(model7, ~. - Temp:Rain)
summary(model8)
```

Population:Wind も必要ないだろう．

```
model9 <- update(model8, ~. - Population:Wind)
summary(model9)
Coefficients:
              Estimate Std. Error t value Pr(>|t|)
(Intercept)  290.12137   71.14345   4.078 0.000281 ***
Temp          -2.04741    0.55359  -3.698 0.000811 ***
Industry       0.06926    0.01268   5.461 5.19e-06 ***
Population    -0.04525    0.01221  -3.707 0.000793 ***
```

```
Wind            -20.17138    5.61123   -3.595 0.001076 **
Rain             -7.48116    1.84412   -4.057 0.000299 ***
Wet.days          1.17593    0.54137    2.172 0.037363 *
Wind:Rain         0.92518    0.20739    4.461 9.44e-05 ***
Wind:Wet.days    -0.12925    0.05200   -2.486 0.018346 *

Residual standard error: 11.75 on 32 degrees of freedom
Multiple R-squared: 0.7996,     Adjusted R-squared: 0.7495
F-statistic: 15.96 on 8 and 32 DF,  p-value: 3.510e-09
```

2次の交互作用では `Wind:Rain` と `Wind:Wet.days` が生き残ることになった．モデルの当てはまり具合を調べるときが来たようである．

```
par(mfrow = c(2, 2))
plot(model9)
par(mfrow = c(1, 1))
```

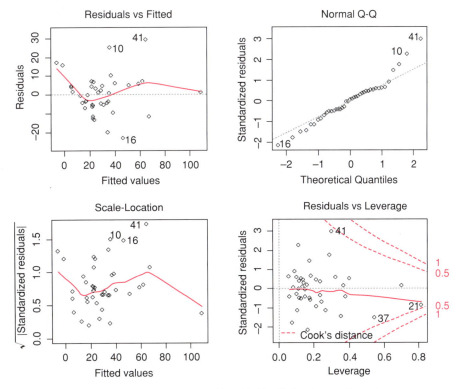

図 **10.8** 分散の均一性，誤差の正規性の検査のためのプロット

分散に問題は無い．誤差は非正規性を強くは示してはいない．しかし，さらに高い次数の交互作用はどうだろうか？ 1つのやり方としては，モデル式において ~3 を用いて高次の交互作用項を指定することもできるが，そうすると，許容される自由度の枠外へ軽く飛び出てしまう．ここでの賢明なやり方は，すでに2次の交互作用項に現れている変数を使った3次の交互作用項を追加することである．この例では，Wind:Rain:Wet.days だけである．

```
model10 <- update(model9, ~. + Wind:Rain:Wet.days)
summary(model10)
Coefficients:
                    Estimate Std. Error t value Pr(>|t|)
(Intercept)       278.464474  68.041497   4.093 0.000282 ***
Temp               -2.710981   0.618472  -4.383 0.000125 ***
Industry            0.064988   0.012264   5.299  9.1e-06 ***
Population         -0.039430   0.011976  -3.293 0.002485 **
Wind               -7.519344   8.151943  -0.922 0.363444
Rain               -6.760530   1.792173  -3.772 0.000685 ***
Wet.days            1.266742   0.517850   2.446 0.020311 *
Wind:Rain           0.631457   0.243866   2.589 0.014516 *
Wind:Wet.days      -0.230452   0.069843  -3.300 0.002440 **
Wind:Rain:Wet.days  0.002497   0.001214   2.056 0.048247 *

Residual standard error: 11.2 on 31 degrees of freedom
Multiple R-squared: 0.8236,     Adjusted R-squared: 0.7724
F-statistic: 16.09 on 9 and 31 DF,  p-value: 2.231e-09
```

3次の交互作用はかろうじて有意である．このモデルにおいては，Temp や Wind の2次の項は必要ないと確信できるに違いない．

　今のところはこれで十分である．以上から考え方は分かってもらえただろう．重回帰は難しく，時間を食い，どの変数を入れどの変数を捨てるかといった主観的な決定に常に敏感である．この線形モデルは樹木モデルから初期に得られた知見を裏付けている．つまり，Industry の低い水準では，二酸化硫黄濃度は人口とは簡単な関係しかもたないが（人は空気のきれいなところに住みたがる），日常の天候とは複雑に関係している（風の強さと全降雨量と降雨日数の3次の交互作用を含んでいる）．

### 発展

Claekens, G. and Hjort, N. L. (2008) *Model Selectionand Model Averaging*, Cambridge University Press, Cambridge.

Draper, N. R. and Smith, H. (1981) *Applied Regression Analysis*, JohnWiley & Sons, New York（第6版（1967）の邦訳：中村慶一 訳, 『応用回帰分析』, 森北出版, 1971.）.

Fox, J. (2002) *An R and S-Plus Companion to Applied Regression*, Sage, Thousand Oaks, CA.

Mosteller, F. and Tukey, J. W. (1977) *Data Analysis and Regression*, Addison-Wesley, Reading, MA.

# 第 11 章

# 対比

　統計学を活用したいと学んでいるとき，最も難しいものの1つとして，データに当てはめたモデルに関する出力をどのように解釈したらよいのか，というものがある．なぜその出力は理解するのが難しいのだろうか，それが**対比**（**contrast**）に基づいているからである．対比という考え方に不慣れなせいである．

　比較すること，これが仮説検定や分散分析におけるモデル単純化の本質である．対比とは，平均あるいは一群の平均，それらを互いに比較することに他ならない．いわゆる**自由度1の比較**と呼ばれるものである．ここにはやってみたくなる2種類の対比が存在する．

- 実行することが実験の計画段階で決められていた対比（**事前対比**）
- 実験終了後に検討したくなった対比（**事後対比**）

　ある人々は，事前に**計画**していなかったという理由だけで，事後対比をやりたい放題である．本来は，実験が終わった**後**では何を比較しようかなどと考えてはいけないのである．しかし，科学者達はいつでもそれをやってきたという事情があり，それが人の常であるとも言える．しかし，「ここには有意な差が確かに存在する」と分散分析で確定できた**後**でのみ事後対比は実行されるべきである．これが肝心なところである．分散分析で帰無仮説が棄却されないときに，最大平均と最小平均とを比較するような検定を行う習慣は良いものとは言えない（とは言え，ここには強い誘惑が存在している）．

　対比に関して理解しておくべき2つの重要な点がある．

- 非常に多くの**可能な**対比が存在する
- **直交する**対比はわずか $k-1$ 個しか存在しない

ただし，$k$ は要因の水準数である．2つの対比は，その比較が互いに確率的に独立であるときに直交していると言われる．専門的には，**それらの対比の係数の積和がゼロ**のときである（すぐにこの意味は説明する）．

　簡単な例を考えてみよう．5水準 $\{a,b,c,d,e\}$ をもつ要因があったとしよう．まず可能な対比を書き下してみよう．明らかに，互いに1つずつの平均の比較がありうる．

　　$a$ vs. $b$, $a$ vs. $c$, $a$ vs. $d$, $a$ vs. $e$, $b$ vs. $c$, $b$ vs. $d$, $b$ vs. $e$, $c$ vs. $d$, $c$ vs. $e$, $d$ vs. $e$

また，対になった平均どうしの対比もありうる．

$\{a,b\}$ vs. $\{c,d\}$, $\{a,b\}$ vs. $\{c,e\}$, $\{a,b\}$ vs. $\{d,e\}$, $\{a,c\}$ vs. $\{b,d\}$, $\{a,c\}$ vs. $\{b,e\}$, $\cdots$

平均の3つ組に対しては

$\{a,b,c\}$ vs. $d$, $\{a,b,c\}$ vs. $e$, $\{a,b,d\}$ vs. $c$, $\{a,b,d\}$ vs. $e$, $\{a,c,d\}$ vs. $b$, $\cdots$

さらに平均の4つ組に対しても

$\{a,b,c,d\}$ vs. $e$, $\{a,b,c,e\}$ vs. $d$, $\{a,b,d,e\}$ vs. $c$, $\{a,c,d,e\}$ vs. $b$, $\{b,c,d,e\}$ vs. $a$

もう理解してもらえたのではないだろうか？可能な対比はとてつもなく大量に存在するのである．しかし実際は，それらは1回だけ比較すべきである．それは直接的な比較かもしれないし，間接的な比較かもしれない．つまり，次のような2つの対比

$a$ vs. $b$ と $a$ vs. $c$

を行ったとすると，対比 $b$ vs. $c$ も間接的に行ったことになる．これから分かるように，2つの対比 $a$ vs. $b$ と $a$ vs. $c$ とが実行されると，対比 $b$ vs. $c$ はそれらに直交ではありえない．どのような対比が直交しているのかという質問は，最初に実行される対比に強く関係している．最初に対比 $\{a,b,c,e\}$ vs. $d$ を実行すべき理由があったとしよう．これを最初の対比とした理由としては例えば，$d$ が偽薬でその他はいろいろな薬の処方であったのかもしれない．次に，$k-1=4$ なので，最初の対比に直交する対比は3つしかとれない．さらに，$\{a,b\}$ と $\{c,e\}$ に分けた方が良いとする事前の理由があったとすると，それが2番目の直交する対比になる．そうすると，あとは2つの直交する対比を選ぶだけしか自由度は残っていない．そこで，$a$ vs. $b$ と $c$ vs. $e$ という対比を選ぶことになる．次のことはよく覚えておこう．**どの比較も直交する対比を通して1回実行されるだけである**．

## 対比係数

対比係数（**contrast coefficient**）は，検定したい仮説の具体的な数値的表現である．対比係数 $(c_1, c_2, \ldots, c_k)$ を設定する方法は簡単である．

- まとめて扱いたい処理は同符号にする（正でも負でも）
- 比較したい処理群どうしは異符号とする
- 除かれている要因水準の対比係数は0にする
- 対比係数 $c_i$ の総和は0でなければならない

上の5水準 $\{a,b,c,d,e\}$ をもつ要因では，4水準の群 $\{a,b,c,e\}$ と1水準 $d$ を比較することから始めなければならない．すべての水準がこの対比に現れるので，どの係数も0ではない．$\{a,b,c,e\}$ はまとめられているので，同符号をもつ（ここでは負としよう．どちらの符号が用いられても違いはない）．これらは $d$ と比較されるので，$d$ の符号は逆にする（ここでは正）．対比係数の具体的数値は自由に決めてよい．たいていは分数よりも整数を選ぶことになるが，どち

らであっても何ら支障はない．重要なのは係数の和が0になるように選ばれることである．正係数の和と負係数の和が，符号を除いて一致すればよい．今の例では，1つの平均と4つの平均を比較しているので，係数の自然な選択としては，$\{a,b,c,e\}$ に対して $-1$，$d$ に対して $+4$ になるだろう．別に，$\{a,b,c,e\}$ に対して $0.25$，$d$ に対して $-1$ であってもよい．

| 要因水準： | a | b | c | d | e |
|---|---|---|---|---|---|
| 1番目の対比係数，$c_i$： | -1 | -1 | -1 | 4 | -1 |

2番目の対比が $\{a,b\}$ と $\{c,e\}$ との比較であるとしよう．この対比は $d$ を含んでいないので，$d$ の係数は0である．$\{a,b\}$ には同符号（正としよう），$\{c,e\}$ には反対の符号を与える．対比のどちら側でも水準の個数は同じ（どちらも2）なので，すべての係数は同じ数（符号は無視して）にしてよい．いちばん簡単なのは1である（ひねくれて，13.7 としてももちろん構わない）．

| 要因水準： | a | b | c | d | e |
|---|---|---|---|---|---|
| 2番目の対比係数，$c_i$： | 1 | 1 | -1 | 0 | -1 |

残った直交対比 $a$ vs. $b$，$c$ vs. $e$ に対しては自明な係数を与えておこう．

| 要因水準： | a | b | c | d | e |
|---|---|---|---|---|---|
| 3番目の対比係数，$c_i$： | 1 | -1 | 0 | 0 | 0 |
| 4番目の対比係数，$c_i$： | 0 | 0 | 1 | 0 | -1 |

## R での対比の取り扱い例

ここでの例は，第8章で解析した比較実験からのものである．そこでは，4種類の異なる方法で生育されたときの植物成長（バイオマス）と対照の植物成長とが比較された．隣接している植物の根を剪定するという2処理（それぞれ5cmと10cmの深さで）と，隣接している植物の枝を剪定するという2処理（それぞれ25%と50%の枝が剪定されその植物の根元に戻された）がある（p.177 を参照）．

```
comp <- read.csv("c:\\temp\\competition.csv")
attach(comp)
names(comp)
[1] "biomass"  "clipping"
```

1元配置分散分析を行ってみる．

```
model1 <- aov(biomass ~ clipping)
summary(model1)
          Df Sum Sq Mean Sq F value  Pr(>F)
clipping   4  85356   21339   4.302 0.00875 **
Residuals 25 124020    4961
```

根剪定，枝剪定は生物資源に高度に有意な影響を与えている．しかし，これで実験の結果を十分に理解できたと言えるだろうか？ そうとは思えない．例えば，どの要因水準が生物資源に最大の影響を与えているだろうか？ そして，すべての処理が対照と有意に異なっているのだろうか？ これらの疑問に答えるためには，`summary.lm` を用いる必要がある．

```
summary.lm(model1)
Coefficients:
            Estimate Std. Error t value Pr(>|t|)
(Intercept)   465.17      28.75  16.177  9.4e-15 ***
clippingn25    88.17      40.66   2.168  0.03987 *
clippingn50   104.17      40.66   2.562  0.01683 *
clippingr10   145.50      40.66   3.578  0.00145 **
clippingr5    145.33      40.66   3.574  0.00147 **

Residual standard error: 70.43 on 25 degrees of freedom
Multiple R-squared: 0.4077,    Adjusted R-squared: 0.3129
F-statistic: 4.302 on 4 and 25 DF,  p-value: 0.008752
```

要約表にある5行のすべてで有意性を示す * が1つ以上付いているので，この5行すべてを残す必要があるように見えるが，それが正しいとは限らない．この例は**処理対比**（R が利用するデフォルトの対比）のもつ重大な欠点を露わにしている．最小十分モデルが要因水準をいくつもつ必要があるのか，これらを示していない．

## 事前対比

この実験には調べてみたい事前に計画すべき対比がいくつか存在する．出発点は明らかに，処理された植物群と最大の競争相手である対照植物とを比較することである．

```
levels(clipping)
[1] "control" "n25"     "n50"     "r10"     "r5"
```

つまり，`clipping` の第1水準と他の4つの水準を比較したい．ゆえに，対比係数は $4, -1, -1, -1, -1$ でよいだろう．次に計画すべきは枝剪定（`n25` と `n50`）と根剪定（`r10` と `r5`）の比較である．これに適した対比係数は $0, 1, 1, -1, -1$ だろう（この対比には対照植物は現れないので）．3番目に根剪定の深さを比較すると $0, 0, 0, 1, -1$ になる．最後の直交対比は枝剪定の程度を比較するものでなければならない．ゆえに，$0, 1, -1, 0, 0$．要因 `clipping` の水準数は5個なので，直交対比は $5 - 1 = 4$ 個存在するだけである．

R では対比が極めてうまく扱える．次のように，カテゴリカル型の変数である `clipping` に今考えた4つの事前対比を関連付けることができる．

```
contrasts(clipping) <- cbind(c(4, -1, -1, -1, -1), c(0, 1, 1, -1, -1),
        c(0, 0, 0, 1, -1), c(0, 1, -1, 0, 0))
```

表示して，意図したように作られているか調べてみよう．

```
contrasts(clipping)
        [,1] [,2] [,3] [,4]
control    4    0    0    0
n25       -1    1    0    1
n50       -1    1    0   -1
r10       -1   -1    1    0
r5        -1   -1   -1    0
```

指定した対比係数の行列ができている．すべての列和は 0 であることに注意しよう（つまり，対比のすべてが正しく指定されている）．また，任意の 2 つの列ベクトルの積和が 0 になることにも注意しよう（これは，意図したように，すべての対比が直交していることを示している）．例えば，列 1 と列 2 の積和は $0 + (-1) + (-1) + 1 + 1 = 0$ である．

では，再度このモデルを当てはめて，デフォルトの処理対比に対してではなく，今指定した対比に対する結果を調べてみよう．

```
model2 <- aov(biomass ~ clipping)
summary.lm(model2)
Coefficients:
              Estimate Std. Error t value Pr(>|t|)
(Intercept) 561.80000   12.85926  43.688  < 2e-16 ***
clipping1   -24.15833    6.42963  -3.757 0.000921 ***
clipping2   -24.62500   14.37708  -1.713 0.099128 .
clipping3     0.08333   20.33227   0.004 0.996762
clipping4    -8.00000   20.33227  -0.393 0.697313

Residual standard error: 70.43 on 25 degrees of freedom
Multiple R-squared:  0.4077,    Adjusted R-squared:  0.3129
F-statistic: 4.302 on 4 and 25 DF,  p-value: 0.008752
```

5 個の母数（最初の処理比較で示唆された）よりも，2 個の母数が必要なだけである，とこの解析は示している．全平均 (561.8) と，対照と 4 つの処理との対比の 2 つである（$p$ 値 $= 0.000921$）．他の対比はすべて有意ではない．各行のラベルは，変数名 clipping と対比の番号 (1 から 4) とを組み合わせて作られていることに注意する．

## 処理対比

独自に対比を指定するやり方を上で見たが，デフォルトで **R** が対処するやり方を理解しておく必要がある．その仕方は処理対比と呼ばれ，次のように設定されている．

```
options(contrasts = c("contr.treatment", "contr.poly"))
```

最初の引数 `contr.treatment` は処理対比をデフォルトで使用するということを表す．しかし，順序付き要因（例えば，「低い」，「中程度」，「高い」などの水準はその数量的表現により順序を考慮することができる）を比較するときは，2番目の引数で指定されている対比 `contr.poly` がデフォルトの手法である．この不慣れな用語が何を表すのか，ちょっと見てみよう．説明変数 `clipping` には独自に定義した対比を設定していたので，まずは次のようにそれを取り除いてデフォルトの対比に戻ろう．

```
contrasts(clipping) <- NULL
```

では，もう一度モデルを当てはめて，`summary` 関数が要約したものを具体的に検討してみよう．

```
model3 <- lm(biomass ~ clipping)
summary(model3)
Coefficients:
              Estimate Std. Error t value Pr(>|t|)
(Intercept)    465.17      28.75   16.177  9.4e-15 ***
clippingn25     88.17      40.66    2.168  0.03987 *
clippingn50    104.17      40.66    2.562  0.01683 *
clippingr10    145.50      40.66    3.578  0.00145 **
clippingr5     145.33      40.66    3.574  0.00147 **

Residual standard error: 70.43 on 25 degrees of freedom
Multiple R-squared: 0.4077,    Adjusted R-squared: 0.3129
F-statistic: 4.302 on 4 and 25 DF,  p-value: 0.008752
```

最初にやるべきことをまずやっておこう．要約表には5行あり，ラベルが (Intercept)，clippingn25, clippingn50, clippingr10, clippingr5 とある．なぜ5行なのだろう．要約表に5行あるのは，このモデルではデータから5つの母数（要因の各水準に1つずつ）を推定しているからである．ここが一番肝心な所である．別のモデルを当てはめると，要約表には異なる行数が現れることだろう．当てはめようとするモデルがデータから何個の母数を推定しようとしているのか，常に意識しているべきである．そうすれば，要約表に行がいくら現れても戸惑うことはないだろう．

次に，個々の行が何を伝えようとしているのか考えてみる．`biomass` の全平均を求めて，それが要約表のどこに現れるのか調べよう．

```
mean(biomass)
[1] 561.8
```

この数値はどこにも見あたらない．5 つの処理平均はどうだろう？それを見るには，何とも便利な `tapply` 関数を利用する．

```
tapply(biomass, clipping, mean)
 control       n25       n50       r10        r5
465.1667  553.3333  569.3333  610.6667  610.5000
```

おもしろい．最初の処理平均（`control` に対する 465.1667）は要約表の第 1 行に現れているが，他の処理平均は見あたらない．では，要約表の第 2 行にある 88.17 は何を意味しているのか？個々の処理平均を子細に調べると，`n25` に対する `biomass` の平均と `control` に対する `biomass` の平均との差が 88.17 となっていることが分かるだろう．104.17 は `n50` に対する `biomass` の平均と `control` に対する `biomass` の平均の差である．**個々の要因水準に対する平均と，アルファベット順で最初に来る要因水準に対する平均との差を表すのが処理対比なのである**．初め理解するのが難しいと感じるのも無理はない．

　なぜにこのように込み入ってるのだろう？5 個の平均値を表示するだけでは拙いのだろうか？答えは必要最小限の記述とモデル単純化に関係している．観測された平均値（例えば，`tapply` を用いて）の間の差が統計的に有意かどうか知りたいのである．その評価には，平均差を知らなければいけないし，さらに重要なのはその差の標準偏差を知らなければいけない（これについて記憶を新しくするには p.102 を参照）．`summary.lm` による要約表は，この過程をできうる限り簡潔に表している．唯一の平均（切片）が表示されるだけであり，他の行はすべて平均間の差である．同様に第 2 列においても，唯一の標準偏差（切片に対する標準偏差，実際のこの例では `control` に対するもの）が表示され，他の行すべてには 2 つの平均の差の標準偏差がおかれている．そのため，第 1 行の値 28.75 は他の 4 行の値 40.66 よりもかなり小さくなっている．というのも，平均の標準誤差は

$$\sqrt{\frac{s^2}{n}}$$

であるのに対して，2 つの平均の差の標準誤差は次で与えられるからである．

$$\sqrt{\frac{s_A^2}{n_A} + \frac{s_B^2}{n_B}} = \sqrt{\frac{2s^2}{n}}$$

ここでの例のように非常に単純な場合は，5 つの要因水準での反復数は同じにし（$n=6$），合算した誤差分散 $s^2$ を用いるので，平均の差の標準誤差は 1 つの平均の標準誤差の $\sqrt{2} = 1.414$ 倍になる．これをこの例で確かめてみよう．

```
28.75 * sqrt(2)
[1] 40.65864
```

確かに，一致している．さて，アルファベット順でたまたま最初に来る要因水準の平均と比べ

ても有り難くないときは，どうするか？どの順番で要因水準を考慮すべきなのか，その順番を指定するために新たに `factor` で宣言して，水準の順番を入れ替えなければいけない．p.267 にその例を見つけることができるだろう．あるいは，この章の最初に見たように，水準の属性 `contrasts` を定義して比較することもできる．

## 段階的に減少させるモデル単純化

処理対比を用いたモデル単純化では，1つひとつ段階的に結果を見ながら有意でない要因水準をまとめていく．これで得られる結果は，以前に行った説明変数の対比属性を定義して得られるものと**正確に同じ**である．

母数の推定値をひととおり眺めると，5 cm と 10 cm の根剪定（それぞれ r5 と r10 の水準）の効果（145.33 と 145.5）が最も類似していることが分かる．これを単一の根剪定処理を表す `root` にまとめて単純化しよう．そのためには，`levels` 関数を用いて要因水準名を変更する．まず，本来の要因を別の変数に代入する．

```
clip2 <- clipping
```

要因のもつ水準名とその水準数を確かめておく．

```
levels(clip2)
[1] "control" "n25"     "n50"     "r10"     "r5"
```

r10 と r5 を1つの水準 root にまとめる．これらは clip2 の第4水準と第5水準（左から数えて）なので，次のように書き換える．

```
levels(clip2)[4:5] <- "root"
```

その結果を見るために，次のように行う．

```
levels(clip2)
[1] "control" "n25"     "n50"     "root"
```

水準 r10 と r5 がまとめられ，root に置き換えられていることが分かる．次にやるべきは，`clipping` の代わりに，`clip2` を使って新しいモデルを当てはめることである．このとき，この新しく単純化されたモデルが，データを説明するのに有意に悪くなっていないか，`anova` を使って調べた方が良い．

```
model4 <- lm(biomass ~ clip2)
anova(model3, model4)
Analysis of Variance Table

Model 1: biomass ~ clipping
Model 2: biomass ~ clip2
```

```
   Res.Df    RSS Df  Sum of Sq           F Pr(>F)
1      25 124020
2      26 124020 -1  -0.0833333  0.0000168 0.9968
```

予想どおり，このモデル単純化は正当化できる．次に，`summary` を用いて効果を検証する．

```
summary(model4)
Coefficients:
            Estimate Std. Error t value Pr(>|t|)
(Intercept)   465.17      28.20  16.498 2.72e-15 ***
clip2n25       88.17      39.87   2.211 0.036029 *
clip2n50      104.17      39.87   2.612 0.014744 *
clip2root     145.42      34.53   4.211 0.000269 ***


Residual standard error: 69.07 on 26 degrees of freedom
Multiple R-squared: 0.4077,      Adjusted R-squared: 0.3393
F-statistic: 5.965 on 3 and 26 DF,  p-value: 0.003099
```

次に，その効果の大きさが 88.17 と 104.17 である 2 つの枝剪定を比較しよう．その差は 16.0（根剪定の差よりもかなり大きい）であるが，その差の標準誤差が 39.87 であることに気づくだろう．すぐに $t$ 検定のことが頭に浮かぶが，大ざっぱに有意であるためには $t$ 値は 2 以上でなければならない．ここでは，有意であるための差は少なくとも $2 \times 39.87 = 79.74$ 必要なので，2 つの枝剪定処理をまとめても，モデルの説明力を有意に減少させることは無さそうである．そこで，これらを単一の枝剪定処理にまとめよう．

```
clip3 <- clip2
levels(clip3)[2:3] <- "shoot"
levels(clip3)
[1] "control" "shoot"   "root"
```

では，`clip2` の代わりに `clip3` を使ってモデルを当てはめよう．

```
model5 <- lm(biomass ~ clip3)
anova(model4, model5)
Analysis of Variance Table


Model 1: biomass ~ clip2
Model 2: biomass ~ clip3
  Res.Df    RSS Df Sum of Sq      F Pr(>F)
1     26 124020
2     27 124788 -1      -768  0.161 0.6915
```

ここでもまた，単純化が十分に正当化できる．root と shoot の処理は異なっていないのだろうか？

```
summary(model5)
Coefficients:
             Estimate Std. Error t value Pr(>|t|)
(Intercept)    465.17      27.75  16.760 8.52e-16 ***
clip3shoot      96.17      33.99   2.829 0.008697 **
clip3root      145.42      33.99   4.278 0.000211 ***

Residual standard error: 67.98 on 27 degrees of freedom
Multiple R-squared:  0.404,    Adjusted R-squared:  0.3599
F-statistic: 9.151 on 2 and 27 DF,  p-value: 0.0009243
```

2 つの効果の大きさは $145.42 - 96.17 = 49.25$ であり標準偏差は 33.99 なので（$t$ 値 $< 2$），要因水準をまとめるとモデルの説明力を有意に減少させる，などと考える必要は無い．

```
clip4 <- clip3
levels(clip4)[2:3] <- "pruned"
levels(clip4)
[1] "control" "pruned"
```

clip3 の代わりに clip4 を使ってみよう．

```
model6 <- lm(biomass ~ clip4)
anova(model5, model6)
Analysis of Variance Table

Model 1: biomass ~ clip3
Model 2: biomass ~ clip4
  Res.Df    RSS Df Sum of Sq      F  Pr(>F)
1     27 124788
2     28 139342 -1    -14553 3.1489 0.08726 .
```

この単純化は有意に近いが，（$p$ 値 $> 0.05$ なので）厳密に行って単純化することになる．こうして，最小十分なモデルが得られる．

```
summary(model6)
Coefficients:
             Estimate Std. Error t value Pr(>|t|)
(Intercept)     465.2       28.8  16.152 1.01e-15 ***
clip4pruned     120.8       32.2   3.751 0.000815 ***
```

```
Residual standard error: 70.54 on 28 degrees of freedom
Multiple R-squared:  0.3345,    Adjusted R-squared:  0.3107
F-statistic: 14.07 on 1 and 28 DF,  p-value: 0.0008149
```

ここに表示されているのは 2 つの推定値だけである．1 つは対照の平均（465.2），もう 1 つは 4 つの処理の平均（465.2 + 120.8 = 586.0）と対照の平均との差である．

```
tapply(biomass, clip4, mean)
 control   pruned
465.1667 585.9583
```

この 2 つの平均が有意に異なっていることは $p$ 値 $= 0.000815$ より分かる．もう少し詳しく見るために，まったく説明変数をもたない最後のモデル（全平均だけを当てはめる）が model7 を作ってみよう．これには，モデル式 y~1 を指定する（母数 1 は，思い出してほしいが，R では切片のことである）．

```
model7 <- lm(biomass ~ 1)
anova(model6, model7)
Analysis of Variance Table

Model 1: biomass ~ clip4
Model 2: biomass ~ 1
  Res.Df    RSS Df Sum of Sq      F    Pr(>F)
1     28 139342
2     29 209377 -1    -70035 14.073 0.0008149 ***
```

得られた $p$ 値が model6 でのものと正確に一致している．実は，R での model6 の $p$ 値が分かると，モデル単純化のこの最終検証は必要ではない．つまり，「その母数を除いたときの $p$ 値」なのである．

　ここで段階的な要因水準の減少によって行ったことと，以前，因子の contrast 属性を与えることにより行ったことを比較することは有益である．

## 対比平方の和の手計算

　ここで肝心なことは，処理平方和 $SSA$ が $(k-1)$ 個の直交する対比平方の和になるということである．ただし，対比平方 $SSC$ は次のように定義される．

$$SSC = \frac{1}{\sum_{i=1}^{k} \frac{c_i^2}{n_i}} \left( \sum_{i=1}^{k} \frac{c_i T_i}{n_i} \right)^2$$

ただし，$T_i$ は各群での部分和である．どの要因水準においても標本数がすべて同じならば，

$$SSC = \frac{1}{\frac{1}{n}\sum_{i=1}^{k} c_i^2} \left(\frac{1}{n}\sum_{i=1}^{k} c_i T_i\right)^2$$

どの対比が $SSA$ に大きく貢献しているか知っておくと役に立つ．対比の有意性はこれまでのように $F$ 検定を使って判定される．つまり，対比分散と誤差分散 $s^2$ とを比較する．合算された誤差分散 $s^2$ は分散分析表の誤差平均平方の項にある．すべての対比は自由度 1 なので，対比分散は対比平方に等しく，$F$ 統計量は次のように書ける．

$$F = \frac{SSC}{s^2}$$

この検定統計量の値が自由度 1 と $k(n-1)$ をもつ $F$ 分布の棄却限界値よりも大きいとき，対比は有意である（比較される 2 つの母数群が有意に異なっている）．この考え方を前の例を使って示そう．前の節で要因水準の縮減を行ったとき，4 つの直交する対比に対して次のような平方和を求めた（モデル比較を行ったときの分散分析表から次の数値は得られる）．

表 11.1  4 つの直交する対比に対する平方和

| 対比 | 平方和 |
|---|---|
| 対照 vs. 剪定処理 | 70035 |
| 葉剪定 vs. 根剪定 | 14553 |
| 葉剪定 n50 vs. 葉剪定 n25 | 768 |
| 根剪定 r10 vs. 根剪定 r5 | 0.083 |
| 計 | |

ではここで，（この章の初めの方で独自に定義した）事前対比に関する計算を行ってみて，同じ結果が得られることを確かめてみよう．上の計算式を使って対比平方和 $SSC$ を計算するために必要なものは，処理総和 $T_i$ と対比係数 $c_i$ である．対比係数をもう一度ここに書いておこう（表 11.2）（p.237 を参照）．

表 11.2  4 つの直交する対比の対比係数

| 対比 | 対比係数 | | | | |
|---|---|---|---|---|---|
| 対照 vs. 処理 | 4 | $-1$ | $-1$ | $-1$ | $-1$ |
| 葉剪定 vs. 根剪定 | 0 | 1 | 1 | $-1$ | $-1$ |
| 葉剪定 n50 vs. 葉剪定 n25 | 0 | 1 | $-1$ | 0 | 0 |
| 根剪定 r10 vs. 根剪定 r5 | 0 | 0 | 0 | 1 | $-1$ |

5 つの処理総和 $T_i$ を `tapply` で求める．

```
tapply(biomass, clipping, sum)
control     n25      n50      r10       r5
   2791    3320     3416     3664     3663
```

最初の対比においては，その係数が $4, -1, -1, -1, -1$ なので，$SSC$ に対する公式より

$$SSC = \frac{((4 \times 2791 + (-1) \times 3320 + (-1) \times 3416 + (-1) \times 3664 + (-1) \times 3663)/6)^2}{(4^2 + (-1)^2 + (-1)^2 + (-1)^2 + (-1)^2)/6}$$

$$= \frac{(-2899/6)^2}{20/6} = \frac{233450}{3.33333} = 70035$$

2 番目の対比においては，対照の係数は 0 なので，その項は除いて

$$SSC = \frac{((1 \times 3320 + 1 \times 3416 + (-1) \times 3664 + (-1) \times 3663)/6)^2}{(1^2 + 1^2 + (-1)^2 + (-1)^2)/6}$$

$$= \frac{(-591/6)^2}{4/6} = \frac{9702.25}{0.666666} = 14553.38$$

3 番目の対比においては，根剪定処理も無視するので

$$SSC = \frac{((1 \times 3320 + (-1) \times 3416)/6)^2}{(1^2 + (-1)^2)/6}$$

$$= \frac{(-96/6)^2}{2/6} = \frac{256}{0.333333} = 768$$

最後の対比においては，2 つの根剪定処理を比較するので

$$SSC = \frac{((1 \times 3664 + (-1) \times 3663)/6)^2}{(1^2 + (-1)^2)/6}$$

$$= \frac{(1/6)^2}{2/6} = \frac{0.027778}{0.333333} = 0.083333$$

段階的に要因水準を縮減させたときに得られた平方和と今ここで求めた平方和が正確に一致していることが分かる．これにより，処理が互いに異なっているのではないかとか，あの処理は他のものより優れているとか，他人から後ろ指を指されることなど無いだろう．

## 3 種類の対比の比較

他にヘルムート対比や総和対比が存在するが，これらを使うことはほとんどあり得ないだろう．しかし，それらを調べる必要があるときは，*The R Book*（Crawley, 2013）に詳しく解説してあるので，参照するとよいだろう．

## 参考文献

Crawley, M. J. (2013) *The R Book*, 2nd edn, John Wiley & Sons, Chichester.

## 発展

Ellis, P. D. (2010) *The Essential Guide to Effect Sizes: Statistical Power, Meta-Analysis, and the Interpretation of Research Results*, Cambridge University Press, Cambridge.

Miller, R. G. (1997) *Beyond ANOVA: Basics of Applied Statistics*, Chapman & Hall, London.

# 第12章

# いろいろな応答変数

　これまで応答変数は連続型の実数，例えば重さ，長さ，濃度などであった．応答変数の振る舞いに関してはいくつかの重要な仮定を課してきている．その仮定を重要さの順で改めてここで述べておくのも意味があるだろう．

- 無作為抽出
- 一定の分散
- 正規誤差
- 誤差の独立性
- 加法的効果

仮定のどれかが怪しいとき，今までの対応は応答変数の変換を行うことであった．そのとき，たぶん，説明変数の変換も伴っていただろう．

　統計の仕事をしていると，上記の鍵となる仮定が成り立たないような応答変数によく出会う．そのような場合は，変数変換を捨てて，全体を効果的にモデル化して機能性の向上をもたらす代替物を探した方が賢明である．本書では，実際上において一般的な4種類の新しい応答変数を取り上げる．

- 計数データ
- 比率（割合）データ
- 2値応答データ
- 死亡年齢データ

どれも分散の一定性や誤差の正規性に関する仮定を満足していない．これらいろいろな種類の応答変数は，多分最初に受ける印象よりもかなり一般的であり，一般化線形モデル（generalized linear models，GLMs）の枠組みの中で扱えるのである．これらのモデルは，分散の一定性や誤差の正規性からは外れるが，無作為抽出性や誤差の独立性は保っていることに注意する．GLMでの効果は，状況に応じて，加法的な場合も乗法的な場合もありうる．

　分散についてまず考えよう．計数データは整数値をとるので，平均が小さいときにはすぐ理解できることだが，データが偏って4回の内の3回は2と1と0のどれかになっている，ということもありそうである．そのように計数データの平均が小さいときは分散も必然的に小さくなる（分散の定義は，平均からの各計数の差の平方和を自由度で割ったものであることを思い

出してほしい). しかし, 計数データの平均が大きいときは, 各計数値の範囲は 0 からかなり大きな値にまで広がることになり, その残差を求め平方すると非常に大きな計算値になるだろう. その結果, 大きな分散になる. そのため, 線形モデルでは分散は一定であると想定していたが, 計数データにおいては, 分散は平均とともに増加すると考えられる. 今, ここで扱っている計数データで知ることができるのは, あることが起こった回数（落雷数, 顕微鏡の中の細胞数, 葉の上の昆虫数など）のことであり, 起こらなかった回数のことではない.

比率データは, あることをした個体の計数とそうでなかった個体の計数に基づいている. これらは自由にどのような値もとれるし, また両方の値がデータを適切に解析するためには必要である. 一般に, あることをした個体は**成功**（**success**）と呼ばれ, やらなかった個体は**失敗**（**failure**）と呼ばれる. 応答変数が医学上のある試行おける死亡数を表すときなどは, 気持ちの悪い呼び方かもしれない. 次は計数に基づく比率データの例である:

表 12.1　計数に基づく比率データの例

| 成功 | 失敗 |
|---|---|
| 死亡 | 生存 |
| 女性 | 男性 |
| 疾病 | 健康 |
| 就職 | 失職 |
| 受粉 | 未受粉 |
| 成年 | 未成年 |

この計数に基づく比率データには, 非常に多くの状況で出会うはずである. このような比率データの分散について考えてみよう. 成功率が 100% の場合は, すべての個体が同じになり, 分散は 0 である. 同様に成功率が 0% の場合も, すべての個体が同じで分散は 0 である. しかし, 成功率がその中間的なものであったなら（例えば, 50% のときなどは）, 個体のいくつかは 1 つのクラスに入り, 他のいくつかが別のクラスに入るということが起こるので, 分散は大きくなる. 上に述べた平均の単調増加関数になる分散をもつ計数データとは異なり, 比率データでの分散は平均の関数としてコブ形状になる. 2 項分布は, 比率データの解析に用いられるそのような形状の分布の重要な例である. 成功の確率を $p$, 試行数を $n$ とするとき, その成功数の平均は $np$ であり, 分散は $np(1-p)$ である. これから分かるように, 分散は $p = 0, 1$ のとき 0 となり, $p = 0.5$ のとき最大値をとる.

別の種類の比率データ（植物生態学における被覆のパーセンテージデータなど）は計数に基づいていない. 連続量であり, 上下に制限されている（例えば, 負の被覆比率とか, 100% より大きな被覆比率を考えることはできないだろう）. この種の比率データは解析前に arcsine 関数で変換を行い, 線形モデルを当てはめるとよい.

医学研究者は非常に特殊な応答変数を取り扱う. それは死亡年齢データである. 研究の目的は, ある処置により（願わくば）患者の生存時間が, 偽薬を処方された患者（対照）と比較して, 延長されるかというところにある. 死亡年齢データは非均一の分散をもつことで評判が悪い. 計数データの分散は平均に従って増加していたが, 死亡年齢データではさらに込み入って

いて，分散は平均の平方に従って増加する．

次に挙げるのは，分散を平均の関数として表したグラフである．4つの応答変数の対照的な性質が見てとれる：線形モデルを用いた解析が適切なデータ（均一な分散，上段左），計数データ（線形増加な分散，上段右），比率データ（コブ形状の分散，下段左），死亡年齢データ（増加2次関数，下段右）．

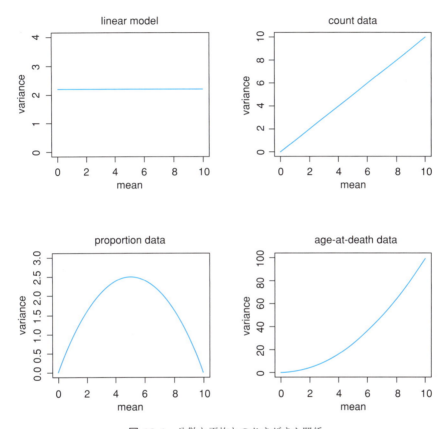

図 **12.1** 分散と平均とのさまざまな関係

## 一般化線形モデルの導入

一般化線形モデルは3つの重要な特徴をもつ．

- 誤差構造
- 線形予測子
- 連結関数

これらの概念に不慣れかもしれないが，背後にあるアイデアは至極簡潔であり，それぞれの概念が意味するものには学ぶだけの価値がある．

### 誤差構造

現時点まで，正規誤差をもつデータの統計解析を行ってきた．しかし，実際には，多くの種類のデータの誤差が非正規的である．

- 強く歪んだ誤差
- 尖った分布に従う誤差
- 明確な限界をもつ誤差（比率のように）
- 負の推定値を導くことのできない誤差（計数のように）

過去においてこれらの問題を扱える道具は，応答変数の変数変換やノンパラメトリックな手法だけであった．GLM では，いろいろに異なる誤差分布を指定できる．

- ポアソン誤差，計数データに対して有効
- 2 項誤差，比率に関するデータに対して有効
- ガンマ誤差，変動に対して定数係数を示すデータに対して有効
- 指数誤差，死亡時間（生存解析）データに対して有効

誤差構造は，次のようにモデル式の一部として，引数 `family` に指定して定義される．

```
glm(y~z, family = poisson)
```

これは，応答変数がポアソン誤差をもつことを意味している．あるいは

```
glm(y~z, family = binomial)
```

このときは，応答変数は 2 値であり，モデルは 2 項誤差をもつ．今までのモデルと同様に，説明変数は連続型であってもよいし（回帰分析を導く），カテゴリカル型であってもよい（後に述べるように，逸脱度解析と呼ばれる，分散分析に似た手法を導く）．

### 線形予測子（Linear Predictor）

モデルに仮定された構造により，観測値 $y$ は予測値に関係付けられる．予測値とは**線形予測子**により求められた値を変換したものである．線形予測子 $\eta$（エータ）は 1 個以上の説明変数 $x_j$ の効果の線形和であり，`summary.lm` を実行すれば確認できる．

$$\eta_i = \sum_{j=1}^{p} \beta_j x_{ij}, \quad i = 1, 2, \ldots, q$$

ただし，$x_j$ は $p$ 個の異なる説明変数であり，$\beta = (\beta_1, \ldots, \beta_p)$ はデータから推定されるべき（たいていは）未知母数である．等式の右辺は**線形構造（linear structure）**と呼ばれる．

線形予測子の中には，データから推定されるべき母数の個数 $p$ と同じ数の項が存在する．単回帰では，線形予測子は 2 つの項の和であり，その母数は切片と傾きである．4 つの処理をもつ一元配置分散分析では，線形予測子は 4 つの項の和であり，要因の 4 水準に対応する平均の

推定値を導く．モデルに共変量がある場合は，各水準ごとに線形予測子へ1つの項を追加する（計4個の傾き）．要因分散分析における交互作用は，線形予測子に1個以上の母数を追加する．ただし，各要因の自由度に依存する（例えば，2水準要因と4水準要因の交互作用に対する追加の母数は $(2-1) \times (4-1) = 3$ 個である）．

線形予測子は `summary.lm` 関数により調べられる．モデルにある母数の数と同数の行が表示され，最初の2つの列には母数の効果の大きさとその標準偏差がおかれている．残りの列には，自分で簡単に計算できるので重要度は減少するが，$t$値，$p$値，有意の程度を表すアスタリスクがおかれる．

最初難しいと感じるのは，どの効果がどの行に示されているかはっきりと分からないという点である．例えば，共分散解析においては，第1行には1つの切片，第2行には1つの傾きがあるだろう．しかし，残りの行には切片どうしの差や傾きどうしの差がおかれているのである（モデルにいくつも傾きや切片が存在したとしても，はっきりと表示されているのは1個の切片と1個の傾きだけである）．

## 適合値

GLMのもつ大きな強みの1つは，異なるモデルが応答変数と同じ測定尺度で比較できることにある．今まで，モデルとデータの間の適合の乖離度を測るために分散を用いてきた．これは，応答変数 $y$ とモデルによって予測された適合値 $\hat{y}$ との差の平方和 $\sum_{i=1}^{n}(y_i - \hat{y}_i)^2$ を自由度で割ったものである．異なるモデルを当てはめようとするとき，例えば $z = \log(y) = a + bx$ であるとすると，明らかに分散はまったく違ったものになる．なぜならば，それは $\sum_{i=1}^{n}(z_i - \hat{z}_i)^2$ に基づいて計算されたものになるからである．これではモデルの比較は難しい．データへの2つのモデルの適合度を測る共通の秤が無いためである．しかしGLMでは，応答変数に使われた同じ尺度で $y$ と $\hat{y}$ とを比較する（例えば，計数ならば計数として，あるいは2つの計数に基づく比率として）．これで，モデル比較は大層分かりやすいものになる．

## 変動の一般的な指標

データとモデルとの適合の逸脱の度合が状況によって異なるというのは問題である．そこで，**逸脱度（deviance）** と改めて呼ばれる新しいものを導入しよう．この段階での専門的な定義はそれほど役には立たないだろうが，一応与えておこう．本質的には次で与えられる．

$$[逸脱度] = -2 \times [最大対数尤度]$$

最大対数尤度は**データに与えられたモデル**に依存することにも注意する．ところで，一定分散と正規誤差を仮定するとき（線形回帰，分散分析や共分散分析などで），逸脱度は実質的に分散と同じである．ということなので，逸脱度について少しも学ばないというわけにはいかないだろう．計数データの場合は，これは $(y_i - \hat{y}_i)^2$ に基づくというよりも $y_i \log(y_i/\hat{y}_i)$ に基づくことになり，比率データの場合も逸脱度は違ったものになり，他の場合も同様である．しかし肝

心なのは，適合度を測るために $y_i$ と $\hat{y}_i$ を比較するのに，本来の変換されない同じ尺度を利用するという点にある．次章以降でいろいろな逸脱度について詳細に議論するが，それらがどんなものなのか，主な逸脱度の一覧を与えておこう．

表 12.2 逸脱度の例

| モデル | 逸脱度 | 誤差 | 連結関数 |
|---|---|---|---|
| 線形 | $\sum_{i=1}^{n}(y_i - \hat{y}_i)^2$ | 正規 | 恒等 |
| 対数線形 | $2\sum_{i=1}^{n} y_i \log\left(\dfrac{y_i}{\hat{y}_i}\right)$ | ポアソン | 対数 |
| ロジスティック | $2\sum_{i=1}^{n}\left\{ y_i \log\left(\dfrac{y_i}{\hat{y}_i}\right) + (n - y_i)\log\left(\dfrac{n - y_i}{n - \hat{y}_i}\right)\right\}$ | 2項 | ロジット |
| ガンマ | $2\sum_{i=1}^{n}\left\{\dfrac{(y_i - \hat{y}_i)}{y_i} - \log\left(\dfrac{y_i}{\hat{y}_i}\right)\right\}$ | ガンマ | 逆数 |

　与えられたモデルの適合度を測るために，GLM は応答変数の値に対して線形予測子を評価し，その推測値を逆変換して観測値 $y$ と比較する．そのとき，母数は修正され，変換された尺度に基づいてモデルは再度当てはめられる．この操作は，適合が改善されなくなるまで続く．ここで一体何が行われているのか，それがそんなに画期的なことなのか，理解するには時間が掛かるだろう．しかし，心配はいらない．実践を積めば納得できるようになるだろう．

## 連結関数

　GLM で理解しづらいものの 1 つに，応答変数の値（1 つはデータとして与えられたもの，もう 1 つはモデルを通して適合値として推測されたもの）と線形予測子との間の関係がある．関係を表すものとして採用された変換は**連結関数 (link function)** と呼ばれる．適合値は，応答変数の本来の測定尺度に戻されるために，連結関数の逆関数を使って求められる．対数連結の場合は，適合値は線形予測子の逆対数値（指数関数値）である．また，逆数連結の場合は，適合値は線形予測子の逆数である．

　覚えておくべきは，**連結関数は $y$ の平均値を線形予測子に関連づけている**ということである．つまり，

$$\eta = g(\mu)$$

単純な式ではあるが，理解しておくべき点もある．線形予測子 $\eta$ は $p$ 個の母数のそれぞれに対応する項の和である線形モデルで表されている．**これは $y$ の値ではない**（**恒等連結**という特別な場合（今まで，暗にそうであるかのように用いてきた）を除いて）．$\eta$ の値は $y$ の値を連結関数によって変換して求められ，$y$ の推測値は $\eta$ に逆連結関数を適用して求められる．

　最もよく用いられる連結関数を下に挙げておく（表 12.3）．連結関数を選ぶ際に大事な原則は，適合値が確実に整合的な範囲にあるようにすることである．例えば，計数は 0 以上でなければならない（負の計数というのは意味がないだろう）．同様に，応答変数が死んだ個体数の比率の場合は，適合値は 0 と 1 の間にあるべきである（その範囲外の適合値は意味がない）．最初

の例では，対数関数が適切である．適合値は線形予測子の逆対数値になるので，必ず 0 以上の値である．2 番目の例では，ロジット関数がよい．適合値が対数オッズ $\log(p/(1-p))$ の逆関数を用いて計算されるからである．

## 標準連結関数

モデル式で引数 `family` に指定された誤差構造に対してデフォルトで選択される連結関数は，標準連結関数と呼ばれる．引数 `link` に何も指定されないとき，以下のデフォルトの設定が利用される．

表 12.3　誤差と標準連結関数

| 誤差 | 標準連結関数 |
|---|---|
| 正規 (`gaussian`) 誤差 | 恒等関数 |
| ポアソン (`poisson`) 誤差 | 対数関数 |
| 2 項 (`binomial`) 誤差 | ロジット関数 |
| ガンマ (`Gamma`) 誤差 | 逆数関数 |

標準連結関数を記憶して，なぜそれらが指定された誤差にそれぞれ適切なのか理解しておくべきである．ところで，ガンマ誤差のみが R では大文字で始まることに注意する．

GLM で連結関数（例えば，対数連結関数）を用いた解析と線形モデルで応答変数の変換（$y$ ではなく，$\log(y)$ を応答変数とする）を用いた解析のどちらを選択するか，それにはある程度の経験を必要とするだろう．

この章以降の 4 つの章を読み進めるに従って，この新しい概念にも徐々に慣れていくだろう．もちろん，初めから理解するのは難しいだろうが，そうでない振りをしても仕方がない．実践により易しくなっていくのである．要は，分散が一定でなく，誤差に正規性がないときは何かしなければいけない，という点にある．そんなときは，線形モデルではなく一般化線形モデルを採用することが，しばしば最良の解決をもたらしてくれる．逸脱度，連結関数，線形予測子について学ぶことは，お安い買い物なのである．

## モデル適合度を測る赤池情報量規準（AIC）

説明できない変動量は，モデルに母数を追加するに従って減少していく．モデルに母数が増えれば増えるほど，モデル適合度はよくなっていく．すべてのデータ点に母数をそれぞれあてがうと，完璧なモデルが手に入れられる（飽和モデル，p.215 を参照）．しかし，このモデルには説明力が全く欠けている．母数の数は節約すべきだという要求とモデルの適合性との間には，トレードオフという関係が必ず存在している．

やりたいことは母数それぞれの有用性の評価である．そうする一番簡単な方法は，母数にペナルティを設定して，それよりも良い働きをする（つまり，その母数を残すことによる説明できない変動量の減少がそのペナルティよりも大きい）母数のみをモデルに入れるのである．2 つのモデルを比較するとき，AIC の低い方がよりよく適合している．この規準は，`step` 関数を

用いて，自動的なモデル単純化を行うときの基礎になっている．AIC は 1 母数当たり 2 のペナルティを課すので，与えられたモデルの AIC は次のように定義される．

$$\text{AIC} = [逸脱度] + 2p$$

（ある母数の追加による）逸脱度の減少が 2 よりも小さいときは，その母数の追加は認められない．他のやり方では（例えば BIC, Bayesian Information Criterion），さらに厳しいペナルティを課している．そのため，最小な適切モデルでの母数の数は一般的に少なくなる（BIC が各母数に設定するペナルティは $\log n$, ただし $n$ は標本数）．

## 発展

Aitkin, M., Francis, B., Hinde, J. and Darnell, R. (2009) *Statistical Modelling in R*, Clarendon Press, Oxford.

McCullagh, P. and Nelder, J. A. (1989) *Generalized Linear Models, 2nd edn*, Chapman & Hall, London.

McCulloch, C. E. and Searle, S. R. (2001) *Generalized, Linear and Mixed Models*, John Wiley & Sons, New York.

# 第 13 章

# 計数データ

　今まで扱ってきた応答変数はすべて，連続型の測定値であった．体重，身長，長さ，温度，成長率などである．しかし，科学者，医学統計学者，経済学者などが収集するデータでは応答変数が**計数**（count，自然数または整数）で与えられることも多い．死亡した個体数，破産した企業数，霜の降りた日数，顕微鏡で見たスライド内の赤血球数，月面のある区画内のクレータ数など，どれも研究上の面白い変数になりうる．計数データでは，応答変数に 0 という数もしばしば出現する（例えば，上に挙げた具体例で 0 が何に相当するのか考えてみたらよい）．本章では**頻度**（**frequency**）データも扱う．これは，起こった回数が何回だったのかを数えるものであり，**起こらなかった回数が何回だったのかは知ることができない**（落雷，破産企業数，死亡数，誕生数など）．これは**比率**（**割合**，**proportion**）に関する計数データと対照的である．比率に関するデータでは，あることが起こった回数も分かるが，起こらなかった回数も知ることができる（死亡の割合，誕生における性別比，アンケート調査項目における選ばれた選択肢の割合など）．

　このような計数データに線形回帰モデル（均一的な分散，正規誤差をもつ）を直接的に当てはめるのは 4 つの理由から適当でない．

- 線形モデルでは負の計数を予測するかもしれない
- 応答変数の分散が，平均に伴って大きくなる傾向がある
- 誤差は正規分布に従わない
- 0 を変換して扱うのは難しい

R では，引数 `family = poisson` を指定した一般化線形モデルを利用すると，計数データをうまく扱うことができる．これは，誤差としてポアソン分布を，連結関数として対数関数を指定することになる（第 12 章を参照）．対数連結関数を用いると，すべての適合値は正になる．ポアソン誤差のデータは整数値で得られ，平均に等しい分散をもっている．

## ポアソン誤差を仮定した回帰

　ここで扱うデータは応答変数が計数値である（各診療所ごとに 1 年間に報告されたガンの発生件数）．また，連続型の説明変数を 1 つだけもっている（核施設から診療所への距離 (km)）．問題は原子炉から近いことがガンの発生に影響を与えるかどうかである．

```
clusters <- read.csv("c:\\temp\\clusters.csv")
attach(clusters)
names(clusters)
[1] "Cancers"  "Distance"

plot(Distance, Cancers, pch = 21, bg = "lightblue")
```

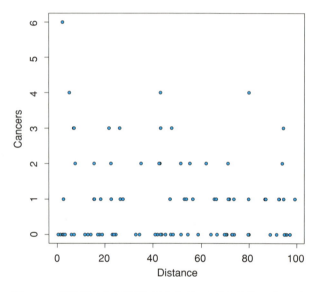

図 **13.1** 核施設からの距離に対するガンの発生件数のプロット

計数データが一般的に示すように，この応答変数の値も回帰直線の周りに群がるなどという様子は見せていない．それらは離散的な行の中に現れ，大まかに三角形の形状をしている．距離 0km から 100km のほとんどの所で多くの 0 値を見ることができる．唯一の最大計数 6 の発生は核施設に非常に近い距離で起こっている．距離に従ってガンの件数が少なくなる傾向があるようである．しかし，この傾向は有意だろうか？それを調べるために，引数 family = poisson を指定した glm （ポアソン誤差を指定した一般化線形モデル，GLM）を使って，距離に対するガン発生件数の回帰を行ってみよう．

```
model1 <- glm(Cancers ~ Distance, poisson)
summary(model1)
Coefficients:
             Estimate Std. Error z value Pr(>|z|)
(Intercept)  0.186865   0.188728   0.990   0.3221
Distance    -0.006138   0.003667   1.674   0.0941 .

(Dispersion parameter for poisson family taken to be 1)
```

```
    Null deviance: 149.48  on 93  degrees of freedom
Residual deviance: 146.64  on 92  degrees of freedom
AIC: 262.41
```

この傾向は有意ではないようである．しかし，残差逸脱度がちょっと気にかかる．これは残差自由度と同じであると想定できるからである．この残差逸脱度が残差自由度よりも大きいということから，**過分散**（応答変数にまだ説明できていない別の変動がある）ではないかと疑われる．過分散を補正するために，ポアソン誤差の代わりに quasipoisson を使って擬ポアソン誤差を指定したモデルを再度当てはめてみよう．

```
model2 <- glm(Cancers ~ Distance, quasipoisson)
summary(model2)
Coefficients:
             Estimate Std. Error t value Pr(>|t|)
(Intercept)  0.186865   0.235364   0.794    0.429
Distance    -0.006138   0.004573  -1.342    0.183


(Dispersion parameter for quasipoisson family taken to be 1.555271)

    Null deviance: 149.48  on 93  degrees of freedom
Residual deviance: 146.64  on 92  degrees of freedom
AIC: NA
```

過分散を補正すると，$p$ 値は 0.183 に増加している．ゆえに，核施設からの距離とガンの発生との間に傾向があるかという問いに，説得力のある証拠は存在しないと結論できる．当てはめられたモデルをデータプロットに重ねて描くには，ポアソン誤差を指定した GLM は対数連結を利用するということを理解する必要がある．母数の推定値とモデルでの予測値（線形予測値）は対数の関係にあるので，当てはめられた直線（有意ではないが）は指数関数を通して描かなければならない（図 13.2）．

$x$ 値は 0 から 100 まで変化させたいので，次のようにおく．

```
xv <- seq(0, 100, 0.1)
```

線形予測値と $y$ 値との関係を散布図の上に明示したいので，手計算で $y$ の値を求める．切片は 0.186865 で傾きは $-0.006138$ なので，線形予測値 yv は次で与えられる．

```
yv <- 0.186865-0.006138*xv
```

ここで頭に留めておくべき重要なことは，yv は対数尺度で与えられている，という点である．$y$ 値（対数をとる前の生のデータ）をプロットしたいので，指数関数（対数関数の逆変換）で変換する必要がある．

```
y <- exp(yv)
lines(xv, y, col="red")
```

赤の適合線は曲がっているが，非常に緩やかである．その傾向は有意ではない（$p$ 値 $> 0.18$）．線形予測子，連結関数，予測計数 `y`，これらの関係が一旦理解できたなら，曲線を描く作業は `predict` 関数を用いると簡単にできる．というのも，`type = "response"` と指定するだけで，自動的に予測値の逆変換をとってくれるからである．

```
y <- predict(model2, list(Sistance=xv), type="response")
lines(xv, y, col="red")
```

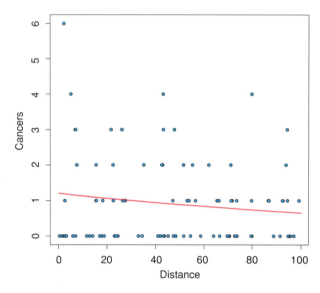

図 **13.2** 擬ポアソン誤差を指定したモデルから得られた回帰直線

## 計数データの逸脱度分析

　無作為に抽出した個体からの採血をスライドに載せて顕微鏡で調べる．ここでの応答変数はそのときの 1 mm$^2$ あたりの感染した赤血球の数（`cells`）である．説明変数は `smoker`（喫煙者：論理型，TRUE（喫煙），FALSE（非喫煙）），`age`（年齢：3 水準，`young`（20 以下），`mid`（21 から 59），`old`（60 以上）），`sex`（性別：2 水準，`male`（男性），`female`（女性）），そして `weight`（体重：3 水準，`normal`（標準），`over`（やや肥満），`obese`（肥満））である．

```
count <- read.csv("c:\\temp\\cells.csv")
attach(count)
names(count)
[1] "cells"   "smoker"  "age"     "sex"     "weight"
```

関数 table を使って計数データの頻度分布の形状を確認しておくこと，それは計数を扱うときはいつでも好ましい．

```
table(cells)
cells
  0   1   2   3   4   5   6   7
314  75  50  32  18  13   7   2
```

大多数（314人）で損傷した赤血球は見つかっていない．最大値は7個で2人の患者から検出された．主効果の水準毎の平均を求めることによりデータを調べてみよう．

```
tapply(cells, smoker, mean)
    FALSE      TRUE
0.5478723 1.9111111

tapply(cells, weight, mean)
   normal     obese      over
0.5833333 1.2814371 0.9357143

tapply(cells, sex, mean)
   female      male
0.6584507 1.2202643

tapply(cells, age, mean)
      mid       old     young
0.8676471 0.7835821 1.2710280
```

喫煙者は非喫煙者よりも相当に大きな平均をもっているように見える．また，やや肥満または肥満者は標準者よりも，男性は女性よりも，若者は中年・老年よりも平均は大きい．これらの差が有意なのか，説明変数間に交互作用は存在しないのかは検定する必要がある．

```
model1 <- glm(cells ~ smoker * sex * age * weight, poisson)
summary(model1)
```

過分散を調べたいので，（大量にある）出力の最後までスクロールして残差逸脱度や残差自由度を見つける必要がある．

```
    Null deviance: 1052.95  on 510  degrees of freedom
Residual deviance:  736.33  on 477  degrees of freedom
AIC:1318
```

残差逸脱度（736.33）が残差自由度（477）よりもかなり大きく，過分散が疑われるので，各効果を解釈する前に quasipoisson を指定して擬ポアソン誤差を用いたモデルを再度当てはめておくべきだろう．

```
model2 <- glm(cells ~ smoker * sex * age * weight, quasipoisson)
summary(model2)
```
Coefficients: (2 not defined because of singularities)

|  | Estimate | Std. Error | t value | Pr(>|t|) |  |
|---|---:|---:|---:|---:|---|
| (Intercept) | -0.8329 | 0.4307 | -1.934 | 0.0537 | . |
| smokerTRUE | -0.1787 | 0.8057 | -0.222 | 0.8246 |  |
| sexmale | 0.1823 | 0.5831 | 0.313 | 0.7547 |  |
| ageold | -0.1830 | 0.5233 | -0.350 | 0.7267 |  |
| ageyoung | 0.1398 | 0.6712 | 0.208 | 0.8351 |  |
| weightobese | 1.2384 | 0.8965 | 1.381 | 0.1678 |  |
| weightover | -0.5534 | 1.4284 | -0.387 | 0.6986 |  |
| smokerTRUE:sexmale | 0.8293 | 0.9630 | 0.861 | 0.3896 |  |
| smokerTRUE:ageold | -1.7227 | 2.4243 | -0.711 | 0.4777 |  |
| smokerTRUE:ageyoung | 1.1232 | 1.0584 | 1.061 | 0.2892 |  |
| sexmale:ageold | -0.2650 | 0.9445 | -0.281 | 0.7791 |  |
| sexmale:ageyoung | -0.2776 | 0.9879 | -0.281 | 0.7788 |  |
| smokerTRUE:weightobese | 3.5689 | 1.9053 | 1.873 | 0.0617 | . |
| smokerTRUE:weightover | 2.2581 | 1.8524 | 1.219 | 0.2234 |  |
| sexmale:weightobese | -1.1583 | 1.0493 | -1.104 | 0.2702 |  |
| sexmale:weightover | 0.7985 | 1.5256 | 0.523 | 0.6009 |  |
| ageold:weightobese | -0.9280 | 0.9687 | -0.958 | 0.3386 |  |
| ageyoung:weightobese | -1.2384 | 1.7098 | -0.724 | 0.4693 |  |
| ageold:weightover | 1.0013 | 1.4776 | 0.678 | 0.4983 |  |
| ageyoung:weightover | 0.5534 | 1.7980 | 0.308 | 0.7584 |  |
| smokerTRUE:sexmale:ageold | 1.8342 | 2.1827 | 0.840 | 0.4011 |  |
| smokerTRUE:sexmale:ageyoung | -0.8249 | 1.3558 | -0.608 | 0.5432 |  |
| smokerTRUE:sexmale:weightobese | -2.2379 | 1.7788 | -1.258 | 0.2090 |  |
| smokerTRUE:sexmale:weightover | -2.5033 | 2.1120 | -1.185 | 0.2365 |  |
| smokerTRUE:ageold:weightobese | 0.8298 | 3.3269 | 0.249 | 0.8031 |  |
| smokerTRUE:ageyoung:weightobese | -2.2108 | 1.0865 | -2.035 | 0.0424 | * |
| smokerTRUE:ageold:weightover | 1.1275 | 1.6897 | 0.667 | 0.5049 |  |
| smokerTRUE:ageyoung:weightover | -1.6156 | 2.2168 | -0.729 | 0.4665 |  |
| sexmale:ageold:weightobese | 2.2210 | 1.3318 | 1.668 | 0.0960 | . |
| sexmale:ageyoung:weightobese | 2.5346 | 1.9488 | 1.301 | 0.1940 |  |
| sexmale:ageold:weightover | -1.0641 | 1.9650 | -0.542 | 0.5884 |  |
| sexmale:ageyoung:weightover | -1.1087 | 2.1234 | -0.522 | 0.6018 |  |
| smokerTRUE:sexmale:ageold:weightobese | -1.6169 | 3.0561 | -0.529 | 0.5970 |  |
| smokerTRUE:sexmale:ageyoung:weightobese | NA | NA | NA | NA |  |

| | | | | |
|---|---|---|---|---|
| smokerTRUE:sexmale:ageold:weightover | NA | NA | NA | NA |
| smokerTRUE:sexmale:ageyoung:weightover | 2.4160 | 2.6846 | 0.900 | 0.3686 |

(Dispersion parameter for quasipoisson family taken to be 1.854815)

```
    Null deviance: 1052.95  on 510   degrees of freedom
Residual deviance:  736.33  on 477   degrees of freedom
AIC: NA
```

最初に気づくことは，線形予測値の表に NA（欠測値）があることである（冒頭には，`Coefficients:(2 not defined because of singularities)` とある）．これは別名表記と呼ばれるものの初めての例である（p.18 を参照）．これにより，喫煙，性別，年齢，肥満度に関する 4 次の交互作用項 2 つを推定できるだけのデータがデータフレームの中にない，ということが分かる．

喫煙，年齢，肥満度との間の 3 次交互作用に有意性が認められようである（$p$ 値 $= 0.0424$）．このような複雑なモデルでは，モデル単純化の初期の段階では `step` 関数を用いるのがよいのであるが，残念ながら `quasipoisson` 誤差を指定すると `step` 関数は使えないので，長時間の解析を行うことになる．4 次の交互作用を取り除くことから始める．次に，（$p$ 値の観点から）最も有意でなさそうな 3 次の交互作用 `sex:age:weight` を取り除く．

```
model3 <- update(model2, ~. - smoker:sex:age:weight)
model4 <- update(model3, ~. - sex:age:weight)
anova(model4,model3,test="F")
  Resid. Df Resid. Dev Df Deviance      F Pr(>F)
1       483     745.31
2       479     737.87  4   7.4416 1.0067 0.4035
```

この単純化は有意とはなっていないので（$p$ 値 $= 0.4035$），このまま取り除くことにして，次の最も有意でない交互作用について見てみよう．

```
model5 <- update(model4, ~. - smoker:sex:age)
anova(model5, model4, test = "F")
  Resid. Df Resid. Dev Df Deviance      F Pr(>F)
1       485     746.27
2       483     745.31  2  0.96466 0.2611 0.7703
```

これも有意ではないので，取り除く．

```
model6 <- update(model5, ~. - smoker:age:weight)
anova(model6, model5, test = "F")
  Resid. Df Resid. Dev Df Deviance      F Pr(>F)
```

```
1        489       759.17
2        485       746.27   4   12.899 1.7481 0.1382
```

交互作用の 1 つに有意なアスタリスク * が 1 つ付いていたけれども，ここでは有意にはなっていないので取り除く．

```
model7 <- update(model6, ~. - smoker:sex:weight)
anova(model7, model6, test = "F")
  Resid. Df Resid. Dev Df Deviance      F Pr(>F)
1       491     767.32
2       489     759.17  2   8.1464 2.1949 0.1125
```

これは最後の 3 次の交互作用だったので，次は 2 次の交互作用の検討に入れる．今までのように，最も有意性の低いものから始めよう．

```
model8 <- update(model7, ~. - smoker:age)
anova(model8, model7, test = "F")
  Resid. Df Resid. Dev Df Deviance      F Pr(>F)
1       493     767.59
2       491     767.32  2  0.26959 0.0715  0.931
```

有意ではないので，次へ進む．

```
model9 <- update(model8, ~. - sex:weight)
anova(model9, model8, test = "F")
  Resid. Df Resid. Dev Df Deviance      F Pr(>F)
1       495     769.46
2       493     767.59  2   1.8696 0.4989 0.6075
```

有意ではないので，次へ進む．

```
model10 <- update(model9, ~. - age:weight)
anova(model10, model9, test = "F")
  Resid. Df Resid. Dev Df Deviance      F Pr(>F)
1       499     776.05
2       495     769.46  4   6.5958 0.8807 0.4752
```

有意ではないので，次へ進む．

```
model11 <- update(model10, ~. - smoker:sex)
anova(model11, model10, test = "F")
  Resid. Df Resid. Dev Df Deviance      F Pr(>F)
1       500     778.69
2       499     776.05  1   2.6358 1.4179 0.2343
```

有意ではないので，次へ進む．

```
model12 <- update(model11, ~. - sex:age)
anova(model12, model11, test = "F")
  Resid. Df Resid. Dev Df Deviance      F  Pr(>F)
1       502     791.59
2       500     778.69  2   12.899 3.4805 0.03154 *
```

有意である．性別と年齢の交互作用はモデルに残す必要がある．喫煙と肥満度の交互作用はどうだろうか？これは model11 と比較する必要がある（model12 とではない）．

```
model13 <- update(model11, ~. - smoker:weight)
anova(model13, model11, test = "F")
  Resid. Df Resid. Dev Df Deviance      F  Pr(>F)
1       502     790.08
2       500     778.69  2   11.395 3.0747 0.04708 *
```

これも有意なので，モデルに残す．model11 が最小十分なモデルのようである．そこには，喫煙と肥満度の交互作用と性別と年齢の交互作用があるので，4つの説明変数すべてを主効果としてモデルの中においておく必要がある．それらが有意となっていない場合でも（ここでは，性別と年齢のように），有意な交互作用内に現れるようならば，モデルから取り除くべきではない．最も大きな主効果は（$p$ 値で判断すると）喫煙である．切片の有意性にはここでは興味がない（標準体重でたばこを吸わない中年女性に対する平均値は 0 より大きいと言っているだけであり，今扱っているデータは計数なので，何ら不思議は無い）．

```
summary(model11)
Coefficients:
                       Estimate Std. Error t value Pr(>|t|)
(Intercept)            -1.09888    0.33330  -3.297  0.00105 **
smokerTRUE              0.79483    0.26062   3.050  0.00241 **
sexmale                 0.32917    0.34468   0.955  0.34004
ageold                  0.12274    0.34991   0.351  0.72590
ageyoung                0.54004    0.36558   1.477  0.14025
weightobese             0.49447    0.23376   2.115  0.03490 *
weightover              0.28517    0.25790   1.106  0.26937
sexmale:ageold          0.06898    0.40297   0.171  0.86414
sexmale:ageyoung       -0.75914    0.41819  -1.815  0.07007 .
smokerTRUE:weightobese  0.75913    0.31421   2.416  0.01605 *
smokerTRUE:weightover   0.32172    0.35561   0.905  0.36606

(Dispersion parameter for quasipoisson family taken to be 1.853039)
```

```
    Null deviance: 1052.95  on 510   degrees of freedom
Residual deviance:  778.69  on 500   degrees of freedom
```

モデルには，損傷した赤血球数を説明するのに，喫煙と肥満度の間の有意な交互作用が存在する（$p$ 値 $= 0.04708$）．

```
tapply(cells, list(smoker, weight), mean)
          normal     obese      over
FALSE  0.4184397 0.689394 0.5436893
TRUE   0.9523810 3.514286 2.0270270
```

また，性別と年齢の間の交互作用も存在する（$p$ 値 $= 0.03154$）．

```
tapply(cells, list(sex, age), mean)
             mid       old      young
female 0.4878049 0.5441176 1.435897
male   1.0315789 1.5468750 1.176471
```

要約表において性別の効果は，中年や老年の層（男性の計数がかなり高い）に比べて若い層に対してはかなり小さい（女性の計数が少々高い）．このような複雑な交互作用をもつ場合は，それらをグラフにして表すとしばしば効果的である．喫煙と肥満度の間の関係をそのように表してみよう（図 13.3）．

```
barplot(tapply(cells, list(smoker, weight), mean), beside = T)
```

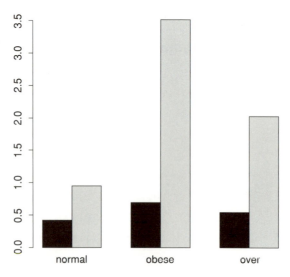

図 **13.3** 喫煙と肥満度の関係

満足できる．しかし，棒は適切な順に並んでいるとは思えない：肥満（obese）は図の右端に

くるべきである．これを修正するには，デフォルト（アルファベット順）で出力せず，自分で要因 weight のもつ水準の順番（normal が左端で，obese は右端）を決める必要がある．これは関数 factor で行える（図 13.4）．

```
weight <- factor(weight, c("normal", "over", "obese"))
barplot(tapply(cells, list(smoker, weight), mean), beside = T)
```

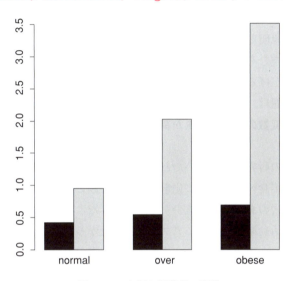

図 **13.4** 喫煙と肥満度の関係

これはもうこれで十分だろう．最後に，どの棒が喫煙者のものなのか示す凡例が欲しい．

```
barplot(tapply(cells, list(smoker, weight), mean), beside = T)
legend(locator(1), legend = c("non smoker", "smoker"),
       fill = gray(c(0.2, 0.8)))
```

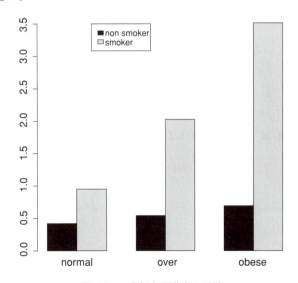

図 **13.5** 喫煙と肥満度の関係

プロット上において，表示する凡例の左上の角がきてほしい点でカーソルをクリックするとよい（図 13.5）．

## 分割表のもつ危険性

すでに単純な分割表なら扱っている．その解析ではフィッシャーの正確確率検定やピアソンの $\chi^2$ 検定を用いた（第 6 章を参照）．しかし，取り扱いに注意を要するさらなる問題も存在している．観測研究では説明変数として利用できるものは限られているので，研究対象に重要な影響を与える要因を測定しそこなうのは避けられないことである．世の中とはそういったもので，重要な要因を調べ上げるのにすべての努力を捧げてしまうと，かえってほとんど何もできなくなる．ともかく問題は，応答変数に重要な影響をもつ要因を無視したときに起こるのである．特に，**重要な説明変数の上にデータが集まっているとき**にその問題は深刻である．1 つの例でこれを見てみよう．

樹木のもつ自己防御の研究を行っていたとしよう．事前の試行実験により，アブラムシが初期の段階で葉を餌として食べると，葉に化学的な変化が起こり，その活動期の後半では芋虫からの攻撃を受けて葉に穴のあく確率が減少する，といったことが示唆されていた．そこで，大量の葉について，その活動期間の初期にアブラムシがたかったことがあるか，その年の終わりに昆虫から穴をあけられたかを記録した．実際には，2 本の異なる樹木に対して行われ，その結果が表 13.1 である．

表 13.1　アブラムシと葉の虫食い

| 樹木 | アブラムシ | 穴あり | 穴なし | 葉の総数 | 穴あり葉の割合 |
|---|---|---|---|---|---|
| 樹木 1 | なし | 35 | 1750 | 1785 | 0.0196 |
| | あり | 23 | 1146 | 1169 | 0.0197 |
| 樹木 2 | なし | 146 | 1642 | 1788 | 0.0817 |
| | あり | 30 | 333 | 363 | 0.0826 |

4 つの変数が存在している．応答変数の Count は 8 個の値をもっている（表 13.1 の網掛け部分）．Caterpillar（イモムシ）は活動期の後半における 2 水準（holed（穴あり），intact（穴なし））を表す要因である．Aphid（アブラムシ）は活動の初期段階でアブラムシがたかったことがあるかどうか（present（あり），absent（なし））を表す 2 水準の要因である．Tree は樹木を表す 2 水準の要因である（観察した 2 本の樹木を 1 と 2 で表す）．

```
induced <- read.csv("C:\\temp\\induced.csv")
attach(induced)
names(induced)
[1] "Tree"        "Aphid"       "Caterpillar" "Count"
```

**飽和モデル**（p.215 を参照）と呼ばれているモデルを当てはめることから始めよう．このモデルの面白いところは，応答変数の長さと同じ個数の母数をもっている点にある．このモデ

の当てはめは完璧なので，残差自由度も残差逸脱度も存在しない．分割表に飽和モデルを当てはめる理由は，複雑な分割表から出発して考えようとするとき，この飽和モデルよりも複雑なものは存在しないからである．よって，飽和モデルの当てはめにおいては，いわゆる「局外変数」間の重要な交互作用をうっかりと除外してしまうようなことは起こりようがない．またこのモデルは，周辺和の制約をきちんと満足している．

```
model <- glm(Count ~ Tree * Aphid * Caterpillar, family = poisson)
```

アスタリスク記号 * は，飽和モデルを当てはめることを示している．なぜならば，モデルに 3 次交互作用 Tree:Aphid:Caterpillar を含めることに伴って，すべての主効果，2 次交互作用も含めることになるからである．このモデルの当てはめでは $2 \times 2 \times 2 = 8$ 個の母数を推定するが，これらは応答変数 Count の要素数 8 に正確に一致する．飽和モデルを細かく調べても意味がない．そこに含まれる情報の多くは不必要なものだからである．モデル化への真に必要な第一歩は，飽和モデルから 3 次交互作用を除くために update を使うことから始まる．そして，3 次交互作用が有意になるのか anova を用いてみよう．

```
model2 <- update(model, ~. - Tree:Aphid:Caterpillar)
```

ここでの記号列 ~.- は非常に重要である．また，[主効果] + [交互作用] ではなく交互作用だけを表すために，アスタリスク * ではなくてコロン : を用いていることに注意しよう．では，引数 test = "Chi" を指定して 3 次交互作用が有意なのか見てみよう．

```
anova(model, model2, test = "Chi")
Analysis of Deviance Table

Model 1: Count ~ Tree * Aphid * Caterpillar
Model 2: Count ~ Tree + Aphid + Caterpillar + Tree:Aphid
             + Tree:Caterpillar + Aphid:Caterpillar
  Resid. Df Resid. Dev Df    Deviance Pr(>Chi)
1         0 0.00000000
2         1 0.00079137 -1 -0.00079137   0.9776
```

これから明らかに，3 次の交互作用は必要ない（$p$ 値 $= 0.9776$）．つまり，アブラムシの攻撃と葉の穴の数との間の交互作用が樹木によって異なることはない，ということが分かる．この交互作用が有意ならば，この時点でモデル単純化の作業は終了する．しかし，そうではないので，この交互作用を取り除き，継続する．問題は何であったか？ アブラムシの攻撃と葉に穴があることとの間に交互作用が存在するか，というものである．この検定には，交互作用項 Aphid:Caterpillar をモデルから除き，その結果を評価するために anova を利用する．

```
model3 <- update(model2, ~. - Aphid:Caterpillar)
anova(model3, model2, test = "Chi")
```

```
Analysis of Deviance Table

Model 1: Count ~ Tree + Aphid + Caterpillar + Tree:Aphid
                 + Tree:Caterpillar
Model 2: Count ~ Tree + Aphid + Caterpillar + Tree:Aphid
                 + Tree:Caterpillar + Aphid:Caterpillar
  Resid. Df Resid. Dev Df Deviance Pr(>Chi)
1         2   0.0040853
2         1   0.0007914  1 0.003294   0.9542
```

交互作用の兆候は全く見られない（$p$ 値 $= 0.954$）．これで明瞭な解釈が得られる．つまり，初期にアブラムシがたかることにより引き起こされる自己防御の証拠はこの実験では得られなかった，というものである．

ところで，**間違った**やり方でモデル化するときに何が起こるか見てみよう．問題の交互作用 Aphid:Caterpilar にまっしぐらという態度をとってみよう．つまり，次のように行う．

```
wrong <- glm(Count ~ Aphid * Caterpillar, family = poisson)
wrong1 <- update(wrong, ~. - Aphid:Caterpillar)
anova(wrong, wrong1, test = "Chi")
Analysis of Deviance Table

Model 1: Count ~ Aphid * Caterpillar
Model 2: Count ~ Aphid + Caterpillar
  Resid. Df Resid. Dev Df Deviance Pr(>Chi)
1         4      550.19
2         5      556.85 -1  -6.6594 0.009864 **
```

交互作用項 Aphid:Caterpillar は高度に有意である（$p$ 値 $< 0.01$）．自己防御の強い証拠を与える．しかし，これは**間違いだ**．モデルに変数 Tree を含めなかったために，重要な説明変数を見逃しているからである．今にして思えば，もっと詳しく事前の解析を行うことにより，2 つの樹木は穴の開いた葉の割合が著しく異なることに気づいてしかるべきであった．

```
tapply(Count, list(Tree, Caterpillar), sum)
      holed  not
Tree1    58 2896
Tree2   176 1975
```

樹木 1 で穴のあいた葉の割合は $58/(58 + 2896) = 0.0196$ であるのに対して，樹木 2 では $176/(176 + 1975) = 0.0818$ である．イモムシによって穴のあけられた葉の割合が，樹木 2 では樹木 1 の 4 倍以上である．間違ったモデルで解釈しようとしたときにもう少し注意を払っていたならば，Ahpid と Caterpillar のみを含むモデルのもつ顕著な過分散に気づいていたは

ずである．これは怪しいぞ，という警告を与えてくれたに違いない．

ここでの教訓は単純明快である．つまり，興味ある変数も（ここでは Aphid と Caterpillar），局外変数も（ここでは Tree），それらの交互作用もすべて含んだ飽和モデルを常に当てはめよ，そして興味ある変数間の交互作用のみを除いてみよ，というものである．分割表においては主効果には意味がない．それはモデル要約に過ぎないからである．常に，過分散を調べるべきである．飽和モデルから出発してモデル単純化を行え，という忠告に従う限り問題は決して起こらない．なぜならば，有意でない項を除くだけであり，モデル単純化の第一段階における最も高い次数の交互作用を除いて（ここでは，Tree:Aphid:Caterpillar），局外変数に関係した有意な項を決して除くことはないからである．

## 計数データにおける共分散分析

ここで扱う例題は，説明変数が Biomass（植物生産量：連続型）と pH（区画の土壌 pH 値：カテゴリカル型，3 水準，high, mid, low）であり，応答変数はそれらの区画における Species（植物種の数）という計数データである．

```
species <- read.csv("c:\\temp\\species.csv")
attach(species)
names(species)
[1] "pH"      "Biomass" "Species"
```

まず，3 種類の pH 値には異なる色で彩色してデータをプロットすることから始めよう（図 13.6）．

```
plot(Biomass, Species, pch = 21, bg = 2 * (1 - as.numeric(pH))%%3+2)
```

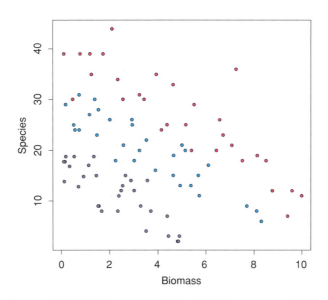

図 13.6 植物生産量 Biomass に対する植物種数 Species の散布図

ここでは，共分散分析を単純に当てはめて，散布図に `abline` を使って対応する色の直線を追加する．

```
model <- lm(Species ~ Biomass * pH)
summary(model)
Coefficients:
               Estimate Std. Error t value Pr(>|t|)
(Intercept)    40.60407    1.36701  29.703  < 2e-16 ***
Biomass        -2.80045    0.23856 -11.739  < 2e-16 ***
pHlow         -22.75667    1.83564 -12.397  < 2e-16 ***
pHmid         -11.57307    1.86926  -6.191 2.10e-08 ***
Biomass:pHlow  -0.02733    0.51248  -0.053    0.958
Biomass:pHmid   0.23535    0.38579   0.610    0.543


Residual standard error: 3.818 on 84 degrees of freedom
Multiple R-squared: 0.8531,     Adjusted R-squared: 0.8444
F-statistic: 97.58 on 5 and 84 DF,  p-value: < 2.2e-16
```

この線形モデルには，pH の異なる水準において傾きは異なる，という兆候は見られない．モデル要約表から `abline` で用いるための切片と傾きをどのようにして取り出すのか，理解しているだろうか？ 確かめよう（図 13.7）．

```
abline(40.60407, -2.80045, col = "red")
abline(40.60407 - 22.75667, -2.80045 - 0.02733, col = "purple")
abline(40.60407 - 11.57307, -2.80045 + 0.23535, col = "blue")
```

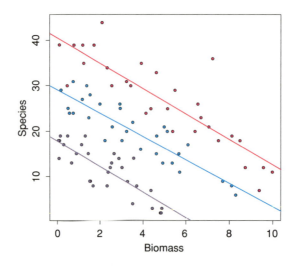

図 13.7　pH 値の水準ごとの回帰直線を追加した散布図

図 13.7 より，植物種数が植物生産量に伴って減少し，土壌の pH 値も植物種数に大きな影響をもっていることは明らかである．では，植物種数と植物生産量との間の関係がもつ傾きは，pH 値に依存しているのだろうか？ この線形モデルのもつ大きな問題は，低い pH 値においては Biomass 値が 6 以上のときに種の多様性に負の値を予測してしまう，という点にある．計数は厳密に下に有界なので，モデルではそのことを考慮すべきである．

次に，線形モデルの代わりにポアソン誤差をもつ GLM を使ったモデルを当てはめてみよう．

```
model <- glm(Species ~ Biomass * pH, poisson)
summary(model)
Coefficients:
              Estimate Std. Error z value Pr(>|z|)
(Intercept)    3.76812    0.06153  61.240  < 2e-16 ***
Biomass       -0.10713    0.01249  -8.577  < 2e-16 ***
pHlow         -0.81557    0.10284  -7.931 2.18e-15 ***
pHmid         -0.33146    0.09217  -3.596 0.000323 ***
Biomass:pHlow -0.15503    0.04003  -3.873 0.000108 ***
Biomass:pHmid -0.03189    0.02308  -1.382 0.166954

(Dispersion parameter for poisson family taken to be 1)

    Null deviance: 452.346  on 89  degrees of freedom
Residual deviance:  83.201  on 84  degrees of freedom
AIC: 514.39
```

残差逸脱度は残差自由度と変わらないので，過分散を修正する必要はない．交互作用項を含めておく必要があるだろうか？ 取り除いてこれを調べてみよう．

```
model2 <- glm(Species ~ Biomass + pH, poisson)
anova(model, model2, test = "Chi")
Analysis of Deviance Table

Model 1: Species ~ Biomass * pH
Model 2: Species ~ Biomass + pH
  Resid. Df Resid. Dev Df Deviance  Pr(>Chi)
1        84     83.201
2        86     99.242 -2   -16.04 0.0003288 ***
```

含めるべきである．pH の異なる値によって傾きも高度に有意に異なっている．前のモデル (model) が最小十分である．

最後に，predict 関数を用いて，散布図に適合曲線を追加しておく（図 13.8）．3 つの別々の曲線を描くところに工夫がいる：土壌の pH の水準ごとに 1 つの曲線である．

```
plot(Biomass, Species, pch = 21, bg = 2 * (1 - as.numeric(pH))%%3+2)
xv <- seq(0, 10, 0.1)
length(xv)
[1] 101
acidity <- rep("low", 101)
yv <- predict(model, list(Biomass = xv, pH = acidity), type = "response")
lines(xv, yv, col = "purple")
acidity <- rep("mid", 101)
yv <- predict(model, list(Biomass = xv, pH = acidity), type = "response")
lines(xv, yv, col = "blue")
acidity <- rep("high", 101)
yv <- predict(model, list(Biomass = xv, pH = acidity), type = "response")
lines(xv, yv, col = "red")
```

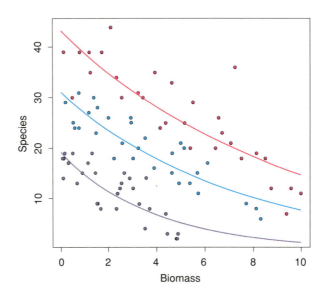

図 **13.8** pH 値の水準ごとの適合曲線を追加した散布図

predict 関数の引数に type = "response" を用いたのは，応答変数 yv を計算するときに log(Species) ではなく，Species の尺度での値を得るためである．そうすると，適合曲線を描くときに，逆変換である指数関数を用いる必要がなくなる．要因の水準数（ここでは pH 値の 3 水準）に応じた個数の曲線を描くために，もっと洗練された関数を **R** で書くこともももちろんできるだろう．

## 頻度分布

80 地区での企業倒産件数のデータが与えられている．各地区での倒産件数の期待値よりも多くの企業倒産を抱える地区が存在しているか，そのような証拠が存在するか，を知りたい．

では，何が期待されるのか？ もちろん，いくつかの変動も期待されなければいけない．正確にはどれぐらいの？ これはその過程を記述するモデルに依存する．たぶん最も単純なモデルは「何も難しい関係は存在しない，どの地区の倒産件数にも特別なことは起こっておらず，どの倒産件数も互いに独立である」というものだろう．これは，1 地区あたりの件数がポアソン過程に従うという想定に等しい．このとき，その件数の分布の分散はその平均に等しい (Box 13.1)．

---

**Box 13.1. ポアソン分布 Poisson distribution**

ポアソン分布は計数データを記述するのに広く使われている（馬に蹴られて死んだ騎兵の数，雷の落ちる件数，爆弾の落下数など）．何かが何回起きたかを知ることはできるが，何回起きなかったかは知ることができない．ポアソン分布は平均によって完全に指定される 1 母数分布である．分散は平均 $\lambda$ に等しいので，比：[分散]/[平均] は 1 になる．$x$ 回観測される確率は次で与えられる．

$$P(x) = \frac{e^{-\lambda}\lambda^x}{x!}$$

この確率は次の漸化式を使って手計算で求められる：

$$P(x) = P(x-1)\frac{\lambda}{x}$$

まず $x = 0$ のときの確率

$$P(0) = e^{-\lambda}$$

から始めて，確率 $P(x)$ は平均 $\lambda$ を掛け $x$ で割ることにより逐次求められる．

---

では，データを見てみよう．

```
case.book <- read.csv("c:\\temp\\cases.csv")
attach(case.book)
names(case.book)
[1] "cases"
```

まずは，0 件数の地区数，1 件数の地区数と次々に地区数を数え上げる必要がある．これには，R の関数 table を用いる．

```
frequencies <- table(cases)
frequencies
```

```
cases
 0  1  2  3  4  5  6  7  8  9 10
34 14 10  7  4  5  2  1  1  1  1
```

34 地区で 0 件数であり，10 件起きた地区も 1 つある．次に行うべきは，この頻度と，データが従うと想定されるモデル，つまりポアソン分布とを比較することである．0 から 10 までの 11 個の頻度数それぞれの確率を計算するために R の関数 dpois を用いる．期待頻度を求めるには，総数 80 を dpois で得られる確率に掛ける必要がある．まず，1 地区あたりの平均件数を計算する．これがポアソン分布の唯一の母数（[平均] = [分散]）の推定値である．

```
mean(cases)
[1] 1.775
```

2 つの分布を並べてプロットするために，まずプロット領域を準備する．

```
windows(7,4)
par(mfrow = c(1, 2))
```

では，左側に観測頻度をプロットする．

```
barplot(frequencies, ylab = "Frequency", xlab = "Cases",
        col = "red", main="observed")
```

次に，右側にポアソン期待頻度をプロットする．

```
barplot(dpois(0:10, 1.775) * 80, names = as.character(0:10),
        ylab = "Frequency", xlab = "Cases",
        col = "blue", main="expected")
```

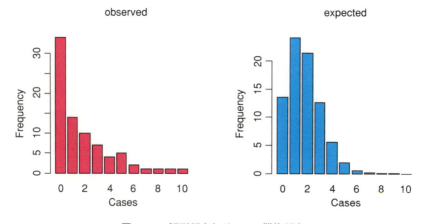

図 13.9　観測頻度とポアソン期待頻度

これらの分布はかなり異なっている（図 13.9）．なぜならば，観測データの最頻値は 0 であるが，同じ平均をもつポアソン分布の最頻値は 1 になっている．また，観測データには件数 8, 9, 10 に対応するデータが存在するが，ポアソン分布ではあまり起こりそうにない件数である．観測データは強く**塊状**になっていると言ってよいだろう．[分散]/[平均] を計算するとほとんど 3 である（もちろん，ポアソン分布のその比は 1 である）．

```
var(cases)/mean(cases)
```
[1] 2.99483

データがポアソン分布に従っていないのなら，このように大きな比 3 をもつ分布の候補としては負の 2 項分布が考えられる（Box 13.2）．

---

**Box 13.2. 負の 2 項分布（Negative binomial distribution）**

この離散的な分布は 2 個の母数をもち，分散が平均よりも十分に大きいような計数データを記述するのに有用である．2 個の母数は平均 $\mu$ と凝集母数と呼ばれる $k$ である．$k$ の値が小さくなると，過分散の程度が大きくなる．確率関数は次で与えられる．

$$p(x) = \left(1 + \frac{\mu}{k}\right)^{-k} \frac{\Gamma(k+x)}{x!\,\Gamma(k)} \left(\frac{\mu}{\mu+k}\right)^x$$

ここで $\Gamma$ はガンマ関数である．ゼロの確率は $x = 0$ とおくことにより，次のような簡単な形で得られる．

$$p(0) = \left(1 + \frac{\mu}{k}\right)^{-k}$$

さらに，分布の各確率は次の漸化式を使って反復的に求められる．

$$p(x) = p(x-1) \frac{k+x-1}{x} \frac{\mu}{\mu+k}$$

$k$ の推定値を求めるには標本平均 $\bar{x}$ と標本分散 $s^2$ を使って次の初期値を用いる[1]．

$$k \approx \frac{\bar{x}^2}{s^2 - \bar{x}}$$

$k$ は負とはなりえないので，分散が平均より小さいようなデータに負の 2 項分布が適合しないことは明らかである（その代わり 2 項分布が用いられる）．$k$ の正確な最尤推定値は，上の初期値 $k$ を微妙にゆらすことを繰り返し，最尤推定値が満足すべき次の等式の両辺が等しくなったと判断できるようになるまで行うことにより求める．

$$n \ln\left(1 + \frac{\mu}{k}\right) = \sum_{x=0}^{\max} \frac{A(x)}{k+x}$$

ただし，$A(x)$ は $x$ より**大きい**値の頻度である．

---

[1] この分布では，分散 $\sigma^2 = \mu + \mu^2/k$ が成り立つので，$\mu$ を $\bar{x}$，$\sigma^2$ を $s^2$ で置き換えて，$k$ について解いたものを初期値とする．

確率関数を求める R の関数は次のように書ける.

```
negbin <- function(x, u, k){
        (1 + u/k)^(-k) * (u/(u + k))^x *
         gamma(k + x)/(factorial(x) * gamma(k))
}
```

この関数に, $x$ の値の範囲（例えば, 0 から 10), 平均（例えば, $\mu = 0.8$), 凝集母数（例えば, $k = 0.2$) を指定して確率関数の棒グラフを描くことができる.

```
xf <- numeric(11)
for (i in 0:10) xf[i + 1] <- negbin(i, 0.8, 0.2)
barplot(xf)
```

Box 13.2 で見られるように, これは 2 つの母数をもつ分布である. すでに件数の平均は求めたように 1.775 である. もう 1 つの凝集母数 $k$ の推定値を求める必要がある（この母数はデータのもつ塊状の程度を表していて, $k$ が小さいときは ($k < 1$) 高い塊状度を示し, 逆に $k$ が大きいときは ($k > 5$) 無作為性を示し, 次第にポアソン分布に近づく). Box 13.2 にある次の式から, $k$ の大きさの近似的な推定値を得ることができる.

$$k = \frac{\bar{x}^2}{s^2 - \bar{x}}$$

実際に計算してみると

```
mean(cases)^2/(var(cases) - mean(cases))
[1] 0.8898003
```

$k = 0.8898$ と考えることができる.

期待頻度はどのように計算できるのか？ 負の 2 項分布の確率を与えるのは dnbinom 関数であり, これは 3 個の引数を必要とする. 確率を計算したい件数（ここでは 0 から 10), 凝集母数（ここでは size = 0.8898), 件数の平均値（mu = 1.775) である. 期待頻度を求めるには, 各確率に総件数 80 を掛けなければならない.

```
expected <- dnbinom(0:10, size=0.8898, mu = 1.775) * 80
```

観測頻度と期待頻度を交互に 1 つずつ, 1 つのプロットの中に描いてみよう. 観測頻度ベクトルと期待頻度ベクトルの 2 倍の長さ ($2 \times 11 = 22$) をもつ新しいベクトル（both と呼ぼう）を作らなければならない. そのベクトルの添字を 2 で割ってその余りで判断して, 奇数番目の要素には観測頻度を置き, 偶数番目の要素には期待頻度を置く.

```
both <- numeric(22)
both[1:22%%2 != 0] <- frequencies
both[1:22%%2 == 0] <- expected
```

頻度分布

$x$軸のラベルには1つおきに番号を付ける．

```
labels <- character(22)
labels[1:22%%2 == 0] <- as.character(0:10)
```

観測頻度には明るい灰色，負の2項分布からの期待頻度には暗い灰色を用いて，棒グラフを生成する（図13.10）．

```
barplot(both, col = rep(c("lightgray", "darkgray"), 11),
        names = labels, ylab = "Frequency", xlab = "Cases")
```

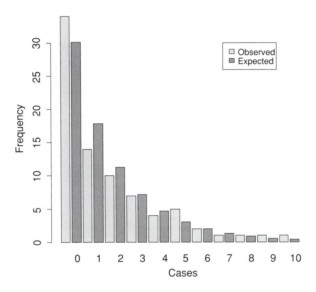

図 **13.10** 観測頻度と負の2項分布からの期待頻度

棒の色が何を表すのかを示す凡例を追加する必要がある．その出力位置は試行錯誤的に決めるか，あるいは関数 `locator(1)` を用いて，左クリックでカーソルの位置を取り出せばよい．

```
legend(locator(1), legend=c("Observed", "Expected"),
       fill = c("lightgray", "darkgray"))
```

負の2項分布での当てはまりは，ポアソン分布よりもかなり良い（図13.10）．特に右端での当てはまりが良い．しかし，件数0の期待頻度は少なく，逆に件数1の期待頻度は多い．そこで，観測頻度と期待頻度との間の適合度を測るには，ピアソンの $\chi^2$ 統計量 $\sum (O-E)^2/E$（p.113を参照）を計算すればよい．ただし，期待頻度が4より大きな頻度に基づいて比較する必要がある．

```
expected
 [1] 30.1449097 17.8665264 11.2450066  7.2150606  4.6734866
 [6]  3.0443588  1.9905765  1.3050321  0.8572962  0.5640455
[11]  0.3715655
```

右側から 6 個のセルをまとめると，変数 expected の値をすべて 4 より大きくすることができる．自由度の計算は次で与えられる：[比較する個数 (6 個)] − [データから推定された母数の数 (2 個：$\mu$ と $k$)] − 1 (頻度の総和は 80 に固定されているので) = 6 − 2 − 1 = 3．観測頻度ベクトルと期待頻度ベクトルの長さが短くなったので，ラベル名も「5 以上」を表す 5+ に付け替えることにしよう．

```
cs <- factor(0:10)
levels(cs)[6:11] <- "5+"
levels(cs)
[1] "0"  "1"  "2"  "3"  "4"  "5+"
```

では，これらの観測頻度と期待頻度を表す，frequencies と expected より短いベクトル of と ef を作る．

```
of <- as.vector(tapply(frequencies, cs, sum))
ef <- as.vector(tapply(exp, cs, sum))
```

これで観測頻度と期待頻度間の違いを測る $\chi^2$ 値を計算できる．$p$ 値を求めるには 1 - pchisq を用いる．

```
sum((of - ef)^2/ef)
[1] 2.581842

1 - pchisq(3.594145, 3)
[1] 0.4606818
```

これらのデータは負の 2 項分布からのものであると結論しても問題ない (観測頻度と期待頻度の違いは有意ではない，$p$ 値 = 0.46)．

## 発展

Agresti, A. (1990) *Categorical Data Analysis*, John Wiley & Sons, New York.

Santer, T. J. and Duffy, D. E. (1990) *The Statistical Analysis of Discrete Data*, Springer-Verlag, New York.

# 第14章

# 比率データ

次のような**比率（割合）データ**（**proportion data**）に関連した一群の重要な統計的問題が存在している．

- 死亡率の研究
- 疾病の感染率
- 臨床治療で効果が認められた比率
- ある選挙公約に賛成する比率
- 性別比率
- 実験処理結果の比率データ

これらが計数データであるが，共通しているのは，どれだけの実験対象が1つのカテゴリの中に含まれるのか（例えば，死亡，倒産，男性，感染など），あるいはそうでない方のカテゴリに含まれるのか（生存，営業，女性，非感染など）というものである．これはポアソン計数データとは次の点で異なっている．それは何件起こったかについては分かっていたが，何件起こら**なかった**かということに関しては分からないようなデータであった（第13章を参照）．

Rで比率応答変数を含むようなデータをモデル化するときは，一般化線形モデル（GLM）において引数 `family = binomial` を指定する．ポアソン誤差の指定 `family = poisson` と違って唯一面倒な点は，成功数とともに失敗数を2次元の応答変数として生成して指定しなければならないところにある．成功数と失敗数を含んだ1つの変数 `y` を作るためには，2つのベクトルを結合する関数 `cbind` を用いる．「2項分布の分母」を `binominal.denominator`，成功数を `number.of.successes` とすると

```
number.of.failures <- binomial.denominator - number.of.successes
y <- cbind(number.of.successes, number.of.failures)
```

この種のデータをモデル化する旧式のやり方は，応答変数として比率そのものを用いるというものであった．しかし，これには次のような4つの問題点が存在する．

- 誤差は正規分布に従わない
- 分散は均一的ではない
- 応答が有界である（最大100で最少0である）
- 比率を推定するのに用いた標本総数 $n$ という情報が失われる

一般化線形モデルを用いるとき，R は重みつき回帰を実行する．重みには各標本数 $n$ を用い，線形性を導くための連結関数にはロジット（logit）変換を利用する．比率データとしては，他に**被覆パーセント**のようなものも存在する．そのような場合，**逆サイン**関数で変換して，従来のモデル（正規誤差と均一的な分散をもつ）で解析する方がよい．つまり，$p$ を被覆パーセントとすると，$\sin^{-1}\sqrt{0.01 \times p}$（ラジアン）で求めた応答変数 $y$ を用いる．

他にも，ある連続量の**パーセント変化率**を表す応答変数の場合は（例えば，あるダイエット食品での体重の変化率），逆サイン変換よりも次のどちらかで扱う方が通常好ましい．

- 最終体重を応答変数，初期体重を共変量として共分散分析（第 9 章を参照）を行う
- log（[最終体重]/[初期体重]）で求めた相対変化率を応答変数に指定する

上のいずれでもそれ以上変換せずに，正規誤差を仮定して解析すればよい．

## 1 標本あるいは 2 標本比率データの解析

2 項比率をある定数と比較するときは，`binom.test`（p.110 参照）を用いる．2 種類の比率データを比較するときは，`prop.test`（p.111 を参照）を用いる．この章の手法は，比率データについてのさらに複雑なモデルを扱うためのものである．回帰や分割表解析を行うために，一般化線形モデルを用いている．

## 比率データの平均

比率データの平均を求めるとき，初心者が犯してしまう昔からある間違いは，他の普通の実数で行うように求めてしまうことである．性比率に関して 4 つの推定値 0.2, 0.17, 0.2, 0.53 があったとしよう．それらをすべて加えて 1.1 を得て，平均をとって $1.1/4 = 0.275$ と求める．間違いだ！ これは比率の平均を求めるやり方ではない．これらの比率は計数データに基づいて得られているのであって，平均を求めるには元々の計数を利用しなければいけない．比率データに対しては成功の比率の平均は次で与えられる．

$$[\text{平均比率}] = \frac{[\text{成功数の総和}]}{[\text{試行数の総和}]}$$

比率が計算される基になった計数にまで戻る必要がある．それらがそれぞれ，5 からの 1，6 からの 1，10 からの 2，100 からの 53 であったとすると，成功の総数は $1+1+2+53=57$ であり，試行の総数は $5+6+10+100=121$ である．正しい平均比率は $57/121 = 0.4711$ となる．これは間違えて求めてしまった答えのほぼ 2 倍である．用心が必要である．

## 比率としての計数データ

比率データの従来からの変換は逆サイン変換とプロビット（probit）変換である．逆サイン変換は誤差分布のために用いる．一方，プロビット変換は，生物学的評価において，対数変換された用量と死亡率との関係を線形化するために用いる．これらで悪くなることは何もなく，R

でも利用可能である．しかし，もっと簡単な手法が好まれ，そのときのモデルの方が解釈しやすいことも多い．

比率データをモデル化するときの主な難点は，応答が**有界**であるというところにある．死亡率が100%を超えることも，0%を下回ることもない．しかし，回帰や共分散分析のような簡単な手法を用いると，当てはめられたモデルは負の値や100%を超える値をしばしば予測してしまう．特に，分散が大きく，多くのデータが0%に近かったり，100%に近かったりするとそうなりやすい．

比率データを表すのに，**ロジスティック（logistic）**関数がよく用いられる．線形関数を用いたモデルと異なり，その極限は0と1なので，負の比率や100%を超える比率を予測することがないからである．ここでの議論では，$p$ は各個体が特定の応答を返す比率をいつも表すことにする．この分野の専門用語は賭け事に関する理論から派生してきたので，その応答を統計学者は**成功**と呼んでいる．確かに，人口統計学者が死亡率を計算するときにそう呼ぶには，少々気持ちの悪い用語ではある．その反対の応答（統計学者の**失敗**）を示す個体の比率は $1-p$ である．これを失敗の比率 $q$ と呼ぶことにする（$p+q=1$）．3番目の変数は2項分布の標本数 $n$ である（2項分布の分母，統計学者が**試行回数**と呼ぶものである）．その大きさの標本から $p$ が推定される．

2項分布に関する重要な点は，分散が均一でないというところにある．実際，平均 $np$ をもつ2項分布の分散は次で与えられる．

$$\sigma^2 = npq$$

分散は平均に従って次のように変化する．

```
ber.density <- function(p) {p * (1 - p)}
plot(ber.density, 0, 1, xlab = "p", ylab = "variance", col = "red")
```

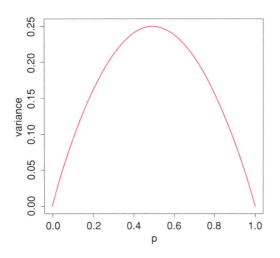

**図 14.1** $n=1$ のときの2項分布の分散

$p$ が 0 や 1 に非常に近いとき（実現値で言えば，すべてあるいはほとんどの値が同じ値であるとき）分散は小さく，$p = q = 0.5$ のとき最大になる（図 14.1）．また，平均 $np = \lambda$ を一定に保ちながら $p$ が小さくなると，2 項分布は限りなくポアソン分布に近づく．上に述べた 2 項分布の分散の公式を見ると，その理由が理解できる．ポアソン分布の分散は平均に等しかったことを思い出そう．つまり，$\sigma^2 = np$. 一方，$p$ が小さくなると，$q$ は 1 に近づくので，2 項分布の分散 $\sigma^2$ は平均に収束していく．

$$\sigma^2 = npq \approx np \quad (q \approx 1)$$

### オッズ（Odds）

ロジスティックモデルでは，$p$ は $x$ の関数として次のように表現される．

$$p = \frac{e^{(a+bx)}}{1 + e^{(a+bx)}}$$

このモデルが線形でないことは自明だろうが，このように馴染みのない方程式を扱うことになったら，**極限での振る舞い**を調べておいた方がよい．$x = 0$ のときの $p$ の値は何かとか，$x$ が無限大になるとき $p$ の値はどうなるかとか，知っておいた方がよい．

$x = 0$ のとき，$p = \exp(a)/(1 + \exp(a))$ であり，これが切片である．次に，記憶しておくべき 2 つの結果がある：$\exp(\infty) = \infty$ と $\exp(-\infty) = 1/\exp(\infty) = 0$ である．これにより，$x$ が非常に大きな正の値をとると，$p$ は 0 に近づく．また $0/1 = 0$ なので，$x$ が非常に大きな負の値をとると，$p$ は 1 に近づく [1]．ということで，$p$ の値は上下に有界である．

このロジスティックを線形化する仕掛けは，非常に簡単な変換に関係しているのである．競馬で特定の馬が勝つ確率を馬券屋が**オッズ**（odds）で表すと知っているかもしれない（2 対 1 のオッズだとかなり有望な馬，25 対 1 だと見込み薄）．2 対 1 というとき，3 回レースがあったとすると，その内 2 回は負け，1 回は勝つということを意味する（言うまでもなく，馬券屋に有利なように一定の誤差の範囲内で）．

これは，科学者が確率について表現するときとはかなり違った表し方である．3 個の中から 1 個起こるときは，科学者は 0.3333 という比率で表すが，馬券屋は 2 対 1 （つまり，1 回の成功に対して 2 回の失敗）というオッズで表す．記号で表せば，科学者が確率 $p$ と述べるところを馬券屋はオッズ $p/q$ と述べる [2]．オッズ $p/q$ に対してロジスティック変換の定義式を書き込んだものが次である．

$$\frac{p}{q} = \frac{e^{(a+bx)}}{1 + e^{(a+bx)}} \left[ 1 - \frac{e^{(a+bx)}}{1 + e^{(a+bx)}} \right]^{-1}$$

これは仰々しく見えるが，簡単な計算で次のようになる．

---

[1] これは $b > 0$ のときの振る舞いである．$b < 0$ の場合は $p$ の動きは左右逆になる．
[2] 競馬で，確率 $q$ で負ければ 1 （掛け金）の損失，勝てば（確率 $p$ で）$x$ の賞金とすると，この賭けが公平であるためには，$(-1) \times q + x \times p = 0$ でなければならない．これを解くと $x = q/p$ なので，馬券屋が用いるオッズは実は $q/p$ である．

# オッズ (Odds)

$$\frac{p}{q} = \frac{e^{(a+bx)}}{1+e^{(a+bx)}} \left[\frac{1}{1+e^{(a+bx)}}\right]^{-1} = e^{(a+bx)}$$

そこで，自然対数をとると，$\ln(e^x) = x$ なので，さらに簡単になる．

$$\ln \frac{p}{q} = a + bx$$

つまり，$p$ そのものに対してではなく，$p$ の**ロジット変換** $\text{logit}(p) = \ln(p/q) = \ln(p/(1-p))$ に対して**線形予測子** $a + bx$ を当てはめるのである．**R** の専門用語を使うと，ロジットとは $p$ の値を線形予測子に関連付ける**連結関数**である．

$a = 0.2, b = 0.1$ とおいたときに，$x$ の関数としての $p$ を描いたものが図 14.2 の左側で，$\text{logit}(p)$ を描いたものが右側である．

```
windows(7, 4)
par(mfrow = c(1, 2))
x <- seq(-60, 60, 0.01)
p <- exp(0.2 + 0.1 * x)/(1 + exp(0.2 + 0.1 * x))
logit.p <- 0.2 + 0.1 * x
plot(x, p, xlab = "x", ylab = "p", type = "l", col = "blue")
plot(x, logit.p, xlab = "x", ylab = "logit p", type = "l", col = "red")
par(mfrow = c(1, 1))
```

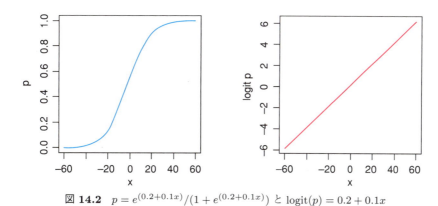

**図 14.2** $p = e^{(0.2+0.1x)}/(1 + e^{(0.2+0.1x)})$ と $\text{logit}(p) = 0.2 + 0.1x$

この段階で読者は，「なぜもっと簡単に，説明変数 $x$ に対する $\ln(p/q)$ の線形回帰を考えないのか」と問うかもしれない．**R** がそうしないのは 3 つの重要な利点があるからである．

- 非均一的な 2 項分散が扱える
- $p$ が 0 や 1 に近いときのロジットは無限大になるという事実を利用できる
- 標本数が異なっていても重みつきの回帰が行える

## 過分散と仮説検定

各章ですでにいろいろな統計手法について見てきたが，それらはまた比率データに対しても用いられる．分散分析，共分散分析，重回帰などすべてが一般化線形モデルで扱える．ただ，$\chi^2$ に基づいて項の有意性を評価するという点が異なっている．現在のモデルからその項を取り除いたときに生じる基準化された逸脱度の増加量に基づくことになる．

2 項誤差を仮定したときの仮説検定は，正規誤差を仮定したときほどには明瞭ではない．これは記憶しておいた方がよい．基準化された逸脱度の変化の $\chi^2$ 近似は大標本（おおよそ 30 以上）では問題ないが，少標本では貧弱なのである．最も悩ましいのは，その近似が満足できるものなのか，それ自体が分からないという点にある．仮説検定で母数に関する結果を解釈する際，それなりの訓練が必要になる．特に，母数がきわどく有意であったり，総逸脱度のほんのわずかしか説明していない場合などである．2 項誤差やポアソン誤差を仮定したときには，仮説検定の正確な $p$ 値は望めないと心得ておくべきである．

ポアソン誤差を仮定する場合は，過分散の問題を考慮しなければならない（第 13 章を参照）．最小十分モデルが得られたならば，**残差の基準化された逸脱度は残差自由度におおよそ等しいはずである**．残差逸脱度が残差自由度よりも大きい場合には 2 つの可能性がある．モデル指定に失敗したか，成功の確率 $p$ が処理水準内でばらついているかのどちらかである．$p$ が確率的に変動するときには，2 項分散 $npq$ ではなく，次のような分散になる[3]．

$$\sigma^2 = np_0 q_0 + n(n-1)\sigma_0^2$$

そのため，期待されるような残差逸脱度よりも大きなものを導くことになる．これは，確率的変動が正しく指定できてうまく適合しているモデルであっても起こることである．

簡単な修正として，分散を $npq$ ではなく，$npqs$ とすることも考えられる．ただし，$s$ は未知の尺度母数である（$s > 1$）．これはピアソンの $\chi^2$ 値を自由度で割ることにより推定できる．この推定値は経験尺度母数とも呼ばれる．この推定値を用いて求めた基準化された逸脱度を利用して比較する．過分散であるときにそうするには，`family = binomial` ではなく `family = quasibinomial` を指定する．

2 項誤差を仮定したモデルにおいて注意すべきは次の点である．

- 応答変数には成功数と失敗数からなる 2 列データを指定する．それを作るには `cbind` を用いるとよい
- 過分散（[残差逸脱度] > [残差自由度]）を検査する．必要ならば，それを修正するために `family = binomial` ではなく `family = quasibinomil` を指定する
- 2 項誤差の下では正確な $p$ 値は得られない．$\chi^2$ 近似は大標本ならば問題ないが，少標本ならば問題を残す
- 応答変数と同じく，適合値も計数である
- この理由により，生データでの残差も計数である

---

[3] $p$ を確率変数とみなし，その平均を $p_0$，分散を $\sigma_0^2$ とおいている．

- `summary(model)` で知ることのできる線形予測子は $\mathrm{logit}(p)$ に対してである（つまり，オッズの対数 $= \ln(p/q)$）
- ロジット $z$ を比率 $p$ に戻すには，$p = 1/(1 + e^{-z})$ を用いる

## 応用

線形モデルと同様に，一般化線形モデル GLM でもいろいろなモデル化を扱える．例えば，

- 2項誤差を仮定したロジスティック回帰（連続型の説明変数）
- 2項誤差を仮定した逸脱度分析（カテゴリカル型の説明変数）
- 2項誤差を仮定した共分散分析（2つの型の説明変数の混在）

## 2項誤差を仮定したロジスティック回帰

ここで扱う例は，ある昆虫の性別比率（全個体数内のオスの比率）に関するものである．その昆虫の性別比率はかなり変動的で，オスの比率を決定するのに集団密度が関係しているのか調べることが実験の目的であった．

```
numbers <- read.csv("c:\\temp\\sexratio.csv")
numbers
  density females males
1       1       1     0
2       4       3     1
3      10       7     3
4      22      18     4
5      55      22    33
6     121      41    80
7     210      52   158
8     444      79   365
```

集団密度が高くなると，オスの比率が大きくなる傾向が見られるのは確かである．これをより詳しく見るために，その比率をプロットすべきだろう．

```
attach(numbers)
windows(7, 3)
par(mfrow = c(1, 2))
p <- males/(males + females)
plot(density, p, ylab = "Proportion male", pch = 21, col = "red")
plot(log(density), p, ylab = "Proportion male", pch = 21, col = "blue")
par(mfrow = c(1, 1))
```

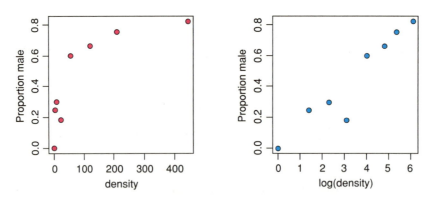

図 14.3 集団密度とその対数変換に対する雄の比率の散布図

　明らかに，説明変数の対数をとったほうが線形モデルはよく当てはまるようである（図 14.3）．このことから直ちに，次のような疑問に導かれる．

　「集団密度が高くなれば，オスの比率も高くなるのだろうか」，より簡単には「性別比率は密度と関係しているか」，プロットからは確かにそのような印象を受ける．

　応答変数は対応のある対の計数データなので，2 項誤差を仮定した GLM を用いて，比率データとして解析してみよう．まず，オスとメスの計数ベクトルをまとめて 1 つのオブジェクトを作り，解析の応答変数とする．

```
y <- cbind(males, females)
```

こうすることにより，モデルにおいて y は集団内のオスの比率として扱われることになる．

```
model <- glm(y ~ density, binomial)
```

model と名付けられたオブジェクトには，y を連続型の説明変数 density の関数としてモデル化した GLM が代入される．ただし，誤差には family=binomial を指定している．出力は次のようになる．

```
summary(model)
Coefficients:
             Estimate Std. Error z value Pr(>|z|)
(Intercept) 0.0807368  0.1550376   0.521    0.603
density     0.0035101  0.0005116   6.862 6.81e-12 ***

    Null deviance: 71.159  on 7  degrees of freedom
Residual deviance: 22.091  on 6  degrees of freedom
AIC: 54.618
```

出力は通常の回帰に対するものと同様である．最初の母数は集団密度に対する性別比のグラフの切片で，2番目はその傾きである．傾きはきわめて有意に 0 でない（高い集団密度においてはオスの比率が大きく，$p$ 値 $= 6.81 \times 10^{-12}$）．

ところで，説明変数の対数をとると，残差逸脱度が 22.091 よりも小さくなることが確かめられる．

```
model <- glm(y ~ log(density), binomial)
summary(model)
Coefficients:
             Estimate Std. Error z value Pr(>|z|)
(Intercept)  -2.65927    0.48758  -5.454 4.92e-08 ***
log(density)  0.69410    0.09056   7.665 1.80e-14 ***

(Dispersion parameter for binomial family taken to be 1)

    Null deviance: 71.1593  on 7  degrees of freedom
Residual deviance:  5.6739  on 6  degrees of freedom
AIC: 38.201
```

大きな改善が見られるので，当然このモデルが採用される．専門的な観点からも確認しておくべきものがある．このような GLM では，残差逸脱度は残差自由度に等しいと想定されるが，残差逸脱度が残差自由度よりも大きいようならば過分散が疑われる．つまり，モデルから想定される2項分散よりも大きく，余分な説明できない変動があるかもしれない．しかし，log(density) を用いたモデルでは，過分散の兆候は見られない（[残差自由度]$= 6$ に対して，[残差逸脱度]$= 5.67$）．一方，最初のモデルでは説明変数として log(density) の代わりに density そのものを利用したので，その曲線性が引き起こす当てはまりの悪さがかなりの過分散を生じさせていた（[残差自由度]$= 6$ に対して，[残差逸脱度]$=22.09$）．

モデル検査では plot(model) を利用する [4]．

```
par(mfrow = c(2, 3))
plot(model, which=1:6)
par(mfrow = c(1, 1))
```

---

[4] ここでは，すべてのプロットを出力するために，引数 which = 1:6 を指定している．

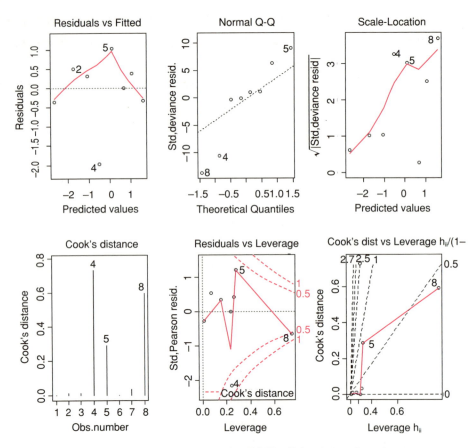

図 14.4 分散の均一性，誤差の正規性の検査のためのプロット

　図 14.4 から分かるように，適合値に対する残差に深刻に悩まなければならないような問題となる傾向は見られない．正規プロットはそれなりに線形である．4 番目の点は強い影響を与えている（大きなクック距離をもっている）．また，8 番目の点は大きなてこ比である（しかし，この点を取り除いてもモデルの有意性は失われない）．そこで次のように結論できる．つまり，集団密度が増加するとオスの比率も有意に増加し，またこのロジスティックモデルは説明変数（集団密度）の対数で線形化できる．最後に，散布図に適合曲線を描いて終わりにしよう．

```
xv <- seq(0, 6, 0.1)
plot(log(density), p, ylab = "Proportion male", pch = 21, bg = "blue")
lines(xv, predict(model, list(density = exp(xv)), type = "response"),
    col = "red")
```

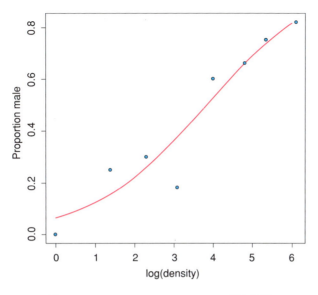

図 **14.5** モデル `y ~ log(density)` の適合曲線

引数 `type = "response"` を指定して，ロジット尺度を元の尺度へと戻すと，S字型の回帰曲線が得られる（図 14.5）．このとき，`exp(xv)` はモデル式で設定された $x$ 軸の対数尺度を `density` の尺度へ戻すために用いられる（結果は再び対数尺度である）．見て分かるように，最小の密度をもつ点と $\log(\text{density}) \approx 3$ である点での適合は貧弱であるが，全体的には無理なく適合している．性比の精度の高い推定値を得るためには，集団密度の非常に低いところでの反復数が少なすぎたと思われる．もちろん，そのデータは外れ値ではないという可能性も見過ごすべきではなく，モデル自体が悪いのかもしれない．

## カテゴリカル型の説明変数を複数個もつ比率データ

ここでのデータは寄生植物 `Orobanche`（2つの遺伝子型，水準 `a73` と `a75`）のタネの発芽に関するものである．その発芽を促すための2種類の宿主植物（豆ときゅうり）からの抽出物 `extract`（2つの水準，`bean` と `cucumber`）をもつ．ここでは，2元配置要因の逸脱度分析を行おう．

```
germination <- read.csv("c:\\temp\\germination.csv")
attach(germination)
names(germination)
[1] "count"     "sample"    "Orobanche" "extract"
```

応答変数 `sample` は実験に用いたタネの個数，変数 `count` は発芽したタネの個数である．ゆえに，`sample - count` が発芽しなかったタネの個数となり，応答変数 `y` は次のように作られる．

```
y <- cbind(count, sample - count)
```

カテゴリカル型説明変数のどちらも2つの水準をもっている．

```
levels(Orobanche)
[1] "a73" "a75"

levels(extract)
[1] "bean"    "cucumber"
```

タネの発芽率において，`Orobanche` の遺伝子型（`a73` と `a75`）と宿主からの抽出物 `extract`（`bean` と `cucumber`）との間には交互作用が存在しないことが検定したい仮説である．次のようにアスタリスク演算子 * を用いて要因間の分析を行う．

```
model <- glm(y ~ Orobanche * extract, binomial)
summary(model)
Coefficients:
                            Estimate Std. Error z value Pr(>|z|)
(Intercept)                  -0.4122     0.1842  -2.238   0.0252 *
Orobanchea75                 -0.1459     0.2232  -0.654   0.5132
extractcucumber               0.5401     0.2498   2.162   0.0306 *
Orobanchea75:extractcucumber  0.7781     0.3064   2.539   0.0111 *

(Dispersion parameter for binomial family taken to be 1)

    Null deviance: 98.719  on 20  degrees of freedom
Residual deviance: 33.278  on 17  degrees of freedom
AIC: 117.87
```

一目で，交互作用には高い有意性があることが分かる（$p$ 値 $= 0.0111$）．しかし，モデルが健全であることも確かめる必要がある．そのためにまず調べるべきは過分散である．残差逸脱度は自由度 17 に対して 33.278 なので，モデルはかなりの過分散になっている．

```
33.279/17
[1] 1.957588
```

過分散の度合はおおよそ 2 である．これを考慮したやり方としては，経験尺度母数を用いるのが最も簡単である．仮定した 2 項分布からの誤差ではなく，それよりも 1.9576 倍大きい過分散を反映しようとする．過分散を考慮した `quasibinomial` を指定したモデルを再度当てはめてみよう．

```
model <- glm(y ~ Orobanche * extract, quasibinomial)
```

いつものように，交互作用項を取り除く `update` 関数を適用してみる．

```
model2 <- update(model, ~. - Orobanche:extract)
```

元のモデルと単純化されたモデルを比較するとき，$\chi^2$ 検定を用いる代わりに，$F$ 検定を用いるところに違いがある．

```
anova(model, model2, test = "F")
Analysis of Deviance Table


Model 1: y ~ Orobanche * extract
Model 2: y ~ Orobanche + extract
  Resid. Df Resid. Dev Df Deviance      F Pr(>F)
1        17     33.278
2        18     39.686 -1   -6.408 3.4418 0.08099 .
```

今回は，交互作用は有意ではない（$p$ 値 $= 0.081$）．Orobanche の遺伝子型が異なれば 2 つの宿主からの抽出物 extract に依存して異なって反応するという強い証拠は存在していない．次の段階は，さらなるモデル単純化が可能か調べることである．

```
anova(model2, test = "F")
Analysis of Deviance Table


Model: quasibinomial, link: logit


Response: y


          Df Deviance Resid. Df Resid. Dev       F    Pr(>F)
NULL                        20     98.719
Orobanche  1    2.544        19     96.175  1.1954    0.2887
extract    1   56.489        18     39.686 26.5412 6.692e-05 ***
```

2 種類の宿主での発芽率には高度に有意な違いが見られる．しかし，モデルの中に Orobanche の遺伝子型を含めておくべきか明らかではないので，取り除けるか調べてみよう．

```
model3 <- update(model2, ~. - Orobanche)
anova(model2, model3, test = "F")
Analysis of Deviance Table


Model 1: y ~ Orobanche + extract
Model 2: y ~ extract
  Resid. Df Resid. Dev Df Deviance      F Pr(>F)
1        18     39.686
2        19     42.751 -1   -3.065 1.4401 0.2457
```

モデルに `Orobanche` を含めておく必要もなさそうなので，最小十分モデルは 2 母数のものになる．

```
coef(model3)
    (Intercept) extractcucumber
     -0.5121761       1.0574031
```

これらの推定値は一体何を意味しているのだろうか？ 係数は線形予測子からのものであることを思い出しておこう．これらは変換された尺度のものであって，2 項誤差を用いているときは，その変換はロジット $\ln(p/(1-p))$ である．ゆえに，これらを元の発芽率に変換しなおすには少々計算を必要とする．ロジット $x$ から比率 $p$ を求めるには，次の計算を行う．

$$p = \frac{1}{1 + 1/e^x}$$

よって，1 番目の $x$ 値である $-0.5122$ に対しては，

```
1/(1 + 1/exp(-0.5122))
[1] 0.3746779
```

これは，1 番目の植物（豆）での平均発芽率が 37%であったことを意味する．では，`extractcucumber` の推定値 1.057 は何だろうか？ カテゴリカル型の説明変数においては，**母数の推定値は平均間の差**であったことを思い出そう．ゆえに，2 番目の植物（きゅうり）での発芽率を求めるには，変換しなおす前に 1.057 を `(Intercept)` に加えておく必要がある．

```
1/(1 + 1/exp(-0.5122 + 1.0574))
[1] 0.6330212
```

これは，きゅうりでの発芽率がほぼ 2 倍（63%）であることを意味する．この手順を自動化した方がよいのは明らかである．また，平均発芽率の推定値の計算も簡単に行いたい．そうしてくれるのが関数 `predict` である．引数 `type = "response"`を指定すると，自動的にもとの尺度に変換しなおして推定してくれるからである．

```
tapply(predict(model3, type = "response"), extract, mean)
      bean  cucumber
 0.3746835 0.6330275
```

これらの推定値と生の比率の平均との比較には興味がある．まず，各標本での発芽率 $p$ を計算する．

```
p <- count/sample
```

各植物での発芽率の平均を知ることができる．

```
tapply(p, extract, mean)
      bean  cucumber
 0.3487189 0.6031824
```

違った答えが得られた．それほど違ってはいないが，しかし違っていることに変わりはない．比率データの正しい平均を求めるには，異なる水準での計数の総和をとり，比率へ変換するだけである．

```
tapply(count, extract, sum)
    bean cucumber
     148      276
```

豆では148個のタネが発芽し，きゅうりでは276個が発芽したことが分かる．では，それぞれ何個のタネを使ったのか？

```
tapply(sample, extract, sum)
    bean cucumber
     395      436
```

豆では395個のタネを使い，きゅうりでは436個である．ゆえに，正しい平均比率は148/395と276/436である．これを自動的に行うには

```
as.vector(tapply(count, extract, sum))
        /as.vector(tapply(sample, extract, sum))
[1] 0.3746835 0.6330275
```

これはGLMで求めた平均比率と一致する．**比率の平均を求めるときは，生の比率を平均するのではなく，標本総数と成功総数を求めて行わなければならない**．これがここでの教訓である．

今回の解析をまとめると，

- 成功数と失敗数からなる2列応答変数を作る
- `family = binomial` を指定した `glm` を用いる（`family =` は必ずしも必要ではない）
- 最大モデルを当てはめる（ここでの例では4つの母数をもっていた）
- 過分散を検査する
- ここでのように過分散が認められるようであれば `quasibinomial` 誤差を用いる
- 交互作用を除去することからモデル単純化を開始する
- 過分散を調整すると，交互作用は有意ではなくなった
- 主効果の除去を試みる（`Orobanche` の遺伝子型は不必要になった）
- モデル検査を行いたいときはプロットする
- 引数 `type = "response"` を指定した `predict` 関数を使い元の平均比率を求めた

## 2項データの共分散分析

5種類の多年生植物の開花についての例を見てみよう．完全に無作為化された計画での反復個体それぞれに，調合された成長促進剤が6種類に用量を変えて噴霧された．6週間後，植物に開花が見られたかどうかが記録された．開花個体の計数が応答変数である．これは共分散分

析になる．なぜならば，連続型説明変数 dose とカテゴリカル型説明変数 variety をもつからである．ここではロジスティック回帰を用いよう．応答変数 flowered が計数で，それが比率 flowered/number として表されるからである．

```
props <- read.csv("c:\\temp\\flowering.csv")
attach(props)
names(props)
[1] "flowered" "number"   "dose"     "variety"

y <- cbind(flowered, number - flowered)
pf <- flowered/number
pfc <- split(pf, variety)
dc <- split(dose, variety)
```

このような計数データでは一般的に，異なる処理による点どうしがプロット上で互いに隠し合いがちである．ここでは jitter 関数を用いて，本来の位置から確率的に上下左右に少しずれるようにしているので，すべての記号が異なる場所に現れるようになる．

```
plot(dose, pf, type = "n", ylab = "Proportion flowered")
points(jitter(dc[[1]]), jitter(pfc[[1]]), pch = 21, bg = "red")
points(jitter(dc[[2]]), jitter(pfc[[2]]), pch = 22, bg = "blue")
points(jitter(dc[[3]]), jitter(pfc[[3]]), pch = 23, bg = "black")
points(jitter(dc[[4]]), jitter(pfc[[4]]), pch = 24, bg = "lightblue")
points(jitter(dc[[5]]), jitter(pfc[[5]]), pch = 25, bg = "purple")
```

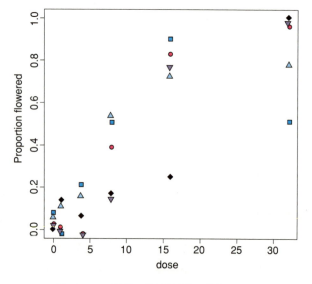

図 14.6　5 種類の多年生植物の開花データ

開花促進剤への反応には，植物品種間にかなりの違いがはっきりと見られる．モデル化をいつものように行おう．それぞれの品種に異なる傾きと切片を想定する最大モデルから始める（全体で 10 個の母数である）．

```
model1 <- glm(y ~ dose * variety, binomial)
summary(model1)
Coefficients:
              Estimate Std. Error z value Pr(>|z|)
(Intercept)   -4.59165    1.03215  -4.449 8.64e-06 ***
dose           0.41262    0.10033   4.113 3.91e-05 ***
varietyB       3.06197    1.09317   2.801 0.005094 **
varietyC       1.23248    1.18812   1.037 0.299576
varietyD       3.17506    1.07516   2.953 0.003146 **
varietyE      -0.71466    1.54849  -0.462 0.644426
dose:varietyB -0.34282    0.10239  -3.348 0.000813 ***
dose:varietyC -0.23039    0.10698  -2.154 0.031274 *
dose:varietyD -0.30481    0.10257  -2.972 0.002961 **
dose:varietyE -0.00649    0.13292  -0.049 0.961057


(Dispersion parameter for binomial family taken to be 1)

    Null deviance: 303.350  on 29  degrees of freedom
Residual deviance:  51.083  on 20  degrees of freedom
AIC: 123.55
```

モデルはそれなりの過分散を示しているので（51.083/20 > 2），擬 2 項誤差を仮定したモデルを再び当てはめてみよう．

```
model2 <- glm(y ~ dose*variety, quasibinomial)
summary(model2)
Coefficients:
              Estimate Std. Error t value Pr(>|t|)
(Intercept)   -4.59165    1.56314  -2.937  0.00814 **
dose           0.41262    0.15195   2.716  0.01332 *
varietyB       3.06197    1.65555   1.850  0.07922 .
varietyC       1.23248    1.79934   0.685  0.50123
varietyD       3.17506    1.62828   1.950  0.06534 .
varietyE      -0.71466    2.34511  -0.305  0.76371
dose:varietyB -0.34282    0.15506  -2.211  0.03886 *
dose:varietyC -0.23039    0.16201  -1.422  0.17043
```

```
dose:varietyD  -0.30481     0.15534   -1.962   0.06380 .
dose:varietyE  -0.00649     0.20130   -0.032   0.97460


(Dispersion parameter for quasibinomial family taken to be 2.293557)

    Null deviance: 303.350  on 29  degrees of freedom
Residual deviance:  51.083  on 20  degrees of freedom
AIC: NA
```

交互作用項を残す必要があるだろうか（1つだけだが，有意な項がある）？ これを除いて，2つのモデルを比較してみよう．

```
model3 <- glm(y ~ dose + variety, quasibinomial)
anova(model2, model3, test = "F")
Analysis of Deviance Table

Model 1: y ~ dose * variety
Model 2: y ~ dose + variety
  Resid. Df Resid. Dev Df Deviance      F   Pr(>F)
1        20     51.083
2        24     96.769 -4  -45.686 4.9798 0.005969 **
```

残すべきである．交互作用は $t$ 検定で得られる $p$ 値（`summary(mod12)` の出力にある）のどれよりもかなり強い有意性を示している（$p$ 値 $= 0.005969$）．

5つの適合曲線を散布図に追加してみよう[5]．用量である $x$ 軸には 0 から 32 まで設定する必要がある．

```
xv <- seq(0, 32, 0.25)
length(xv)
[1] 129
```

これは，それぞれの要因水準ごとに 129 個の `predict` 関数値が必要であることを意味する．

```
yv <- predict(model3, list(dose = xv, variety = rep("A", 129)),
              type = "response")
lines(xv, yv, col = "red", lwd=2)
yv <- predict(model3, list(dose = xv, variety = rep("B", 129)),
              type = "response")
lines(xv, yv, col = "blue", lwd=2)
```

---

[5] プロットはなぜか `model3` に対する適合曲線である．読者はコードを修正して `model2` に対する適合曲線（原著第1版での図）を描いてみるとよいだろう．

```
yv <- predict(model3, list(dose = xv, variety = rep("C", 129)),
              type = "response")
lines(xv, yv, col = "black", lwd=2)
yv <- predict(model3, list(dose = xv, variety = rep("D", 129)),
              type = "response")
lines(xv, yv, col = "lightblue", lwd=2)
yv <- predict(model3, list(dose = xv, variety = rep("E", 129)),
              type = "response")
lines(xv, yv, col = "purple", lwd=2)
```

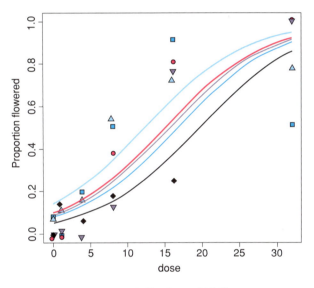

図 14.7 品種ごとの回帰曲線

図 14.7 を見て分かるように，モデルは 2 つの品種に対しては適切（A と E，それぞれ赤丸と紫色の逆三角），1 つに対してはまあまあ（C，黒色の菱形），2 つに対してはあまり良くない（B と D，それぞれ青の枡形と水色の三角）．いくつかの品種では，モデルは用量 0 での開花比率を大きめに予測している．品種 B では，高い用量において開花に対するある種の抑制が働いているようである．というのも，用量 16 で 90% であった開花率が用量 32 では 50% に落ちているからである（当てはめられたモデルは漸近的に 1 に近づくと仮定されている）．品種 D では，80% よりも低いところに開花率は収束しているように見える．これらのモデルの不適合に焦点を当てて将来の研究はなされることになる．

比率データを扱っているからといって，必ずしもロジスティックでうまく表現できるとは限らない．これが今回の教訓である．例えば，品種 B の反応を記述するためには，モデルは山型になることだろう．大きな用量に対して開花率 $p = 1$ を極限にもつとは言いがたい．品種 D をモデル化するには，100% よりも低い漸近値を示すような別の母数を導入する必要もあるだろう．

## 発展

Hosmer, D. W. and Lemeshow, S. (2000) *Applied Logistic Regression, 2nd edn*, John Wiley & Sons, New York.

# 第15章

# 2項応答変数

　多くの統計的問題が**2項応答変数**（**binary response data**）と関わっている．例えば，物事は次のようにしばしば分類される：死亡と生存，有と無，健康と疾病，男性と女性，識字可と不可，成人と未成人，営業と廃業，就業と失業．ともかく，個体がある群に所属するか否かに関係するような要因を理解することに興味がある．例えば，企業倒産の研究においては，倒産した企業についての測定値（経営期間，経営規模，売上高，所在地，経営歴，従業員教育など）と経営中の企業についての同様の測定値からなるリストがそのデータになる．このとき問題は，もし存在するならばどの説明変数が個々の企業を倒産に至らしめる確率を増加させるのだろうか，というものになるだろう．

　応答変数は 0 と 1 しか含まない．例えば，0 は生存を表し，1 は死亡を表すことになる．このように，応答は 1 列に並べられた変数であり，比率データでは応答変数が 2 列（成功と失敗に対応）であったことと対照的である（第 14 章を参照）．別の与え方も R では許されていて，応答変数を 2 水準の要因（例えば，「死亡」と「生存」，あるいは「男性」と「女性」など）とすることもできる．

　R は 2 項データを**大きさ 1 の 2 項試行**からの出現値として扱う．個体が死亡する確率を $p$ とおくとき，$y$（生存か死亡，0 か 1）を得る確率は次の $n=1$ の 2 項分布（ベルヌーイ分布とも呼ばれる）で与えられる．

$$P(y) = p^y(1-p)^{1-y}$$

確率変数 $y$ は平均 $p$ と分散 $p(1-p)$ をもっている．目的は，説明変数が $p$ の値にどのような影響をもつかというものである．2 項応答変数をうまく扱うには，いつそれを使えばよいのか知ることが肝心である．あるいは，どのような場合に成功と失敗をまとめて，死者や病人や倒産企業などの**総計**を解析する方がよいのか知ることである．次のように自問してみたらよい．**どの個体にも固有の値しかとらない説明変数が存在するか？** もしそうならば，2 項応答変数を使った解析が有益だろう．そうでなければ，ことさらそうしても得るべきものは何もないだろう．そのときは，各計数が固有の説明変数値をもつところまで計数をまとめることにより，データを縮約すべきである．例えば，説明変数がすべてカテゴリカル型であったとしよう（性別（男性と女性），雇用（就業と失業），地域（都会と田舎）のように）．このとき，2 項応答変数を用いてもその解析からは得るもの何もない．なぜならば，その研究対象のどの個体に対しても**固有の値をもつような説明変数が存在しない**からである．しかし，例えば各個体の体重が得られているようならば，「性と地域で群別した後で，太った人はやせた人よりも雇われにくいか」な

どという疑問をもつことにも意味があるだろう．どの説明変数にも**固有**の値が存在しないときには，次の 2 つのやり方が有効である．

- 説明変数（ここでは，性別・雇用・地域）により各個体の計数を $2 \times 2 \times 2$ 分割表（第 13 章を参照）にまとめ（長さがちょうど 8 のデータフレーム），ポアソン誤差を指定した分割表分析を行う
- どの説明変数が最も重要なのかを決めておき（たぶん，性差に興味があるだろう），データを比率データとして表し（男性総数と女性総数），2 水準要因の計数としての 2 項応答とする．そして，比率データ（例えば，女性である個体の割合）に対する 2 項誤差を指定した解析を行う（第 14 章を参照）

各個体に固有な測定値をもつ説明変数は，体重，収入，病歴，核燃料再処理工場からの距離，地理的隔離などのような連続型変数となるだろう．そのような場合は，2 項応答変数の解析は重回帰分析や複雑な共分散分析でうまくいくことも多く，そのためには第 10 章，第 11 章のモデル単純化やモデル検査を詳しく復習しておく必要があるだろう．

2 項応答変数についてのモデル化は，次の順序に従って行われる．

- 応答変数として 0 または 1 の値をもつ（あるいは，要因の 2 個の水準の 1 つを）ベクトルを作る
- 引数 `family = binomial` を指定した `glm` 関数を用いる
- 連結関数としては，デフォルトのロジット関数の替わりに補対数対数関数も利用する
- いつものようにモデルを当てはめる
- 最大モデルから出発し，項が除けるか有意性検定を行うために，$\chi^2$ 検定で逸脱度の変化を比較する
- 2 項応答変数では過分散に類する現象は起らないので，残差逸脱度が大きいときに利用される `quasibinomial` を指定する必要はない
- 2 項応答変数においては `plot(model)` から得られる情報はほとんど無いので，いつもにましてモデル検査は精緻に行わなければいけない

連結関数の指定は通常，上にある 2 つを試してみて，低い逸脱度の方を選ぶ．14 章で用いたロジット連結関数は $p$ と $q$ に関して対称的であるが，補対数対数連結関数は非対称的である．

## 発生関数

ここでの例の応答変数 `incidence` は発生を表す．値 1 はある島に特定の鳥が繁殖しているということを表し，0 はそうでないことを表す．説明変数は `area`（島の面積，km$^2$）と `isolation`（地理的隔離，本土からの距離，km）である．

```
island <- read.csv("c:\\temp\\isolation.csv")
attach(island)
names(island)
[1] "incidence" "area"      "isolation"
```

2つの連続型説明変数が存在するので，適切な解析は重回帰である．2項応答変数なので，2項誤差を指定したロジスティック回帰を行う．`area` と `isolation` 間の交互作用項を含んだ複雑なモデルを当てはめることから始める．

```
model1 <- glm(incidence ~ area * isolation, binomial)
```

次に，`area` と `isolation` の主効果のみからなる，より簡単なモデルを当てはめる．

```
model2 <- glm(incidence ~ area + isolation, binomial)
```

この2つのモデルを分散分析を用いて比較する．

```
anova(model1, model2, test = "Chi")
Analysis of Deviance Table

Model 1: incidence ~ area * isolation
Model 2: incidence ~ area + isolation
  Resid. Df Resid. Dev Df Deviance Pr(>Chi)
1        46     28.252
2        47     28.402 -1 -0.15043   0.6981
```

単純化したモデルで有意には悪くなっていないので，とりあえずはそれを採用し，母数の推定値や標準誤差を求めてみよう．

```
summary(model2)
Coefficients:
            Estimate Std. Error z value Pr(>|z|)
(Intercept)   6.6417     2.9218   2.273  0.02302 *
area          0.5807     0.2478   2.344  0.01909 *
isolation    -1.3719     0.4769  -2.877  0.00401 **

(Dispersion parameter for binomial family taken to be 1)

    Null deviance: 68.029  on 49  degrees of freedom
Residual deviance: 28.402  on 47  degrees of freedom
AIC: 34.402
```

推定値とその標準誤差はロジット連結関数の下でのものである．面積は有意に正の効果をもつ（島が大きくなるほど繁殖しやすい）．しかし，地理的隔離は非常に強い負の効果である（孤島になるほど繁殖しにくくなる）．これが最小十分モデルである．当てはめたモデルをデータの散布図に重ねてプロットしてみるべきである．これは，それぞれの変数で別々に行った方が分かりやすい．

```
windows(7, 4)
par(mfrow = c(1, 2))
xv <- seq(0, 9, 0.01)

modela <- glm(incidence ~ area, binomial)
modeli <- glm(incidence ~ isolation, binomial)

yv <- predict(modela, list(area = xv), type = "response")
plot(area, incidence, pch = 21, bg = "purple")
lines(xv, yv, col = "blue")

xv2 <- seq(0, 10, 0.1)
yv2 <- predict(modeli, list(isolation = xv2), type = "response")
plot(isolation, incidence, pch = 21, bg = "purple")
lines(xv2, yv2, col = "red")
```

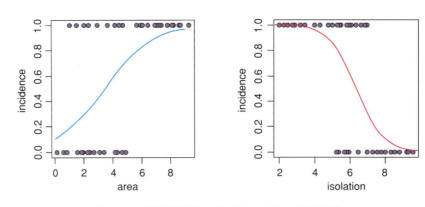

図 15.1　説明変数ごとの散布図とモデルの適合曲線

図 15.1 のどちらのプロットも良さそうだが，データに 0 と 1 しか含まれていないときは，モデルがどれくらいうまく当てはまっているのか知ることは難しい．データの中間的な比率を見るために，それらの推定値（理想的には標準誤差も付けて）をプロットし，適合曲線がデータの記述としてふさわしいのか判断してみるのもよいだろう．

そのために，`area` と `isolation` のとる範囲をそれぞれ（例えば）3 等分して，それぞれの区間で成功と失敗がいくつあるか計数する．さらに各区間で平均発生率 $p$ を求め，その推定値

をプロット画面に点として追加する．ただしそのとき，長さ $\sqrt{p(1-p)/n}$ の標準誤差棒も上下に付随させて図示する．ではまず，2つの座標軸上の分割点を得るには，`cut` 関数を用いよう．

```
ac <- cut(area, 3)
ic <- cut(isolation, 3)
tapply(incidence, ac, sum)
(0.144,3.19]   (3.19,6.23]   (6.23,9.28]
         7             8            14

tapply(incidence, ic, sum)
(2.02,4.54]  (4.54,7.06]  (7.06,9.58]
        12           17            0
```

`area` 軸の下側 1/3 には 7 個の成功を意味する点が存在し，上側 1/3 には 14 個である．`isolation` 軸の下側 1/3 には 12 個の成功を意味する点が存在し，上側 1/3 には存在しない．上の表記において，(a, b] は左端の点 $a$ は含まず，右端の点 $b$ は含むような区間である．

次に，`table` 関数を用いて各区間内の個体数を求める．

```
table(ac)
ac
(0.144,3.19]   (3.19,6.23]   (6.23,9.28]
         21            15            14

table(ic)
ic
(2.02,4.54]  (4.54,7.06]  (7.06,9.58]
        12           25           13
```

発生の確率の推定量は，成功数を試行数で割ることにより求める．

```
tapply(incidence, ac, sum)/table(ac)
(0.144,3.19]   (3.19,6.23]   (6.23,9.28]
   0.3333333     0.5333333     1.0000000

tapply(incidence, ic, sum)/table(ic)
(2.02,4.54]  (4.54,7.06]  (7.06,9.58]
       1.00         0.68         0.00
```

3つの計算された比率にモデルがどれぐらい近いのか見るために，モデルから得られた回帰曲線のプロットに，この平均比率と標準偏差 $\sqrt{pq/n}$ の誤差棒を追加してみよう

```
windows(7, 4)
par(mfrow = c(1, 2))
xv <- seq(0, 9, 0.01)
```

```r
yv <- predict(modela, list(area = xv), type = "response")
plot(area, incidence, pch = 21, bg = "purple")
lines(xv, yv, col = "blue")

d <- (max(area) - min(area))/3
left <- min(area) + d/2
mid <- left + d
right <- mid + d
xva <- c(left, mid, right)
pa <- as.vector(tapply(incidence, ac, sum)/table(ac))
se <- sqrt(pa * (1 - pa)/table(ac))

xv <- seq(0, 9, 0.01)
yv <- predict(modela, list(area = xv), type = "response")
lines(xv, yv, col = "blue")

points(xva, pa, pch = 16, col = "red")
for (i in 1:3) {
lines(c(xva[i], xva[i]), c(pa[i] + se[i], pa[i] - se[i]), col = "red")
}

xv2 <- seq(0, 10, 0.1)
yv2 <- predict(modeli, list(isolation = xv2), type = "response")
plot(isolation, incidence, pch = 21, bg = "purple")
lines(xv2, yv2, col = "red")

d <- (max(isolation) - min(isolation))/3
left <- min(isolation) + d/2
mid <- left + d
right <- mid + d
xvi <- c(left, mid, right)
pi <- as.vector(tapply(incidence, ic, sum)/table(ic))
se <- sqrt(pi * (1 - pi)/table(ic))

points(xvi, pi, pch = 16, col = "blue")
for (i in 1:3) {
lines(c(xvi[i], xvi[i]), c(pi[i] + se[i], pi[i] - se[i]), col = "blue")
}
```

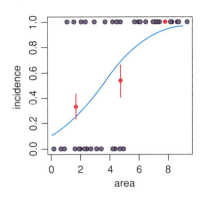
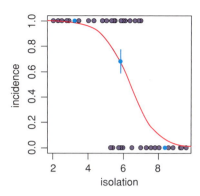

図 **15.2**　適合曲線と比率の推定値

一目で分かるように，右側のプロットの isolation に対する incidence の適合は素晴らしく良い：このデータに対してはロジスティクモデルは大いに適切である．対照的に，左側のプロットの area に対する incidence の適合は貧弱である．area の低い値に対してはモデル（青の実線）は観測値（誤差棒を伴った赤い点）よりも下側を推定しているのに対して，area の真ん中あたりではモデル（青の実線）は観測値（誤差棒を伴った赤い点）よりも上側を推定している．

もちろん，ここでの2つの効果を別々にプロットするというやり方は，area と isolation の間に交互作用が存在する場合はよろしくない．そのときは，isolation の値を固定するごとに，area に対する incidence について考えるという，条件付きプロットを生成する必要があるだろう．

## 2項応答変数の共分散分析

ここで扱う2項応答変数は寄生虫の感染（infection：水準は present（感染）と absent（非感染））である．説明変数は体重（weight：連続型）と年齢（age：連続型）および性別（sex：カテゴリカル型）である．まずデータ検査から始める．

```
infection <- read.csv("c:\\temp\\infection.csv")
attach(infection)
names(infection)
[1] "infected" "age"      "weight"    "sex"
```

連続型説明変数 weight と age に対しては，箱ヒゲ図で見てみるのが役に立つ．

```
windows(7, 4)
par(mfrow = c(1, 2))
plot(infected, weight, xlab = "Infection", ylab = "Weight",
     col = "lightblue")
plot(infected, age, xlab = "Infection", ylab = "Age",
     col = "purple")
```

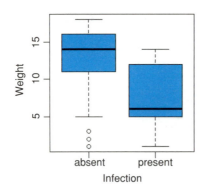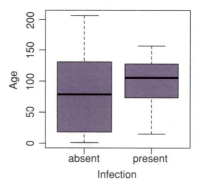

図 **15.3** 応答変数で層別した説明変数の箱ヒゲ図

図 15.3 を見ると，感染した個体は非感染のものよりもかなり体重が軽い．また，その年齢幅は相当に狭い．共にカテゴリカル型である感染と性別との関連を見るには，関数 `table` を用いるとよい．

```
table(infected, sex)
          sex
infected  female male
  absent      17   47
  present     11    6
```

これより，雌の感染率（11/28）が雄の感染率（6/53）よりも際立って高いことが見てとれる．
　ではいつものように，カテゴリカル型変数のすべての水準において異なる傾きをもつ最大モデルを当てはめることから始めよう．

```
model <- glm(infected ~ age * weight * sex, family = binomial)
summary(model)
Coefficients:
                    Estimate Std. Error z value Pr(>|z|)
(Intercept)        -0.109124   1.375388  -0.079    0.937
age                 0.024128   0.020874   1.156    0.248
weight             -0.074156   0.147678  -0.502    0.616
sexmale            -5.969109   4.278066  -1.395    0.163
age:weight         -0.001977   0.002006  -0.985    0.325
age:sexmale         0.038086   0.041325   0.922    0.357
weight:sexmale      0.213830   0.343265   0.623    0.533
age:weight:sexmale -0.001651   0.003419  -0.483    0.629

(Dispersion parameter for binomial family taken to be 1)
```

```
    Null deviance: 83.234  on 80   degrees of freedom
Residual deviance: 55.706  on 73   degrees of freedom
AIC: 71.706
```

どの交互作用項も有意でないことは，見て明らかである．ここでは，`update` と `anova` を利用したモデル単純化の代わりに，`step` 関数を利用してそれぞれの項に対して順番に AIC を計算してみよう．

```
model2 <- step(model)
Start:  AIC= 71.71
```

まず，3次の交互作用項が必要なのか調べる．

```
                Df Deviance     AIC
- age:weight:sex  1   55.943  69.943
<none>                55.706  71.706


Step:  AIC= 69.94
```

AIC が $71.7 - 69.9 = 1.8$ の減少なので，3次の交互作用項は有意ではない．よって，3次の交互作用項を取り除く．

次に，3つある2次の交互作用項を調べ，最初にどれを除くべきか見てみる．

```
             Df Deviance     AIC
- weight:sex  1   56.122  68.122
- age:sex     1   57.828  69.828
<none>            55.943  69.943
- age:weight  1   58.674  70.674


Step:  AIC= 68.12
```

項 `weight:sex` を除いたときにのみ，AIC は大きく減少している．そこで，この項を除き，他の2つの交互作用項はモデルに残す，というのが `step` 関数の結果である．これが甘い判断なのか見てみよう．

```
summary(model2)
Coefficients:
            Estimate Std. Error z value Pr(>|z|)
(Intercept) -0.391566   1.265230  -0.309   0.7570
age          0.025764   0.014921   1.727   0.0842 .
weight      -0.036494   0.128993  -0.283   0.7772
sexmale     -3.743771   1.791962  -2.089   0.0367 *
```

```
age:weight   -0.002221   0.001365  -1.627   0.1038
age:sexmale   0.020464   0.015232   1.343   0.1791

(Dispersion parameter for binomial family taken to be 1)

    Null deviance: 83.234  on 80  degrees of freedom
Residual deviance: 56.122  on 75  degrees of freedom
AIC: 68.122
```

`step` 関数を使って調べた結果では残すことになった 2 つの交互作用項はどちらも，このモデルでは $p$ 値 $> 0.10$ である．そこで，`update` 関数を利用して，`model2` を単純化することを試みる．

```
model3 <- update(model2, ~. - age:weight)
anova(model2, model3, test = "Chi")
Model 1: infected ~ age + weight + sex + age:weight + age:sex
Model 2: infected ~ age + weight + sex + age:sex
  Resid. Df Resid. Dev Df Deviance P(>|Chi|)
1      75     56.122
2      76     58.899 -1  -2.777   0.09562 .
```

`age:weight` 項を残すにはそれほど説得力のある証拠があるとは思えない（$p$ 値 $= 0.096$）．

```
model4 <- update(model2, ~. - age:sex)
anova(model2, model4, test = "Chi")
Model 1: infected ~ age + weight + sex + age:weight + age:sex
Model 2: infected ~ age + weight + sex + age:weight
  Resid. Df Resid. Dev Df Deviance Pr(>Chi)
1      75     56.122
2      76     58.142 -1  -2.0203   0.1552
```

`model2` からそれに含まれる交互作用項をすべて除いて検定しても，有意性は検出できない（$p$ 値 $= 0.1552$）．では，交互作用項をすべて取り除くとして，3 つの主効果についてはどうだろうか？

```
model5 <- glm(infected ~ age + weight + sex, family = binomial)
summary(model5)
Coefficients:
            Estimate Std. Error z value Pr(>|z|)
(Intercept) 0.609369   0.803288   0.759 0.448096
age         0.012653   0.006772   1.868 0.061701 .
```

```
weight       -0.227912   0.068599   -3.322 0.000893 ***
sexmale      -1.543444   0.685681   -2.251 0.024388 *
```

(Dispersion parameter for binomial family taken to be 1)

```
    Null deviance: 83.234  on 80  degrees of freedom
Residual deviance: 59.859  on 77  degrees of freedom
AIC: 67.859
```

weight は高度に有意である．これは初めに箱ヒゲ図で予想できたことである．sex も十分に有意である．age は有意であるというには際どい．weight と age に対する infection の反応に非線形性が見られないか調べておくことも大事である．2 つの連続型説明変数の 2 次の項も当てはめてみよう．

```
model6 <- glm(infected ~ age + weight + sex
            + I(weight^2) + I(age^2), family = binomial)
summary(model6)
Coefficients:
              Estimate Std. Error z value Pr(>|z|)
(Intercept) -3.4475839  1.7978359  -1.918   0.0552 .
age          0.0829364  0.0360205   2.302   0.0213 *
weight       0.4466284  0.3372352   1.324   0.1854
sexmale     -1.2203683  0.7683288  -1.588   0.1122
I(weight^2) -0.0415128  0.0209677  -1.980   0.0477 *
I(age^2)    -0.0004009  0.0002004  -2.000   0.0455 *
```

(Dispersion parameter for binomial family taken to be 1)

```
    Null deviance: 83.234  on 80  degrees of freedom
Residual deviance: 48.620  on 75  degrees of freedom
AIC: 60.62
```

明らかに，2 つの関係とも有意に非線形である．この非線形性はさらに詳しく調べた方がよい，他のモデルの方が適切ではないのか見るために（例えば，ノンパラメトリックな平滑子，区分的な線形モデルまたは階段関数など）．連続型の共変量をもつときは，一般化加法モデル（GAM）をまずは用いてみるのも良い出発点である．

```
library(mgcv)
par(mfrow = c(1, 2))
model7 <- gam(infected ~ sex + s(age) + s(weight), family = binomial)
plot.gam(model7)
par(mfrow = c(1, 1))
```

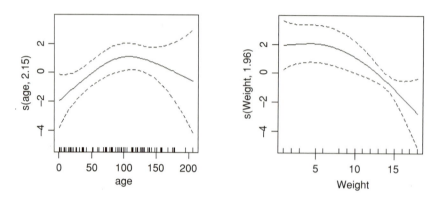

図 15.4　ノンパラメトリック平滑子を組み込んだ一般化加法モデル

このようなノンパラメトリック平滑子は，`infection` と `age` のもつ山型の関係を表現するのに優れている．また，`infection` と `weight` 間の関係にはおおよそ `weight` ≈ 8 のあたりに境界がある可能性を示唆している．

上の検討を組み込んで GLM を再度当てはめてみよう．前と同様に `age` と `age^2` を利用するが，`weight` に対しては区分的に線形関数を考える．`weight` の区間 $8 \leq$ `weight` $\leq 14$ で境界を推定して，最小の残差逸脱度を与える境界を求めてみた．その結果，得られた境界値は 12 である（上の `gam` プロットから読み取れるものより少し大きめである）．そこで，区分的回帰を指定するときは，次の項を加える．

`I((weight - 12) * (weight > 12))`

記号 `*` はモデル式では交互作用と判断されるので，そうされないように `I` 関数に入れる必要がある．この式は「`weight` > 12 の範囲でのみ，`weight` - 12 の値に基づく `infection` の回帰を行え」ということを意味している．`weight` ≤ 12 の範囲では `infection` は `weight` と無関係である．

```
model8 <- glm(infected ~ sex + age + I(age^2)
            + I((weight - 12) * (weight > 12)), family = binomial)
summary(model8)
Coefficients:
                    Estimate Std. Error z value Pr(>|z|)
(Intercept)        -2.7511382  1.3678824  -2.011   0.0443 *
sexmale            -1.2864683  0.7349201  -1.750   0.0800 .
```

```
age                               0.0798629  0.0348184  2.294   0.0218 *
I(age^2)                         -0.0003892  0.0001955 -1.991   0.0465 *
I((weight - 12) * (weight > 12)) -1.3547520  0.5350853 -2.532   0.0113 *

(Dispersion parameter for binomial family taken to be 1)

    Null deviance: 83.234  on 80  degrees of freedom
Residual deviance: 48.687  on 76  degrees of freedom
AIC: 58.687

model9 <- update(model8, ~. - sex)
anova(model8, model9, test = "Chi")
  Resid. Df Resid. Dev Df Deviance Pr(>Chi)
1        76     48.687
2        77     51.953 -1  -3.2664  0.07071 .

model10 <- update(model8, ~. - I(age^2))
anova(model8, model10, test = "Chi")
  Resid. Df Resid. Dev Df Deviance P(>|Chi|)
1        76     48.687
2        77     55.218 -1  -6.5314  0.0106 *
```

infection に対する sex の効果は十分に有意であるとは言えない（それを除いたときの $\chi^2$ 検定では $p$ 値 $= 0.071$）．そこで，これは取り除くことにする．age の2次の項も強く有意であるようには見えない．しかし，それを除いて行った検定結果は $p$ 値 $= 0.011$ なので，残しておく．その結果，最小十分モデルとして model9 が得られる．

```
summary(model9)
Coefficients:
                                  Estimate Std. Error z value Pr(>|z|)
(Intercept)                      -3.1207552  1.2665593  -2.464   0.0137 *
age                               0.0765784  0.0323376   2.368   0.0179 *
I(age^2)                         -0.0003843  0.0001846  -2.081   0.0374 *
I((weight - 12) * (weight > 12)) -1.3511706  0.5134681  -2.631   0.0085 **

(Dispersion parameter for binomial family taken to be 1)

    Null deviance: 83.234  on 80  degrees of freedom
Residual deviance: 51.953  on 77  degrees of freedom
AIC: 59.953
```

結論として，`infection` と `age` には山型の関係が存在し，`weight` との関係では境界を設定した効果が認められる．`sex` の効果には微妙なものがあり，さらなる研究が行う必要があるだろう（$p$ 値 $= 0.071$）．

## 発展

Collett, D. (1991) *Modelling Binary Data*, Chapman & Hall, London.

Cox, D. R. and Snell, E. J. (1989) *Analysis of Binary Data*, Chapman & Hall, London.

# 第16章

# 死亡および故障データ

　死亡に至るまで，あるいは故障するまでの時間データ（**death and failure data**）も統計的モデル化ではよく扱われる．そのようなデータのもつ分散はほとんど常に非均一的なので，標準的な手法が適切とは言えない．これがここでの大きな問題である．誤差がガンマ分布に従っているならば，**分散は平均の平方に比例する**（ポアソン誤差について思い出すと，分散は平均に等しかった）．このようなデータは GLM においてガンマ誤差を指定することにより容易に扱える．

　今回の事例研究では3つの処理のおのおのが50個の反復をもつ．非治療の対照群（`control`），新規のガン治療薬の低用量群（`low`）と高用量群（`high`）の3処理である．応答変数はネズミの死亡月齢である．

```
mortality <- read.csv("c:\\temp\\deaths.csv")
attach(mortality)
names(mortality)
[1] "death"     "treatment"

tapply(death, treatment, mean)
control    high     low
   3.46    6.88    4.70
```

高用量群のネズミは対照群よりもおおよそ2倍長く生存している．低用量の場合は35%以上の寿命延長が見込まれる．しかし，死亡月齢の分散は一定ではない．

```
tapply(death, treatment, var)
  control      high       low
0.4167347 2.4751020 0.8265306
```

長く生存した個体では分散がかなり大きいので，均一的な分散と正規誤差を仮定した標準的な手法を用いるべきではないだろう．このような場合，ガンマ誤差を仮定した一般化線形モデルを用いるとよい．

```
model <- glm(death ~ treatment, Gamma)
summary(model)
```

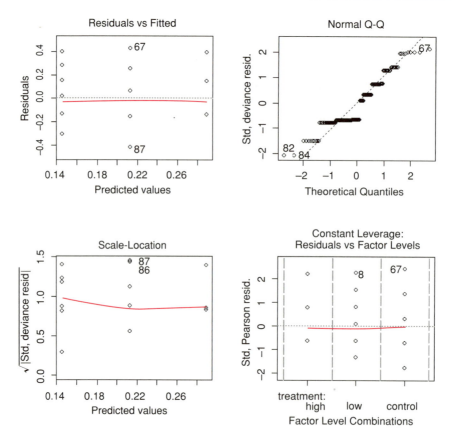

図 16.1 モデル glm(death ~ treatment, Gamma) の検査のためのプロット

```
Coefficients:
                Estimate Std. Error t value Pr(>|t|)
(Intercept)     0.289017   0.008327  34.708  < 2e-16 ***
treatmenthigh  -0.143669   0.009321 -15.414  < 2e-16 ***
treatmentlow   -0.076251   0.010340  -7.374 1.11e-11 ***

(Dispersion parameter for Gamma family taken to be 0.04150523)

    Null deviance: 17.7190  on 149  degrees of freedom
Residual deviance:  5.8337  on 147  degrees of freedom
AIC: 413.52
```

ガンマ誤差を仮定したときの連結関数は逆数である．そのため，要約表において高用量群に対する推定値が負の値になっている．$0.2890 - 0.1437 = 0.1453$ なので，高用量群の平均値は $1/0.1453 = 6.882$ である．plot(model) を用いてモデル検査を行うと，悪くはない（図 16.1，これを lm(death ~ treatment) の結果（図 16.2）と比較してみるとよいだろう）．3 処理は互いに有意に異なっていると結論できる．

```
par(mfrow = c(2, 2))
plot(model)
par(mfrow = c(1, 1))
```

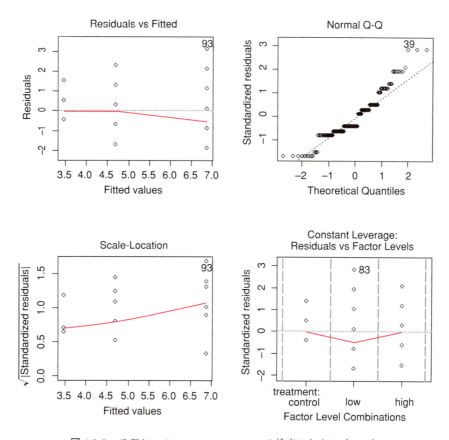

図 **16.2** モデル `lm(death~treatment)` の検査のためのプロット

　死亡時間データに共通する難点は，対象個体のいくつか（あるいは多く）が治験期間中に死亡に至らないところにある．このとき，それらの死亡年齢は不確定になる（治癒する場合もあるし，治験から脱落する場合もあるし，死亡前に治験が終了する場合もある）．これらは**打ち切りデータ**（**censored data**）と呼ばれる．打ち切りがあると解析はかなり複雑になる．打ち切りデータも何らかの情報を含んでいるからである（どの年齢まで生存していたかは分かることになる）．打ち切りが存在しないデータの解析では死亡年齢が応答変数であるが，存在する場合はその情報を表すデータ形式は異なったものになる．そのようなデータに対するモデル化を考える統計手法は**生存解析**（**survival analysis**）と呼ばれている．

```
detach(mortality)
```

## 打ち切りをもつ生存解析

次に扱う例は 150 匹の野生のヒツジ（オス）の死亡率の研究からのものである．3 つの実験群に対して 50 ヶ月かけて観測が行われ，内臓の寄生虫を駆除する 3 種類の薬が処方された．群 A には高用量の殺虫剤が，群 B には低用量が，群 C には偽薬（殺虫効果なし）が処方された．この要因を表す変数は group である．各個体の初期体重 weight が共変量としてまず記録され，死亡時の月数 death が観測結果として記録された．また，50 ヶ月間（実験終了時まで）生き延びたヒツジは打ち切りデータとして記録された（それらは打ち切り指標 status = 0 をもち，そうでない死亡したヒツジは status = 1 である）．

```
library(survival)
sheep <- read.csv("c:\\temp\\sheep.deaths.csv")
attach(sheep)
names(sheep)
[1] "death"  "status" "weight" "group"
```

これら 3 群の生存曲線は次のように得られる．

```
plot(survfit(Surv(death, status) ~ group), col = c(2, 6, 4),
     xlab = "Age at death (months)")
```

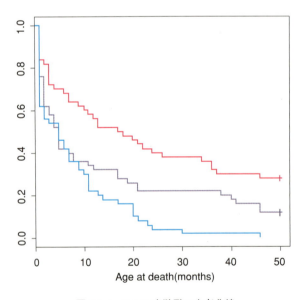

図 16.3  3 つの実験群の生存曲線

図 16.3 の群 A（赤色）と群 B（紫色）の生存曲線の右端にある記号 + は，これらの群に打ち切りがあったことを示している（つまり，実験終了時に生存個体が存在した）．生存データに対するパラメトリックな回帰には，関数 survreg を用いる．そのとき，異なるいろいろな誤差分布を指定することができる．ここでは指数分布を用いてみよう（引数 dist には"extreme"， "logistic", "gaussian", "exponential", 引数 link には "log" または "identity" を指定できる). まず, 共分散分析の完全モデルを当てはめる.

```
model <- survreg(Surv(death, status) ~ weight * group,
                 dist = "exponential")
summary(model)
                Value Std. Error      z         p
(Intercept)    3.8702     0.3854  10.041  1.00e-23
weight        -0.0803     0.0659  -1.219  2.23e-01
groupB        -0.8853     0.4508  -1.964  4.95e-02
groupC        -1.7804     0.4386  -4.059  4.92e-05
weight:groupB  0.0643     0.0674   0.954  3.40e-01
weight:groupC  0.0796     0.0674   1.180  2.38e-01

Scale fixed at 1

Exponential distribution
Loglik(model)= -480.6   Loglik(intercept only)= -502.1
        Chisq= 43.11 on 5 degrees of freedom, p= 3.5e-08
```

モデル単純化をいつものとおり進めよう. そのためには update 関数を用いることができるが, ここでは目先を変えて, より簡単なモデルを当てはめるたびに anova 関数で検定してみよう. 初めに, 各群に対する異なる傾きを取り除いてみる.

```
model2 <- survreg(Surv(death, status) ~ weight + group,
                  dist = "exponential")
anova(model, model2, test = "Chi")
           Terms Resid. Df    -2*LL      Test Df  Deviance  P(>|Chi|)
1 weight * group        144 961.1800                  NA         NA         NA
2 weight + group        146 962.9411 -weight:group -2 -1.761142  0.4145462
```

交互作用は有意ではない. ゆえに, それを取り除き, weight が取り除けるか調べてみる.

```
model3 <- survreg(Surv(death, status) ~ group, dist = "exponential")
anova(model2, model3, test = "Chi")
           Terms Resid. Df    -2*LL   Test Df  Deviance  P(>|Chi|)
1 weight + group        146 962.9411             NA         NA         NA
2          group        147 963.9393 -weight -1 -0.9981333  0.3177626
```

これも有意ではないので取り除き, group が除けるか調べてみる.

```
model4 <- survreg(Surv(death, status) ~ 1, dist = "exponential")
anova(model3, model4, test = "Chi")
  Terms Resid. Df    -2*LL Test Df  Deviance    P(>|Chi|)
1 group       147  963.9393   NA        NA           NA
2     1       149 1004.2865   -2 -40.34721 1.732661e-09
```

これは高度に有意なので，戻しておく．最小十分モデルは3水準の要因である `group` のみをもつ `model3` となる．初期体重 `weight` が生存に影響をもつという証拠は得られていない．

```
summary(model3)
             Value Std. Error      z        p
(Intercept)  3.467      0.167  20.80 3.91e-96
groupB      -0.671      0.225  -2.99 2.83e-03
groupC      -1.386      0.219  -6.34 2.32e-10

Scale fixed at 1

Exponential distribution
Loglik(model)= -482   Loglik(intercept only)= -502.1
        Chisq= 40.35 on 2 degrees of freedom, p= 1.7e-09
```

3群すべてをモデルに入れておく必要がある（中間的な応答をもつ群Bが群Aと群Cの両方に対して有意に異なっている）．

この同じモデル構造において誤差分布を比較することも簡単にできる．

```
model3 <- survreg(Surv(death, status) ~ group, dist = "exponential")
model4 <- survreg(Surv(death, status) ~ group, dist = "extreme")
model5 <- survreg(Surv(death, status) ~ group, dist = "gaussian")
model6 <- survreg(Surv(death, status) ~ group, dist = "logistic")
anova(model3, model4, model5, model6)

  Terms Resid. Df    -2*LL Test Df   Deviance P(>|Chi|)
1 group       147  963.9393   NA          NA        NA
2 group       146 1225.3512    =  1 -261.411949       NA
3 group       146 1178.6582    =  0   46.692975       NA
4 group       146 1173.9478    =  0    4.710457       NA
```

最初に選んで解析に使った指数誤差が最も良いことは明らかだろう．最小の残差逸脱量 963.94 を与えている．

`model3` の下での予測死亡月齢と生データでの死亡月齢の算術平均とを比較すると，適切な生存解析を行うことの利点がはっきりと分かることだろう．

```
tapply(predict(model3, type = "response"), group, mean)
       A        B        C
32.05556 16.38636  8.02000

tapply(death, group, mean)
    A     B     C
23.08 14.42  8.02
```

打ち切りがないときには（すべての個体が死亡した群 C のように），予測平均死亡月齢は一致する．しかし，打ち切りがあるときは，算術平均は死亡月齢を低く見積もってしまい，その打ち切り数が大きくなると（群 A のように），その差は非常に大きくなる（23.08 月に対して 32.06 月）．

## 発展

Cox, D. R. and Oakes, D. (1984) *Analysis of Survival Data*, Chapman & Hall, London.

Kalbfleisch, J. and Prentice, R. L. (1980) *The Statistical Analysis of Failure Time Data*, John Wiley & Sons, New York.

# 付録 A

# R言語の基礎

## 電卓としてのR

画面上のプロンプト > に続くコマンドラインは，有能な電卓である．

```
> log(42/7.3)
[1] 1.749795
```

R での対数関数の底は $e$（ネイピア数）であり，10 ではない．しかし，log 関数の第 2 引数に任意の底を指定することができる．16 の底 2 での log 関数値は

```
> log(16,2)
[1] 4
```

一行に長いコマンドを書き込むこともできるが，複雑な表現式を評価（計算）させたい場合は，複数行に渡って入力した方が分かりやすい．そうするには，コマンドが明らかに不完全な状態で改行するとよい．例えば，コンマや演算子で終わるとか，左括弧数が右括弧数よりも多いとかである．後者の場合，同数でなければならないからである．継続行があると R が判断した場合は，プロンプトが > から + に変わる．

```
>   5+6+36+4+2+4+8+
+            3+2+7
[1] 50
```

継続を表すプロンプト + で加法が実行されることは無い．入力ミスで現れた継続プロンプト + を > に戻すには，Esc キーを押すとよい．その後，↑ キーで（不完全な）最終入力行を表示し，修正できる．

今後（本書全体を通してでもあるが）プロンプト > は省略する．また，本書では，入力行でのコマンドは赤色で表示する．Enter キーを押せばその結果が得られる．R でのその出力は青色の Courier New フォントで表示する．文字の形に依存しない幅で書面や画面に印字するので，縦に整列した表示ができる．

一行をセミコロン ; で区切ると，複数のコマンドを実行させることができる．

```
2+3; 5*7; 3-7
[1] 5
[1] 35
[1] -4
```

通常の計算は入力するだけでできる．計算の順序は，まず冪や根の計算を優先し，次に掛け算と割り算を行い，最後に足し算と引き算を実行する．平方根には特別に関数 sqrt が準備してあるが，根の計算は一般に冪計算で分数を指定して行う．指数（冪）計算にはキャレット（またはハット）記号 ^ を用いる（計算言語 GLIM や Fortran で用いるような ** ではない）．8 の立方根は

```
8^(1/3)
[1] 2
```

指数演算子 ^ における演算順序は「右から左へ」である．しかし，他のすべての演算子においては「左から右へ」である．そのため，2^2^3 は 2^8 なのであり，4^3 ではない．一方，1-1-1 の結果は $-1$ であり 1 ではない．演算の優先順序を変更したいときは，括弧を用いる必要がある．$t$ 検定では $|\bar{y}_A - \bar{y}_B|/SE_{\bar{y}_A - \bar{y}_B}$ を計算するが（p.102 を参照），それらの実際の数値が順に 5.7, 6.8, 0.38 であったとすると，

```
abs(5.7 - 6.8)/0.38
[1] 2.894737
```

R での既定の小数点表示は 7 桁（上にあるように）であるが，次のようにオプションの digits を変更することにより変更できる．

```
options(digits = 3)
abs(5.7 - 6.8)/0.38
[1] 2.89
```

## 組込み関数

たぶん過去において用いたことのある数学関数はすべて表 A.1 のなかにあるだろう．log 関数についてはすでに見たが，$e$ を底とするその逆関数（指数関数）は exp である．

```
exp(1)
[1] 2.718282
```

R の三角関数は角度をラジアンで用いる．円は $2\pi$ ラジアンであり，これは 360° を意味する．ゆえに，直角（90°）は $\pi/2$ ラジアンである．R には $\pi$ を表す定数 pi が準備されている．

```
pi
[1] 3.141593
```

## 指数部をもつ数値

表 A.1 R の数学関数

| 関数 | 定義 |
|---|---|
| `log(x)` | 底 $e$ のときの $x$ の自然対数値 |
| `exp(x)` | $x$ の逆対数値（指数関数値）($= 2.71828^x$) |
| `log(x, n)` | 底 $n$ のときの $x$ の対数値 |
| `log10(x)` | 底 10 のときの $x$ の対数値 |
| `sqrt(x)` | $x$ の平方根 |
| `factorial(x)` | $x!$ |
| `choose(n, x)` | 2 項係数，$n!/(x!(n-x)!)$ |
| `gamma(x)` | $\Gamma(x)$, $x$ が整数のとき $(x-1)!$ |
| `lgamma(x)` | $\Gamma(x)$ の自然対数値 |
| `floor(x)` | $x$ 以下の最大整数 |
| `ceiling(x)` | $x$ 以上の最小整数 |
| `trunc(x)` | $x$ と 0 の間で 0 に最も近い整数 |
| | `trunc(1.5) = 1`, `trunc(-1.5) = -1` |
| | 正数に対しては `floor` 関数値で |
| | 負数に対しては `ceiling` 関数値 |
| `round(x, digits=0)` | $x$ の四捨五入値 |
| `signif(x, digits=6)` | 科学的表記による $x$ の 6 桁表記 |
| `runif(n)` | 区間 $(0, 1)$ 上の $n$ 個の一様乱数値 |
| `cos(x)` | $x$ ラジアン の `cos` 関数値 |
| `sin(x)` | $x$ ラジアン の `sin` 関数値 |
| `tan(x)` | $x$ ラジアン の `tan` 関数値 |
| `acos(x), asin(x), atan(x)` | 実数または複素数 $x$ に対する 逆三角関数値 |
| `cosh(x), sinh(x), tanh(x)` | 実数または複素数 $x$ に対する 双曲線三角関数値 [1] |
| `acosh(x), asinh(x), atanh(x)` | 実数または複素数 $x$ に対する 逆双曲線三角関数値 |
| `abs(x)` | $x$ の絶対値 |

```
sin(pi/2)
[1] 1

cos(pi/2)
[1] 6.123032e-017
```

ここでの `e-017` は $\times 10^{-17}$ のことである．直角の sin 値は 1 であるけれども，cos 値は正確な 0 でないことに注意する．この値は非常に小さいけれども明らかに正確に 0 ではない．実数どうしが正確に等しいことを見るときには注意が必要である（p.346 を参照）．

## 指数部をもつ数値

非常に大きな数値や，あるいは小さすぎる数値には表 A.2 のような表記を用いる．

---

[1] 原著には無いが，追加した．

表 A.2　指数表記

| | |
|---|---|
| `1.2e3` | 1200 を表し，`e3` は小数点を右へ 3 つずらせということを意味する |
| `1.2e-2` | 0.012 を表し，`e-2` は小数点を左へ 2 つずらせということを意味する |
| `3.9+4.5i` | 実数部 3.9 と虚数部 4.5 をもつ複素数を表し，`i` は $-1$ の平方根である |

## mod と整数部

整数による割り算の商と余りは演算子 `%/%` と `%%`

```
119 %/% 13
[1] 9
```

割り算の余り（数学的には記号 mod が用いられる）．例えば 119 を 13 で割ったときの余り 119 mod 13 を知りたいときは

```
119 %% 13
[1] 2
```

余りは数の奇偶性を知りたいときにとても役に立つ．奇数は mod 2 で 1 であり，偶数は mod 2 で 0 である．

```
9 %% 2
[1] 1

8 %% 2
[1] 0
```

ある数が別のある数の正確に整数倍になっていることを確かめたいときにも余りは役に立つ．例えば，15421 が 7 の整数倍なのか調べたいときは

```
15421 %% 7 == 0
[1] TRUE
```

## 付値（代入）

R では付値（あるいは代入）によりオブジェクトに値をもたせることができる．これを表す演算子は不等号 `<` とハイフン `-` を，間に空白を入れずに組み合わせることにより得られる．値 5 をもつスカラー定数 `x` を作るには次のように行う．

```
x <- 5
```

`x = 5` ではない [2]．空白を入れ間違うとあいまいな表記になる．`x <- 5` を `x < -5` とすると，

---

[2] これも有効ではあるが，本書では採用しない．

これは論理式であり，x が −5 よりも小さいかどうかを問うことになる．その結果，TRUE または FALSE の出力を得る．

## 数値の丸め

いろいろな丸めが利用できる（切り下げ，切り上げ，四捨五入）．5.7 を例にとろう．切り下げ関数は `floor` である．

```
floor(5.7)
[1] 5
```

切り上げ関数は `ceiling` である．

```
ceiling(5.7)
[1] 6
```

数に 0.5 を加えて `floor` 関数を適用すると，四捨五入することができる．この組込み関数は存在するが，関数が簡単に作れる事を示すために，ここでは自作してみよう．関数名を `rounded` と名付けると，次のように定義できる（p.48 を参照）．

```
rounded <- function(x) {floor(x + 0.5)}
```

この新しい関数を利用して

```
rounded(5.7)
[1] 6
```

```
rounded(5.4)
[1] 5
```

## 無限大と数ではないもの（NaN）

計算結果が正の無限大になると，R はそれを `Inf` で返す．

```
3/0
[1] Inf
```

また，負の無限大の場合は，`-Inf` で返す．

```
-12/0
[1] -Inf
```

`Inf` と `-Inf` を含んだ計算も行ってくれる．

```
exp(-Inf)
[1] 0
```

```
0/Inf
[1] 0

(0:3)^Inf
[1]   0   1 Inf Inf
```

構文 0:3 は非常に便利である．数列（ベクトル）が生成される（この場合は，0, 1, 2, 3）．この関数は 2 つの要素から，その答えのベクトルを返す．この例では，長さ 4 のベクトルである．

ときには，計算結果が数値にならない場合もある．それらは NaN ('not a number') と表記される．典型的な例を挙げると，

```
0/0
[1] NaN

Inf - Inf
[1] NaN

Inf/Inf
[1] NaN
```

NaN と NA ('not available') の違いは明確に理解しておくべきである．NA は欠測値を表す記号である（次の項目を参照せよ）．数が有限か無限かを調べる組込み関数が存在する．

```
is.finite(10)
[1] TRUE

is.infinite(10)
[1] FALSE

is.infinite(Inf)
[1] TRUE
```

## 欠測値（NA）

データフレームの中の欠測値ほどいらだたせるものはない．モデル適合関数の機能に影響を与え，行いたいモデル設定能力を大きく損なうからである．

データの中に欠測値があると，いくつかの関数はデフォルトのままでは機能しない．例えば mean 関数がその典型的な例である．

```
x <- c(1:8, NA)
mean(x)
[i] NA
```

欠測値以外で平均を求めたい場合は，NA を取り除くために，引数 na.rm = TRUE を指定する必要がある．

```
mean(x, na.rm = T)
[1] 4.5
```

ベクトル内の欠測値の位置を知りたいときは，`is.na` 関数を用いる．次はベクトル内の欠測値の位置（7 と 8）を求める例である．ベクトルは `vmv` と名付ける．

```
(vmv <- c(1:6, NA, NA, 9:12))
[1] 1 2 3 4 5 6 NA NA 9 10 11 12
```

上では，付値すると同時にその結果を表示するようにコマンド全体を丸括弧で括っている．ベクトル内の欠測値の位置を作成するために `seq` 関数を用いよう．

```
seq(along = vmv)[is.na(vmv)]
[1] 7 8
```

しかし，`which` 関数を用いるとより簡単に求められる．

```
which(is.na(vmv))
[1] 7 8
```

観測個数が 0 であるということを欠測値（NA）が意味しているときは，NA を 0 に書き換えたいかもしれない．このための添字を生成するために `is.na` 関数を用いる．

```
vmv[is.na(vmv)] <- 0; vmv
[1] 1 2 3 4 5 6 0 0 9 10 11 12
```

あるいは，`ifelse` 関数を次のように用いてもよい．

```
vmv <- c(1:6, NA, NA, 9:12)
ifelse(is.na(vmv), 0, vmv)
[1] 1 2 3 4 5 6 0 0 9 10 11 12
```

## 演算子

R は表 A.3 のような演算子記号をもっている．

**表 A.3　R の演算子記号**

| 記号 | 意味 |
|---|---|
| + - * / %% %/% ^ | 算術 |
| > >= < <= == != | 大小関係 |
| ! & \| | 論理 |
| ~ | モデル表記 |
| <- -> | 付値（代入） |
| $ | リストの要素名 |
| : | 数列生成 |

モデル式において，いくつかの演算子は異なる意味をもつ．例えば，記号 * は「主効果＋交互作用」，記号 : は 2 変数間の交互作用，記号 ^ は指定された次数までのすべての交互作用を意味する．

## ベクトルの生成

ベクトルとは，同じ型の値を 1 個以上もつ変数のことである．型には，**論理（logical）**，**整数（integer）**，**実数（real）**，**複素数（complex）**，**文字列（string，文字（character）も含む）**，**文字列のバイト表現（raw）** などがある．このようなベクトル変数は **R** で生成できる．

次の例では数列を生成するコロン演算子 : を用いて，10 から 16 までの整数列を y という名前をもつ変数に代入する．

```
y <- 10:16
```

これは，コマンド行にすべての値を書き並べ，連結関数 c を用いて作ることもできる．

```
y <- c(10, 11, 12, 13, 14, 15, 16)
```

あるいは，`scan` 関数を用いて，キーボードから 1 つずつ入力することもできる．

```
y <- scan()
1: 10
2: 11
3: 12
4: 13
5: 14
6: 15
7: 16
8:
Read 7 items
```

データの入力を打ち切るには ENTER キーを 2 回押す．しかし，ベクトルに値を代入するために最も使われる方法は，外部ファイルからデータを読み込ませるやり方である．`read.csv` や `read.table` などが用いられる（p.26 を参照）．

## ベクトル内の要素の名前

ベクトル内の要素に名前が付いていると便利なことも多い．例えば，データが 0, 1, 2, … といった出現した個数からなる計数ベクトルであり，`counts` という名前の変数に代入されているとしよう．

```
(counts <- c(25, 12, 7, 4, 6, 2, 1, 0, 2))
25 12 7 4 6 2 1 0 2
```

これは，25 回の 0 が出現し，12 回の 1 が出現し，… といったことを意味するので，それらを表す数値 0, 1, …, 8 という名前をもっていた方が便利である．

```
names(counts) <- 0:8
```

こうすると，変数 counts の中身を見たいとき，その名前と頻度を知ることができる．

```
counts
 0  1  2  3  4  5  6  7  8
25 12  7  4  6  2  1  0  2
```

計数そのものから頻度表を作り，そこから要素名を取り除きたいときは，as.vector 関数を次のように用いるとよい．

```
(st <- table(rpois(2000, 2.3)))
  0   1   2   3   4   5   6   7   8   9
205 455 510 431 233 102  43  13   7   1

as.vector(st)
[1] 205 455 510 431 233 102  43  13   7   1
```

## ベクトル関数

R のもつ大きな強みの 1 つは，ベクトルの要素の 1 つひとつに別々に関数を適用できる点である．そのとき，添字に関する繰り返し計算をする必要がない．最も重要だと思われる関数を表 A.4 に挙げている．

## ベクトルの要素を群別して要約する

習得すべき最も重要で有益なベクトル関数の 1 つに tapply がある．頭文字の 't' は表 (table) を意味していて，変数の値（たいていは要因の水準）に基づいてグループ分けされた（目的の変数の）値から表を作成する．ちょっとややこしいなと感じるかもしれないが，実際は次のように簡単である．

```
data <- read.csv("c:\\temp\\daphnia.csv")
attach(data)
names(data)
[1] "Growth.rate" "Water"     "Detergent" "Daphnia"
```

応答変数は Growth.rate（成長速度）であり，他の 3 つの変数は要因である．Detergent の水準に応じた成長速度の平均を求めたいとしよう．

```
tapply(Growth.rate, Detergent, mean)
BrandA BrandB BrandC BrandD
  3.88   4.01   3.95   3.56
```

表 A.4　R のベクトル関数

| 関数 | 定義 |
| --- | --- |
| max(x) | $x$ の要素の最大値 |
| min(x) | $x$ の要素の最小値 |
| sum(x) | $x$ の要素の和 |
| mean(x) | $x$ の要素の算術平均 |
| median(x) | $x$ の要素の中央値 |
| range(x) | min(x) と max(x) のベクトル |
| var(x) | $x$ の要素の標本分散，ただし，自由度は length(x)-1 |
| cor(x, y) | ベクトル $x$ と $y$ の相関係数 |
| sort(x) | $x$ の要素の昇順ベクトル |
| rank(x) | $x$ の要素の順位ベクトル |
| order(x) | $x$ の要素を昇順に並べかえる添字番号を示す整数ベクトル |
| quantile(x) | $x$ の要素の最小値，第 1 四分位点，中央値，第 3 四分位点，最大値からなるベクトル |
| cumsum(x) | $x$ の第 1 要素から第 $i$ 要素までの部分和（$i = 1, 2, \ldots$）からなるベクトル |
| cumprod(x) | $x$ の第 1 要素から第 $i$ 要素までの部分積（$i = 1, 2, \ldots$）からなるベクトル |
| cummax(x) | $x$ の第 1 要素から第 $i$ 要素までの部分最大値（$i = 1, 2, \ldots$）からなるベクトル |
| cummin(x) | $x$ の第 1 要素から第 $i$ 要素までの部分最小値（$i = 1, 2, \ldots$）からなるベクトル |
| pmax(x, y, z) | $x, y, z$ の $i$ 番目（$i = 1, 2, \ldots$）の要素毎の最大値からなるベクトル，長さは $x, y, z$ の長さの最大値 |
| pmin(x, y, z) | $x, y, z$ の $i$ 番目（$i = 1, 2, \ldots$）の要素毎の最小値からなるベクトル，長さは $x, y, z$ の長さの最大値 |
| colMeans(x) | データフレームまたは行列 $x$ の列平均からなるベクトル |
| colSums(x) | データフレームまたは行列 $x$ の列和からなるベクトル |
| rowMeans(x) | データフレームまたは行列 $x$ の行平均からなるベクトル |
| rowSums(x) | データフレームまたは行列 $x$ の行和からなるベクトル |

これは 4 つの要素をもつ表になっていて，要因（変数）Detergent のもつ各水準に対応している．2 次元の表を作成したければ，グループ分けに使う 2 つの変数をリストにして与えればよい．ここでは，Water の種類と Daphnia のクローンに対する成長速度の中央値を求める．

```
tapply(Growth.rate, list(Water, Daphnia), median)
      Clone1 Clone2 Clone3
Tyne   2.87   3.91   4.62
Wear   2.59   5.53   4.30
```

リストの第 1 変数は表の行に，第 2 変数は列に対応する．

## 添字と添字選択

　ベクトル全体を関数に渡すというのが標準的ではあるけれども，ベクトル内のいくつかの要素を選択して渡したいという場合もある．これは，いわゆる添字選択によって可能である．関数には丸括弧 `()` が使われるが，添字には角括弧 `[]` を使用する．また，ベクトル，行列，配列やデータフレームに対する添字には一重の括弧 `[6]`, `[3,4]`, `[2,3,2,1]` などが使われるが，リストに対して二重括弧 `[[2]]`, `[[i,j]]` などが用いられる（p.48 を参照）．行列やデータフレームのように 2 つの添字をもつ場合は，第 1 添字は行番号（行は周辺番号 1 として定義される）を表し，第 2 添字は列番号（列は周辺番号 2 をもつ）に対応する．特別に，添字が指定されずに空白のままの場合は，すべての添字が選択されたと解釈する重要かつ強力な約束事もある．

- `[,4]` はオブジェクトの 4 列目にあるすべての要素を意味する
- `[2,]` はオブジェクトの 2 行目にあるすべての要素を意味する

また，`model$cef` あるいは `model$resid` のように `$` 演算子を用いて，オブジェクトから名前の付いた要素を取り出すやり方もある．これは，タグ付きリストからの要素名演算子 `$` を用いた添字選択として知られている．

## ベクトルに対する論理的添字選択の例

　整数 0 から 10 までの値をもつ長さ 11 のベクトルを例に取ろう．

```
x <- 0:10
```

このベクトルに関する計算において，2 種類の全く異なる取り扱い方がある．まずは，その要素をすべて足し合わせたいかもしれない．

```
sum(x)
[1] 55
```

一方，ある論理的判断で選ばれた要素を数え上げたいかもしれない．例えば，5 未満の値は何個あるか調べたいとすると

```
sum(x < 5)
[1] 5
```

違いが分かってもらえただろうか？両方ともベクトル関数 `sum` を用いている．しかし，`sum(x)` は $x$ の要素を足し合わせ，`sum(x<5)` は「$x$ は 5 未満である」という論理的条件に合致した場合の数を数え上げている．これは型の「強制変換」が行われることにより成立している（p.346 を参照）．論理値 TRUE は数値 1 に，論理値 FALSE は数値 0 に強制変換されているのである．

　ではそれはそれで良いとしても，$x$ の部分的な要素を足し合わせるにはどうしたらよいのだろう．論理的条件を設定するにしても，その条件に合格した場合の数を数え上げるのではなく，そのときの値そのものを足し合わせたいのである．ジグソーパズルの最後の 1 コマがここにあ

る．論理的添字選択を働かすのである．コマンド sum(x<5) を用いて場合の数を数え上げたとき，ベクトル全体を数え上げていることに注意しよう．5以下の x の値の和を求めたいなら次のように行えばよい．

```
sum(x[x < 5])
[1] 10
```

もう少し詳しく見てみよう．論理的条件 $x < 5$ は真か偽のどちらかの結果をもたらす．

```
x < 5
[1]  TRUE  TRUE  TRUE  TRUE  TRUE FALSE FALSE FALSE FALSE FALSE FALSE
```

数値計算では，偽は0に，真は1と見なされるので，添字選択で指定された記述 x < 5 は5個の1の後に6個の0が続くベクトルと解釈される．

```
1*(x < 5)
[1] 1 1 1 1 1 0 0 0 0 0 0
```

では，論理ベクトルの値と x の値との積を考えると

```
x*(x < 5)
[1] 0 1 2 3 4 0 0 0 0 0 0
```

これに関数 sum を使うと，求めていた答えを得る．数値の和 $0+1+2+3+4=10$ をである．

```
sum(x*(x < 5))
[1] 10
```

これは sum(x[x < 5]) と同じ答えを与えるが，かなり野暮ったいやり方ではある．今度は，ベクトルの中で値の大きさが上から3番目までの値の和を求めたいとしよう．2段階の計算を必要とする：ベクトルを降順にソートし，ソートされたベクトルの最初の3つの和を求める．順を踏んでやってみよう．まず，ベクトル y を設定する．

```
y <- c(8, 3, 5, 7, 6, 6, 8, 9, 2, 3, 9, 4, 10, 4, 11)
```

これに sort 関数を適用すると，要素は昇順に並べられるが，ここがこの問題のちょっと難しいところである．

```
sort(y)
[1]  2  3  3  4  4  5  6  6  7  8  8  9  9 10 11
```

さらに次のように，逆転関数 rev を用いる（タイピング量を減らしたければ，上向きの矢印キーを打って，前のコマンドを呼び出し，rev 関数をかぶせればよい）．

```
rev(sort(y))
[1] 11 10  9  9  8  8  7  6  6  5  4  4  3  3  2
```

求めたい答えは 11 + 10 + 9 = 30 であるが，どのように計算するのか？ベクトルの任意の要素の値を知りたければ，具体的なその添字を利用すればよい．10 という値はソートされたベクトルの 2 番目あるので，それを取り出すには添字 [2] を指定すればよい．

```
rev(sort(y))[2]
[1] 10
```

添字の範囲は，コロン演算子 : を用いると簡単に生成できる整数列である．1 から 3 までの添字が欲しいので，次のように書ける．

```
rev(sort(y))[1:3]
[1] 11 10 9
```

以上により，ここでの解答は

```
sum(rev(sort(y))[1:3])
[1] 30
```

この計算過程において，ベクトル y には少しの変更も加えていないし，記憶領域を消費するような新しいベクトルをまったく生成していないことにも注意しよう．

## ベクトル内の番地

配列内の番地を見つけるための 2 つの重要な関数が存在する．関数 which を理解するのは易しい．上のベクトル y は次で与えられていた．

```
y
[1] 8 3 5 7 6 6 8 9 2 3 9 4 10 4 11
```

5 よりも大きな値をもつ y の要素の番地を知りたいとしよう．

```
which(y > 5)
[1] 1 4 5 6 7 8 11 13 15
```

この質問の答えは添字の集合（ベクトル）であることに注意する．関数 which それ自体の内部では添字選択を用いていない．関数は配列全体に適用されている．5 よりも大きな y の値を求めたいときは，次のように指示するだけである．

```
y[y > 5]
[1] 8 7 6 6 8 9 9 10 11
```

このベクトルは y の長さよりも短いことに注意しよう．なぜならば，5 以下の数値が取り除かれたからである．

```
length(y)
[1] 15

length(y[y > 5])
[1] 9
```

## 負の添字選択によるベクトル要素の削除

添字選択の極めて便利な使用法に，負の添字を指定してベクトルから要素を取り除くというやり方がある．x の最初の要素のみを取り除いた新しいベクトル z を求めてみよう．

```
x <- c(5, 8, 6, 7, 1, 5, 3)
z <- x[-1]
z
[1] 8 6 7 1 5 3
```

では，x から最大値と最小値を除いて残った値の平均（いわゆる刈り込み平均）を求めることを考えてみよう．この例では 1 と 8 を取り除く．ここでも 2 段階の計算を行うことになる．まず，ベクトル x をソートし，最初の要素を x[-1] で取り除き，さらに最後の要素を x[-length(x)] で取り除く．これは - c(1, length(x)) を添字選択に指定することにより同時に行うことができる．次に組込み関数である mean を用いる．

```
trim.mean <- function(x) {mean(sort(x)[-c(1,length(x))])}
```

答えは mean(c(5,6,7,5,3)) = 26/5 = 5.2 であるが，確かめよう．

```
trim.mean(x)
[1] 5.2
```

## 論理計算

論理表現を含んだ計算はプログラミングや変数の選択において非常に役に立つ（表 A.5）．論理計算に不慣れな場合でも，忍耐強く学ぶ価値がある．一旦理解できたなら，それがどんなに便利なものなのか分かるはずである．理解の要は，論理表現が真か偽か（**R** では TRUE または FALSE）に評価され，また **R** では，TRUE と FALSE は数値に強制変換できる（TRUE は 1 に，FALSE は 0 に）ところにある．

## 繰返しの生成

数値や文字を繰り返した変数を生成したい場合もかなりある．そのための関数が rep である．第 1 引数に指定されたオブジェクトが第 2 引数で指定された回数だけ繰返される．最も簡単な例として，9 を 5 回繰り返してみよう．

表 A.5　R の論理演算子

| 記号 | 定義 |
| --- | --- |
| ! | 否定 |
| & | 論理積 |
| \| | 論理和 |
| < | 未満 |
| <= | 以下 |
| > | 大きい（以下の否定） |
| >= | 以上（未満の否定） |
| == | 等しい |
| != | 等しくない |
| && | if 文における論理積 |
| \|\| | if 文における論理和 |
| xor(x,y) | 排除的論理和 |
| isTRUE(x) | identical(TRUE,x) の略記的関数 |

```
rep(9, 5)
[1] 9 9 9 9 9
```

関数 rep を用いた徐々に複雑になっていく 3 つの例を比較すると，この関数の孕んでいる課題点にも理解がいくだろう．

```
rep(1:4, 2)
[1] 1 2 3 4 1 2 3 4

rep(1:4, each=2)
[1] 1 1 2 2 3 3 4 4

rep(1:4, each=2, times=3)
[1] 1 1 2 2 3 3 4 4 1 1 2 2 3 3 4 4 1 1 2 2 3 3 4 4
```

数列の要素が異なる回数繰り返される場合は，第 2 引数のベクトルの長さは第 1 引数のベクトルの長さと同じでなければならない．例えば，4 つの 9，1 つの 15，4 つの 21，2 つの 83 をもつベクトルを生成したいときは，連結関数 c を使った 2 つのベクトルを利用する．1 つは繰り返したい数のベクトルで，もう 1 つは繰返し数のベクトルである．

```
rep(c(9,15,21,83), c(4,1,4,2))
[1] 9 9 9 9 15 21 21 21 21 83 83
```

## 要因水準の生成

長い要因水準ベクトルが必要なとき，水準を生成する関数 gl（generate levels）は有用である．構文は次の形をしている．

　gl(a,b,c)：a は最大水準，b は繰返し数，c は総数

まず，最大水準 a = 4 までの繰返し数 b = 3 の簡単な例を与えてみよう（このとき，総数は 12 である）．

```
gl(4, 3)
[1] 1 1 1 2 2 2 3 3 3 4 4 4
Levels: 1 2 3 4
```

このパターンを 2 回繰り返したいときの関数例が次である．

```
gl(4, 3, 24)
[1] 1 1 1 2 2 2 3 3 3 4 4 4 1 1 1 2 2 2 3 3 3 4 4 4
Levels: 1 2 3 4
```

総数がパターンの整数倍でないときは，ベクトルは総数の長さに切り詰められる．

```
gl(4, 3, 20)
[1] 1 1 1 2 2 2 3 3 3 4 4 4 1 1 1 2 2 2 3 3
Levels: 1 2 3 4
```

要因水準を数字ではなくて文字列にしたいときは，次のように引数 labels を用いる．

```
gl(3, 2, 24, labels=c("A", "B", "C"))
[1] A A B B C C A A B B C C A A B B C C A A B B C C
Levels: A B C
```

## 等差数列の生成

階差 1 の整数列はコロン演算子 : で作ることができる (p.328 にあるように)．階差が 1 でないときは，seq 関数を用いるとよい．一般に，seq 関数には 3 つの引数がある：初期値，上限，増分（あるいは，減少列に対しては減分）．例えば，0 から 1.5 までの階差 0.2 の数列は

```
seq(0, 1.5, 0.2)
[1] 0.0 0.2 0.4 0.6 0.8 1.0 1.2 1.4
```

seq 関数は，生成する数列に第 2 引数（1.5）に正確に一致する項が無い場合は，それに到達する前までの項で終了する（この例では 1.4）．seq 関数で減少列を作りたいときは，第 3 引数に負数を設定する必要がある．

```
seq(1.5, 0, -0.2)
[1] 1.5 1.3 1.1 0.9 0.7 0.5 0.3 0.1
```

ここでも，生成されるべき数列に 0 は現れないので，0 は除外され，0.1 で終わっている．すでに定義されているベクトルと同じ長さの数列を作りたいときは，次のように行う．平均 10.0 と標準偏差 2.0 をもつ 18 個の正規乱数からなるベクトル x がすでにあるとしよう．

```
x <- rnorm(18, 10, 2)
```

この x と同じ長さ（18）をもち，初項は 88 で，末項が正確に 50 であるような数列を作りたいとしよう．

```
seq(88, 50, along=x)
 [1] 88.00000 85.76471 83.52941 81.29412 79.05882 76.82353 74.58824
 [8] 72.35294 70.11765 67.88235 65.64706 63.41176 61.17647 58.94118
[15] 56.70588 54.47059 52.23529 50.00000
```

階差を求めるというような面倒なことを避けられるので，このやり方は便利である．ただし，初項（ここでは，88）と末項（50）は知っておく必要がある．

## 行列

行列にはいろいろな作り方がある．まずは直接的な作り方：

```
X <- matrix(c(1, 0, 0, 0, 1, 0, 0, 0, 1), nrow=3)
X
     [,1] [,2] [,3]
[1,]    1    0    0
[2,]    0    1    0
[3,]    0    0    1
```

デフォルトで，数値は列優先（列番号の若い方を優先し，次に行番号順）で配置される．変数 X の class と attributes を見ると，3 行 3 列の行列であることが確認できる（行数と列数は dim 特性に入れられている）．

```
class(X)
[1] "matrix"

attributes(X)
$dim
[1] 3 3
```

次の例では，データは行優先で代入されている．これには，引数 byrow = T を指定する．

```
vector <- c(1, 2, 3, 4, 4, 3, 2, 1)
V <- matrix(vector, byrow=T, nrow=2)
V
     [,1] [,2] [,3] [,4]
[1,]    1    2    3    4
[2,]    4    3    2    1
```

ベクトルを行列に変換する別のやり方もある．ベクトルオブジェクトに，行数と列数を表す2つの次元を付値するとよい．これには dim 関数を利用する．

```
dim(vector) <- c(4, 2)
```

行列に変換されているか確認すると

```
is.matrix(vector)
[1] TRUE
```

ただ，注意が必要である．データの配置が行優先ではない．

```
vector
     [,1] [,2]
[1,]   1    4
[2,]   2    3
[3,]   3    2
[4,]   4    1
```

求めたいのはこの転置行列である．これには t 関数を用いる．

```
(vector <- t(vector))
     [,1] [,2] [,3] [,4]
[1,]   1    2    3    4
[2,]   4    3    2    1
```

## 文字列

R は文字列を定義するのに二重引用符を用いる．ある語句を定義することから始めよう．

```
phrase <- "the quick brown fox jumps over the lazy dog"
```

substr と呼ばれる関数は，文字列から指定した文字数の部分文字列を抽出する．次のコードは，上の文字列の最初から1個，2個，3個，... と20個まで部分文字列を抽出する．

```
q <- character(20)
for(i in 1:20) q[i] <- substr(phrase, 1, i)
q
 [1] "t"              "th"             "the"
 [4] "the "           "the q"          "the qu"
 [7] "the qui"        "the quic"       "the quick"
[10] "the quick "     "the quick b"    "the quick br"
[13] "the quick bro"  "the quick brow" "the quick brown"
```

```
[16] "the quick brown "       "the quick brown f"     "the quick brown fo"
[19] "the quick brown fox"    "the quick brown fox "
```

`substr` の第 2 引数は，文字列の抽出を始める位置番号である（ここでは，常に 1 番目）．第 3 引数は抽出を終了する位置番号である（ここでは，$i$ 番目）．文字列を個々の文字に分解するには，`strsplit` を用いる．

```
strsplit(phrase, split=character(0))
[[1]]
 [1] "t" "h" "e" " " "q" "u" "i" "c" "k" " " "b" "r" "o" "w" "n"
[16] " " "f" "o" "x" " " "j" "u" "m" "p" "s" " " "o" "v" "e" "r"
[31] " " "t" "h" "e" " " "l" "a" "z" "y" " " "d" "o" "g"
```

関数 `table` は各文字の頻度を調べたいときに便利である．

```
table(strsplit(phrase, split=character(0)))
    a b c d e f g h i j k l m n o p q r s t u v w x y z
  8 1 1 1 1 3 1 1 2 1 1 1 1 1 1 4 1 1 2 1 2 2 1 1 1 1
```

これから，アルファベットのすべての文字が使われていること，空白文字が 8 つあることなどが分かる．また，語句の中の単語数の数え方もこれから分かる．それは常に [空白数] + 1 である．

```
words <- 1 + table(strsplit(phrase, split=character(0)))[1]
words
[1] 9
```

大文字と小文字を互いに書き換えることも簡単である．それには関数 `toupper` と `tolower` を用いる．

```
toupper(phrase)
[1] "THE QUICK BROWN FOX JUMPS OVER THE LAZY DOG"

tolower(toupper(phrase))
"the quick brown fox jumps over the lazy dog"
```

## R での関数の作成

R における関数とは，与えられた引数に基づき演算を行い，1 つあるいは複数の値を返すオブジェクトのことである．関数を定義する文法は

`function` (引数の並び) 本体

関数を定義するときの最初の構成要素は予約語 `function` である．これで関数を定義するぞと

宣言する．引数の並びとは仮引数をコンマで区切ったものである．仮引数は，変数名（x や y など）であったり，[変数名] = [式]（例えば，pch = 16）であったり，特殊な仮引数 ...（ドット，ドット，ドット）であったりする．本体には，有効な **R** のコマンドが1つまたは複数個置かれる．一般に，コマンドの複数行は中括弧 { } で括られる．各コマンドは改行されている必要がある（あるいはセミコロン ; で区切られる）．関数はある変数名に代入されて定義されるのが普通であるが，必ずしもそうする必要は無い．今後いくつかの実際例を知れば，ここに書いてあることの意味が少しずつ分かるようになるだろう．

## 1 標本データの算術平均

1 標本データ $y = (y_1, y_2, \ldots, y_n)$ の算術平均（標本平均）は，要素の和 $\sum_{i=1}^{n} y_i$ を標本数 $n$ を割ったものである．変数 y から標本数 $n$ と標本和 $\sum_{i=1}^{n} y_i$ を求める **R** の関数はそれぞれ length(y) と sum(y) なので，算術平均を求める関数は次で与えられる

```
arithmetic.mean <- function(x) {sum(x) / length(x)}
```

答えの分かっているデータでこの関数の検査を行うべきである．

```
y <- c(3, 3, 4, 5, 5)
arithmetic.mean(y)
[1] 4
```

言うまでもなく，**R** には算術平均を求める組込み関数 mean が存在する．

```
mean(y)
[1] 4
```

## 1 標本データの中央値

中央値（50% 分位点）とは数値ベクトルをソートして，その真ん中の値である

```
sort(y)[ceiling(length(y)/2)]
[1] 4
```

もちろん，ここには考慮すべき点が存在する．ベクトルが偶数個の要素をもつ場合は真ん中の値が存在しないからである．理屈からいうと，真ん中の両側にある2つの値の平均を計算する必要がある．では，ベクトル y の要素数が偶数なのか奇数なのか一般的に知るにはどうしたらよいのだろう？それを知ることができたら，2つの計算法のどちらを採用すべきか判断できる．ここでのアイデアは 'mod 2'（p.51, p.326 を参照）を用いることである．では，中央値を求めるためのすべての道具立ては整ったところで，次のように定義しよう．

```
med <- function(x){
        odd.even <- length(x) %% 2
        if(odd.even == 0)
          (sort(x)[length(x)/2] +sort(x)[1+length(x)/2])/2
        else sort(x)[ceiling(length(x)/2)]
        }
```

`if`文が真の場合は（偶数個の要素が存在し），`if`文に続くコマンドを即座に実行する（要素が偶数個あるときの中央値を求めるコードである）．`if`文が偽の場合は（奇数個の要素が存在し，`odd.even == 1`），`else`文の後にあるコマンドを実行する（要素が奇数個あるときの中央値を求めるコードである）．では，奇数長のベクトル`y`でまず試し，次に偶数長のベクトルである`y[-1]`で確かめる．`y`の第1項（`y[1]` = 3）を除いたものが`y[-1]`である（負数の添字選択を用いている）．

```
med(y)
[1] 4

med(y[-1])
[1] 4.5
```

中央値を求める組込み関数があると聞いても，もう驚きはないだろう．それは`median`と呼ばれる．

## ループと反復

古典的ともいえるFortranタイプのループ計算が**R**でも使える．文法は少々異なるが，基本的考え方は同じである．ある数列上の値を取るように変数`i`を走らせ，`i`に別の値が設定されるたびに，1個または複数個の一群のコマンドを実行させる．次は`i`の値を使い5回計算するループの例である．`i`の平方が出力される．

```
for(i in 1:5) print(i^2)
[1] 1
[1] 4
[1] 9
[1] 16
[1] 25
```

複数のコマンドが繰り返し実行されるときは，その繰り返しのコード全体を中括弧`{ }`で括っておく必要がある．各コマンドを改行キーにより改行しておくこともプログラムの基本である（改行の代わりにセミコロン`;`で代用することもできるが，1行に1つのコマンドを置く方が明快さは増す）．

次は，与えられた整数の 2 進数表現を求める例である．そこでは while 関数を用いている．最小の位の値（偶数なら 0，奇数なら 1）が答えの右端（この例では，32 番目の位置）に常に来るように仕掛ける．

```
binary <- function(x) {
   if(x == 0) return(0)
   i <- 0
   string <- numeric(32)
   while(x > 0) {
      string[32 - i] <- x %% 2
      x <- x %/% 2
      i <- i + 1
      }
   first <- match(1, string)
   string[first:32]
   }
```

変数 string の前の方にある 0（1 番目から first - 1 番目まで）は表示しない．15 から 17 までの整数に対してこの関数を走らせて 2 進数表現を得てみよう．

```
sapply(15:17, binary)
[[1]]
[1] 1 1 1 1

[[2]]
[1] 1 0 0 0 0

[[3]]
[1] 1 0 0 0 1
```

### ifelse 関数

ある条件が真の場合はある計算をし，偽の場合は別の計算を行う（上の例がそうであったように，何もしないのではなく），そういった処理を行う場合も多い．ifelse 関数はベクトルのもつすべての値に対して，for 文を用いずにそういった計算を行ってくれる．もしも，負数に対しては −1 を返し，0 以上の数に対しては 1 を返す演算を行いたい場合は次のようにすればよい．

```
z <- ifelse(y<0, -1, 1)
```

## apply 関数を利用した関数計算

apply 関数は行列またはデータフレームの行（1 番目の添字）や列（2 番目の添字）に他の関数を適用させる．

```
(X <- matrix(1:24, nrow=4))
     [,1] [,2] [,3] [,4] [,5] [,6]
[1,]    1    5    9   13   17   21
[2,]    2    6   10   14   18   22
[3,]    3    7   11   15   19   23
[4,]    4    8   12   16   20   24
```

行列の周辺番号 1 の上を移動して（つまり各行で）行和を取りたいときは

```
apply(X, 1, sum)
[1] 66 72 78 84
```

また，行列の周辺番号 2 の上を移動して（つまり各列で）列和を取りたいときは

```
apply(X,2,sum)
[1] 10 26 42 58 74 90
```

上の計算のどちらの場合でも，apply により返される結果は行列ではなくベクトルである．しかし，周辺番号で指定した行あるいは列に対してというよりも，行列の個々の要素に対して計算する関数も apply 関数で適用することもできる．このときの結果は行列で与えられ，指定した周辺番号（第 2 引数）がその出力の形式に影響を与える．

```
apply(X, 1, sqrt)
         [,1]     [,2]     [,3]     [,4]
[1,] 1.000000 1.414214 1.732051 2.000000
[2,] 2.236068 2.449490 2.645751 2.828427
[3,] 3.000000 3.162278 3.316625 3.464102
[4,] 3.605551 3.741657 3.872983 4.000000
[5,] 4.123106 4.242641 4.358899 4.472136
[6,] 4.582576 4.690416 4.795832 4.898979


apply(X, 2, sqrt)
         [,1]     [,2]     [,3]     [,4]     [,5]     [,6]
[1,] 1.000000 2.236068 3.000000 3.605551 4.123106 4.582576
[2,] 1.414214 2.449490 3.162278 3.741657 4.242641 4.690416
[3,] 1.732051 2.645751 3.316625 3.872983 4.358899 4.795832
[4,] 2.000000 2.828427 3.464102 4.000000 4.472136 4.898979
```

## 等号の検出

プログラミングにおいて，2つの計算値が等しいかどうかを検査するときには，注意が必要である．「正確に等しい」ということは機械の精度に依存している，このことをみんな理解しているとRは見なしている．数値のほとんどは，53桁の2進数の精度に丸められる．そのため，2つの浮動小数点表記の数値は同じアルゴリズムで計算されない限り確実に等しい結果になるとは限らないだろうし，そうであったとしても常に真に等しいとは言えない．このことは，2の平方根の平方によって確かめられる．それは確実に元の値2に戻るだろうか？

```
x <- sqrt(2)
x*x == 2
[1] FALSE
```

引き算によって，2つの値がどれぐらい異なっているか見ることができる．

```
x*x - 2
[1] 4.440892e-16
```

## 型の検査と強制変換

オブジェクトは型をもち，それは「is.型」形式の関数を使って調べることができる（表A.6を参照）．例えば，数学的な関数には数値型オブジェクトの入力が想定されるし，文書処理関数には文字列型オブジェクトの入力が期待される．オブジェクトのいくつかの型は他の型へ強制変換できる（再度，表A.6を参照）．強制変換でよく知られているのは，論理型変数の値TRUEとFALSEをそれぞれ数値1と0に解釈するものである．要因水準も数値に強制変換される．数値は文字列に強制変換できるが，非数値的文字列は数値には強制変換できない．

```
as.numeric(factor(c("a", "b", "c")))
[1] 1 2 3

as.numeric(c("a", "b", "c"))
[1] NA NA NA
 警告メッセージ：
 強制変換により NA が生成されました
```

表 A.6　検査と強制変換

| 型 | 検査 | 強制変換 |
|---|---|---|
| 配列（Array） | is.array | as.array |
| 文字列（Character） | is.character | as.character |
| 複素数（Complex） | is.complex | as.complex |
| データフレーム（Dataframe） | is.data.frame | as.data.frame |
| 倍精度（Double） | is.double | as.double |
| 要因（Factor） | is.factor | as.factor |
| バイト（Raw） | is.raw | as.raw |
| リスト（List） | is.list | as.list |
| 論理（Logical） | is.logical | as.logical |
| 行列（Matrix） | is.matrix | as.matrix |
| 数値（Numeric） | is.numeric | as.numeric |
| 時系列（Time series(ts)） | is.ts | as.ts |
| ベクトル（Vector） | is.vector | as.vector |

```
as.numeric(c("a", "4", "c"))
[1] NA  4 NA
警告メッセージ：
強制変換により NA が生成されました
```

複素数は数値に強制変換されると，虚部が失われる．従って，`is.complex` と `is.numeric` が共に TRUE になることはない．

表形式のオブジェクトをベクトルに強制変換するとき，`as.vector` を用いてそのオブジェクトの `dimnames` を取り除くという簡単なやり方がよく使われる．行列も `as.data.frame` でデータフレームに簡単に強制変換できる．検査の多くでは，関数に間違った型が与えられたときのエラーメッセージを返すために否定演算子（`!`）と組み合わせて利用する．例えば，幾何平均を計算する関数を作りたいとすると，`!is.numeric` 関数を用いて，入力が数値であることを確かめる検査を行いたいだろう．

```
geometric <- function(x){
   if(!is.numeric(x)) stop("入力は数値でなくてはいけません！")
   exp(mean(log(x)))
   }
```

次のように文字列データの幾何平均を求めようとすると，

```
geometric(c("a", "b", "c"))
以下にエラー geometric(c("a", "b", "c")) : 入力は数値でなくてはいけません！
```

また，入力の中に 0 や負数がないか検査しておきたいだろう．そのようなデータの幾何平均を求めても意味がないからである．

```
geometric <- function(x){
    if(!is.numeric(x)) stop("入力は数値でなくてはいけません！")
    if(min(x) <= 0) stop("入力は正数でないといけません！")
    exp(mean(log(x)))
}
```

試してみよう.

```
geometric(c(2, 3, 0, 4))
以下にエラー geometric(c(2, 3, 0, 4)) : 入力は正数でないといけません！
```

データに問題が無い場合は，メッセージは出ず，正しく数値解を返してくれる．

```
geometric(c(10, 1000, 10, 1, 1))
[1] 10
```

## 日付と時刻（日時データ）

　時刻の測定は高度に特異的な作業である．毎年，週の異なる曜日から始まる．月によって日数は異なる．閏年には 2 月の日数が増える．アメリカとイギリスとでは日付の表記で日と月の位置が入れ替わる（例えば，3/4/2006 と書くと，前者では 3 月 4 日，後者では 4 月 3 日）．閏秒を加える年も不定期に存在する．1 年間の標準時間は 1900 年の太陽年をもとに設定されているが，その年以降，潮汐による影響により地球の自転速度が減速しているためである．原子時計を遅くする必要があったということの累積的な結果が，閏秒の絶え間ない挿入ということなのである（1958 年以来 32 回）．今日，閏秒を無くし，「閏分」を世紀ごとに入れるなどという議論も行われている．各国での時刻を求めようとすると，時間帯の設定や夏時間の採用などで複雑である．このように，日付や時刻に関係した作業は煩雑きわまりないのである．しかしながら幸いにも，R はこの複雑さを扱う頑健なシステムをもっている．R が日時をどのように扱うか，Sys.time() を見てみよう．

```
Sys.time()
[1] "2015-08-17 12:37:53 JST"
```

結果は厳密に左から右へと階層的である．最長の時間尺度（年 = 2015）が最初で，次にハイフン - で区切られて月（08）日（17）が続き，空白があり，時間（12，24 時間表記）分（37）秒（53）がコロン : で区切られて表示される．最後にある文字列 JST は日本標準時を表す [3]．もちろん，知っておくべきことがさらにある．日時を扱いやすくするために，R は POSIX (Portable Operating System Interface) [4] を採用する．

---

[3] ここは，日本語バージョンの結果を示した．原著では最後の文字列は GMT であり，グリニッジ標準時（Greenwich Mean Time）を表す．
[4] 異なる OS 間のアプリケーションの移植を容易にするために設定された規格．

```
class(Sys.time())
[1] "POSIXct" "POSIXt"
```

時間を表現するための 2 つの異なるやり方がある．どちらもそれぞれに役に立つ．時間を説明変数として回帰分析を行いグラフを描いたりするとき，時間を連続変数として利用したいだろう．一方，統計量の要約を作成したいとき（例えば，月々のデータが長年に渡る場合），月を 12 水準の要因として扱いたいだろう．R はこの違いを 2 つのクラス POSIXct と POSIXlt で使い分ける．前者の ct の付くクラスは，連続時間（continuous time，秒数）であると考えるとよい．後者の lt の付くクラスは，リスト時間（list time，曜日などの時間の分類的な概念を表す名前をもった要素のリスト）である．このような略語を覚えるのは大変だが，そうする価値はある．上で見たように，Sys.time は ct と t の両方のクラスに属している．lt クラスに属する時間はまた t クラスに属している．POSIXt クラスに属するということは，オブジェクトが時間であるということを教えているだけであり，どのような種類の時間であるかを示しているわけではなく，連続時間 ct とリスト時間 lt の違いを区別できない．もちろん，この 2 種類の時間を互いに変換しあうのは簡単である．

```
time.list <- as.POSIXlt(Sys.time())
class(time.list)
[1] "POSIXlt" "POSIXt"
unlist(time.list)
  sec  min hour mday  mon year wday yday isdst
   53   37   12   17    7  115    1  228     0
```

クラス POSIXlt の 9 個の要素が見てとれる[5]．時間は秒（sec），分（min），時（hour，24 時間表記）と表され，次に日（mday，1 から始まる），月（mon，0 から始まる多分に非直感的表記であるが，現時点までにすでに経過してしまった月数と考えられる），年（year，1900 年を 0 年として数え始める）が続く．曜日（wday）は日曜の 0 から土曜の 6 までで表記する．年内の経過日数（yday）は 1 月 1 日を 0 として表す（これも現時点までに経過した日数）．最後にくる論理型変数 isdst は夏時間（daylight saving time）が採用されているかどうかを示す（この例での 0 = FALSE は夏時間ではないことを表す）．

よく使うのは，year（年平均を求めるとき），mon（月平均を求めるとき），wday（曜日毎の平均を求めたいとき，「金曜のデータは土曜のものとどう異なるか」などと知りたいときに便利）などである．

この日時オブジェクトのもつ要素名 sec, min, hour, mday, mon, year, wday, yday, isdst に名称演算子 $ を付けて，それぞれのもつ値を取り出すことができる．次の例では，曜日（date$wday = 0 は日曜日を表すことに注意する）とユリウス日（1 月 1 日からの経過日数）を取り出している．

```
time.list$wday
[1] 1
```

---

[5] R 3.2.2 ではさらに zone（時間帯，日本なら JST）と gmtoff（GMT との時刻差，日本なら 32400（秒単位，9 時間））が追加されている

```
time.list$yday
[1] 228
```

今日は月曜で，年初から 229 日目であることを示している（ここまで，228 日が過ぎている）．

Rに日時を読み込む方法は知っておくべきである．よく使われる 2 つのやり方を説明しよう．

- エクセルで用いる日付
- 年，月，日，時間，分，秒を表す別々の変数に納められた日時

エクセルの日付表記は，数値データをスラッシュ / で区切るやり方である．日付を与える英国式は `day/month/year` であるが，米国式は `month/day/year` である．1 桁の数で表される日や月は頭に 0 を伴うので，03/05/2015 は英国式では 5 月 3 日であるが米国式では 3 月 5 日である．スラッシュがあることから分かるように，これは文字列であって数値ではない．R は外部ファイルからこれらをデータフレームに読み込むとき，要因であると見なす．そのため，`strptime`（stripping the time，文字列から「時間を裸にする」と覚える）関数を用いて，要因を日時オブジェクトに変換しなければならない．では，エクセルの日付表記データをデータフレームに読み込むことから始めよう[6]．

```
data <- read.table("c:\\temp\\date.txt", header=T)
head(data)
  x      date
1 3 15/06/2014
2 1 16/06/2014
3 6 17/06/2014
4 7 18/06/2014
5 8 19/06/2014
6 9 20/06/2014
```

見てのとおり，日付だとは R は認識していない．

```
attach(data)
class(date)
[1] "factor"
```

関数 `strptime` は引数に要因名（ここでは，`date`）と書式を必要とする．書式には，文字列の要素が表しているものと区切り記号（この例ではスラッシュ）を正確に指示する．次の例では，日（`%d`）が最初にきて，スラッシュ /，次に月（`%m`），スラッシュ /，年（`%Y`）と続く．年は 4 桁表示であることを指示している．短縮形の 2 桁表示ならば，小文字の `%y` を指定する．変換した日付に次のように新たな名前を与えよう．

---

[6] 次の `date.txt` は著者のウェブサイトで公開されていなかったので，訳者が作成した．そのため，解析結果が原著とはやや異なっている．

```
Rdate <- strptime(date, "%d/%m/%Y")
class(Rdate)
[1] "POSIXlt" "POSIXt"
```

これで十分だ．では，日付に関係した計算をやってみよう．例えば，曜日ごとの `x` の平均値はどうなっているか？変数 `Rdate` において曜日名が `wday` にあることを知っておく必要がある．

```
tapply(x, Rdate$wday, mean)
   0    1    2    3    4    5    6
5.60 2.80 5.00 7.75 8.75 9.75 9.00
```

月曜日（day 1）が最も少なく，金曜日が最も多い（day 5）．

　日付や時刻を表すいくつかの変数（例えば，時間，分，秒などを別々に）をもっているデータファイルに対して `paste` 関数を利用すると，適当な区切り記号（日付に対してはハイフン `-`，時刻に対してはコロン `:` など）を使って1つの文字列へと結合することができる．次のデータファイルを扱ってみよう．

```
time <- read.csv("c:\\temp\\times.csv")
attach(time)
head(time)
  hrs min sec experiment
1   2  23   6          A
2   3  16  17          A
3   3   2  56          A
4   2  45   0          A
5   3   4  42          A
6   2  56  25          A
```

コロンを区切り記号に用いて `paste` 関数により時刻ベクトル `y` を作る．

```
y <- paste(hrs, min, sec, sep=":")
y
 [1] "2:23:6"  "3:16:17" "3:2:56"  "2:45:0"  "3:4:42"  "2:56:25"
 [7] "3:12:28" "1:57:12" "2:22:22" "1:42:7"  "2:31:17" "3:15:16"
[13] "2:28:4"  "1:55:34" "2:17:7"  "1:48:48"
```

次に，R がこの文字列を日付あるいは時刻であると認識できるようなものに変換する必要がある．ここで `strptime` 関数を利用すると，R は自動的に今日の日付を `POSIXct` オブジェクトに追加する．ただし，`"%T"` は `"%H:%M:%S"` の略記である．詳しくコード全体を知りたければ，*The R Book* (Crawley, 2013) を参照せよ．

```
strptime(y, "%T")
 [1] "2015-05-23 02:23:06" "2015-05-23 03:16:17" "2015-05-23 03:02:56"
 [4] "2015-05-23 02:45:00" "2015-05-23 03:04:42" "2015-05-23 02:56:25"
 ....
```

日時データではなく，時間データのみが必要な場合は，そのような変数を作成するために，`as.POSIXct` 関数よりも `as.difftime` 関数を使いたがるかもしれない．

```
(Rtime <- as.difftime(y))
Time differences in hours
 [1] 2.385000 3.271389 3.048889 2.750000 3.078333 2.940278 3.207778
 [8] 1.953333 2.372778 1.701944 2.521389 3.254444 2.467778 1.926111
[15] 2.285278 1.813333
```

ここでは，すべてを時間単位の十進法表示に変換している（ただし，1 時間以上の要素がない場合は，分単位に変換する）．変数 `experiment` の 2 水準 (`A` と `B`) それぞれで平均時間を求めてみよう．

```
tapply(Rtime, experiment, mean)
       A        B
2.829375 2.292882
```

## 日付と時刻データを使った計算

日付間の引き算はできるが，加え合わせることはできない．日時に許されるのは次の計算である．

- [時刻] ＋ [数値]
- [時刻] － [数値]
- [時刻 1] ＋ [時刻 2]
- [時刻 1] [論理演算子] [時刻 2]

ただし，[論理演算子] は `==`, `!=`, `<`, `<=`, `>`, `>=` のいずれかである．

把握しておくべきは，どのような計算でも始める前に，日時データを `POSIXlt` オブジェクトに変換しておく，ということである．一旦 `POSIXlt` オブジェクトに変換されると，平均や引き算などそのままできるようになる．2 つの日付：2015 年 10 月 22 日と 2018 年 10 月 22 日 との間の日数を求めたいときは

```
y2 <- as.POSIXlt("2018-10-22")
y1 <- as.POSIXlt("2015-10-22")
```

こうすることで次の計算に進むことができる．

```
y2 - y1
Time difference of 1096 days
```

2つの日付を加算することはできない．時刻の差を求めることは簡単である．日付はハイフンで区切られるが，時刻はコロンで区切られることに注意する．

```
y3 <- as.POSIXlt("2018-10-22 09:30:59")
y4 <- as.POSIXlt("2018-10-22 12:45:06")
y4 - y3
Time difference of 3.235278 hours
```

あるいは，`difftime` 関数を用いることもできる．

```
difftime("2018-10-22 12:45:06", "2018-10-22 09:30:59")
Time difference of 3.235278 hours
```

日付と時刻オブジェクトに論理演算子を用いる例を挙げよう．`y4` は `y3` よりも後かどうか知りたいとき

```
y4 > y3
[1] TRUE
```

## str 関数を用いて R オブジェクトの構造を理解する

R セッションでの変数がどのようなオブジェクトなのか，その理解に必要な単純かつ重要な関数 `str` を紹介してこの章を終えよう．だんだん複雑になる構造の 3 つのオブジェクト（数ベクトル，いろいろなクラスに所属する要素のリスト，線形モデル）を見てみよう．

```
x <- runif(23)
str(x)
num [1:23] 0.54 0.705 0.458 0.622 0.349 ...
```

変数 `x` は長さ 23（`[1:23]`）の数値（`num`）ベクトルであることが分かる．最初の 5 個の値も表示されている（0.54, ...）．

次の変数 `basket` はリストである．さらに複雑な構造をもっている．

```
basket <- list(rep("a", 4), c("b0", "b1", "b2"), 9:4, gl(5, 3))
basket
[[1]]
[1] "a" "a" "a" "a"

[[2]]
[1] "b0" "b1" "b2"
```

```
[[3]]
[1] 9 8 7 6 5 4

[[4]]
 [1] 1 1 1 2 2 2 3 3 3 4 4 4 5 5 5
Levels: 1 2 3 4 5
```

最初の要素は長さ 4 の（すべて"a"）の文字列ベクトル，2 番目は 3 つの異なる文字列からなるベクトル，3 番目は数値ベクトル，4 番目は長さ 12 で 5 水準をもつ要因である．次は str 関数を適用した結果である．

```
str(basket)
List of 4
 $ : chr [1:4] "a" "a" "a" "a"
 $ : chr [1:3] "b0" "b1" "b2"
 $ : int [1:6] 9 8 7 6 5 4
 $ : Factor w/ 5 levels "1","2","3","4",..: 1 1 1 2 2 2 3 3 3 4 ...
```

まずリストの長さ（4）が表示され，4 つの要素の属性が続く．最初の 2 つは文字列（chr），3 番目は整数（int），4 番目は 5 水準の要因である．

最後に，複雑な構造をもつ例として，2 次多項式を当てはめる線形モデルを見てみよう．

```
xv <- seq(0, 30)
yv <- 2 + 0.5*xv + rnorm(31, 0, 2)
model <- lm(yv~xv + I(xv^2))
str(model)
List of 12
 $ coefficients : Named num [1:3] 1.146567 0.543379 0.000517
  ..- attr(*, "names")= chr [1:3] "(Intercept)" "xv" "I(xv^2)"
 $ residuals    : Named num [1:31] -0.618 0.376 -1.979 4.053 -1.656 ...
  ..- attr(*, "names")= chr [1:31] "1" "2" "3" "4" ...
 $ effects      : Named num [1:31] -52.643 27.832 -0.206 4.191 -1.604 ...
  ..- attr(*, "names")= chr [1:31] "(Intercept)" "xv" "I(xv^2)" "" ...
 $ rank         : int 3
 $ fitted.values: Named num [1:31] 1.15 1.69 2.24 2.78 3.33 ...
  ..- attr(*, "names")= chr [1:31] "1" "2" "3" "4" ...
 $ assign       : int [1:3] 0 1 2
 $ qr           :List of 5
  ..$ qr   : num [1:31, 1:3] -5.568 0.18 0.18 0.18 0.18 ...
  .. ..- attr(*, "dimnames")=List of 2
  .. .. ..$ : chr [1:31] "1" "2" "3" "4" ...
  .. .. ..$ : chr [1:3] "(Intercept)" "xv" "I(xv^2)"
  .. ..- attr(*, "assign")= int [1:3] 0 1 2
  ..$ qraux: num [1:3] 1.18 1.24 1.13
```

```
  ..$ pivot: int [1:3] 1 2 3
  ..$ tol  : num 1e-07
  ..$ rank : int 3
  ..- attr(*, "class")= chr "qr"
 $ df.residual  : int 28
 $ xlevels      : Named list()
 $ call         : language lm(formula = yv ~ xv + I(xv^2))
 $ terms        : Classes 'terms', 'formula' length 3 yv ~ xv + I(xv^2)
  .. ..- attr(*, "variables")= language list(yv, xv, I(xv^2))
  .. ..- attr(*, "factors")= int [1:3, 1:2] 0 1 0 0 0 1
  .. .. ..- attr(*, "dimnames")=List of 2
  .. .. .. ..$ : chr [1:3] "yv" "xv" "I(xv^2)"
  .. .. .. ..$ : chr [1:2] "xv" "I(xv^2)"
  .. ..- attr(*, "term.labels")= chr [1:2] "xv" "I(xv^2)"
  .. ..- attr(*, "order")= int [1:2] 1 1
  .. ..- attr(*, "intercept")= int 1
  .. ..- attr(*, "response")= int 1
  .. ..- attr(*, ".Environment")=<environment: R_GlobalEnv>
  .. ..- attr(*, "predvars")= language list(yv, xv, I(xv^2))
  .. ..- attr(*, "dataClasses")= Named chr [1:3] "numeric" "numeric" "numeric"
  .. .. ..- attr(*, "names")= chr [1:3] "yv" "xv" "I(xv^2)"
 $ model        : 'data.frame':  31 obs. of 3 variables:
  ..$ yv     : num [1:31] 0.529 2.066 0.257 6.834 1.672 ...
  ..$ xv     : int [1:31] 0 1 2 3 4 5 6 7 8 9 ...
  ..$ I(xv^2): Class 'AsIs' num [1:31] 0 1 4 9 16 25 36 49 64 81 ...
  ..- attr(*, "terms")=Classes 'terms', 'formula' length 3 yv ~ xv + I(xv^2)
  .. .. ..- attr(*, "variables")= language list(yv, xv, I(xv^2))
  .. .. ..- attr(*, "factors")= int [1:3, 1:2] 0 1 0 0 0 1
  .. .. .. ..- attr(*, "dimnames")=List of 2
  .. .. .. .. ..$ : chr [1:3] "yv" "xv" "I(xv^2)"
  .. .. .. .. ..$ : chr [1:2] "xv" "I(xv^2)"
  .. .. ..- attr(*, "term.labels")= chr [1:2] "xv" "I(xv^2)"
  .. .. ..- attr(*, "order")= int [1:2] 1 1
  .. .. ..- attr(*, "intercept")= int 1
  .. .. ..- attr(*, "response")= int 1
  .. .. ..- attr(*, ".Environment")=<environment: R_GlobalEnv>
  .. .. ..- attr(*, "predvars")= language list(yv, xv, I(xv^2))
  .. .. ..- attr(*, "dataClasses")= Named chr [1:3] "numeric" "numeric" "numeric"
  .. .. .. ..- attr(*, "names")= chr [1:3] "yv" "xv" "I(xv^2)"
 - attr(*, "class")= chr "lm"
```

この複雑な構造は 12 個のオブジェクトのリストからなり，変数から始まり，その値，係数，残差，処理効果などのモデルの全ての詳細が記述されている．

## 参考文献

Crawley, M. J. (2013) *The R Book, 2nd edn*, John Wiley & Sons, Chichester.

## 発展

Chambers, J. M. and Hastie, T. J. (1992) *Statistical Models in S*, Wadsworth & Brooks/Cole, Pacific Grove, CA.（邦訳：柴田里程 訳，『S と統計モデル データ科学の新しい波』，共立出版，1994.）

R Development Core Team (2014) *R: A Language and Environment for Statistical Computing, R Foundation for Statistical Computing*, Vienna, Avaialble from `http://www.R-project.org`.

Venables, W. N. and Ripley, B. D. (2002) *Modern Applied Statistics with S-PLUS*, 4th edn, Springer-Verlag, New York.（第 3 版の邦訳：伊藤幹夫他 訳，『S-PLUS による統計解析』，シュプリンガー・フェアラーク東京，2001.）

# 索 引

**【記号・欧数字】**

| | |
|---|---|
| ! | 347 |
| %% | 51, 326 |
| %/% | 326 |
| * | 329 |
| / | 51 |
| : | 329, 330 |
| ^ | 52, 329 |
| ~ | 128 |
| 1元配置分散分析 | 165 |
| 2元配置分散分析 | 165 |
| 2項係数 | 226 |
| 2項検定 | 99, 109, 111 |
| 2値ロジスティック解析 | 2 |
| 3元配置分散分析 | 165 |
| $\chi^2$ 検定 | 99, 111, 113 |

**【A】**

| | |
|---|---|
| abline | 58, 131, 148 |
| abs | 325 |
| aggregate | 33 |
| AIC | 155 |
| along = | 329, 339 |
| ANCOVA | 1, 203 |
| ANOVA | 1, 165 |
| anova | 208, 242 |
| aov | 171, 174, 237, 239, 242–244 |
| apply | 345 |
| as.character | 276 |
| as.data.frame | 347 |
| as.difftime | 352 |
| as.matrix | 117 |
| as.numeric | 123, 167, 209, 271, 346 |
| as.POSIXct | 352 |
| as.POSIXlt | 349, 352 |
| as.vector | 186, 295, 331, 347 |
| attach | 22, 27 |
| attributes | 339 |

**【B】**

| | |
|---|---|
| barplot | 44, 178, 179, 184 |
| beside = TRUE | 44 |
| bg = | 7 |
| binary | 344 |
| binom.test | 110 |

**【B】** (続き)

| | |
|---|---|
| boxplot | 103 |
| boxplot.stats | 91 |
| breaks = | 80 |
| byrow = T | 339 |

**【C】**

| | |
|---|---|
| c | 49, 330, 337 |
| cbind | 171, 239 |
| ceiling | 50, 325, 327 |
| character | 340 |
| chisq.test | 99, 115 |
| choose | 325 |
| class | 339, 349 |
| col = | 53, 179 |
| contrasts | 239 |
| coplot | 41 |
| cor | 120 |
| cor.test | 99, 122 |
| correct = F | 116 |
| cos | 325 |
| curve | 154 |

**【D】**

| | |
|---|---|
| deparse | 179 |
| diff | 78 |
| digits = | 324 |
| dim | 117, 339, 340 |
| dimnames | 347 |
| dnbinom | 278 |
| dnorm | 81, 93 |
| dpois | 276 |
| dt | 94 |

**【E】**

| | |
|---|---|
| else | 51 |
| error.bars | 179 |
| exp | 53, 324, 325 |
| exponential | 320 |
| extreme | 320 |

**【F】**

| | |
|---|---|
| F | 26 |
| factor | 39, 103, 196, 242, 267 |
| factorial | 116, 325 |
| FALSE | 25 |

```
family = binomial........................ 302
family = poisson......................... 257
fill =..................................... 45
fisher.test.................... 99, 117, 118
floor................................ 325, 327
for................................... 67, 132
function........................ 49, 62, 341
F 比....................................... 65
```

## 【G】

```
gam................................ 160, 218
gamma.................................. 325
gaussian................................ 320
geometric............................... 347
glm.......................... 258, 259, 261
gray.............................. 179, 184
```

## 【H】

```
head..................................... 35
hist..................................... 80
```

## 【I】

```
I...................................... 312
if...................................... 51
ifelse............................. 329, 344
in...................................... 67
Inf.................................... 327
influence.measures..................... 163
interaction.plot....................... 191
is.complex............................. 347
is.finite.............................. 328
is.infinite............................ 328
is.matrix.............................. 340
is.na.................................. 329
is.numeric............................. 347
```

## 【J】

```
jitter................................ 296
```

## 【K】

```
kurtosis............................... 98
```

## 【L】

```
labels =............................... 338
legend =............................... 45
length............................. 48, 342
levels............................ 184, 242
library................................ 160
lines............................... 53, 82
list................................... 353
lm.......................... 128, 206, 207
locator................................ 44
log........................... 53, 323, 325
```

```
logistic............................... 320
LSD.................................... 182
lty =................................... 58
```

## 【M】

```
main =................................. 43
match.................................. 344
matrix............................ 115, 339
max.................................... 78
mean...................... 49, 67, 81, 342
med.................................... 342
median............................. 52, 343
method = "k"........................... 120
method = "p"........................... 120
method = "s"........................... 120
method = "spearman".................... 122
mfrow =................................ 40
mgcv............................. 218, 311
min.................................... 78
```

## 【N】

```
NA........................ 18, 19, 34, 328
na.rm = TRUE........................... 328
names =................................ 179
NaN.................................... 328
nls.................................... 157
notch = T.............................. 103
nrow =............................ 115, 339
numeric........... 71, 80, 92, 134, 278, 344
```

## 【O】

```
options................................ 324
order.................................. 30
overlap =.............................. 42
```

## 【P】

```
paired = T............................. 108
pairs.................................. 217
panel.smooth........................... 41
panel =............................ 41, 218
par.................................... 40
paste.................................. 351
pch =.................................... 7
pf........................... 65, 142, 170
pi..................................... 324
plot................................... 53
pnorm.................................. 84
points............................ 67, 161
polygon................................ 89
POSIX.................................. 348
POSIXct................................ 349
POSIXlt................................ 349
POSIXt................................. 349
predict..................... 131, 158, 260
```

prop.test .................................. 99, 111
pt ........................................... 93
$p$ 値 ......................................... 4

## 【Q】

Q-Q プロット .............................. 147, 171
qchisq ...................................... 115
qf .............................. 99, 141, 142, 170
qnorm ........................................ 84
qqline ....................................... 89
qqnorm .................................... 89, 147
qt ......................................... 69, 93
quantile ..................................... 71
quasibinomial .............................. 302
quasipoisson ................................ 259

## 【R】

$r$ ............................................ 136
$r^2$ ........................................... 145
range ..................................... 57, 78
rank ........................................ 106
read.csv ..................................... 26
read.table .................................. 350
rep .................................... 53, 80, 336
replace = .............................. 71, 92, 229
rev ....................................... 31, 334
right = TRUE ................................. 79
rnorm ........................................ 66
round ...................................... 325
rpart ...................................... 219
runif .................................... 325, 353

## 【S】

s ........................................ 160, 218
sample ................................. 71, 92, 229
scan ....................................... 330
sd .......................................... 81
sd = ........................................ 67
seq ................................... 67, 329, 338
sin ........................................ 325
skew ........................................ 95
sort ..................................... 49, 334
split ...................................... 296
sqrt .................................. 324, 325, 346
$SSA$ ........................... 169, 173, 207, 245
$SSB$ ....................................... 169
$SSC$ ....................................... 169
$SSE$ .............................. 136, 146, 169
$SSR$ .................................. 136, 146
$SSX$ .................................. 135, 136
$SSXY$ .................................. 135–137
$SSY$ .................... 135, 136, 146, 169, 207
step ....................................... 309
str ........................................ 354

strsplit ................................... 341
substitute ................................. 179
substr ..................................... 340
sum ..................................... 48, 342
summary ................................. 32, 75
summary.aov ............................... 145
summary.lm ........................... 174, 238
Surv ...................................... 318
survfit ................................... 318
survreg ................................... 318
Sys.time() ................................ 348

## 【T】

T ........................................... 26
t .......................................... 340
t.test ............................ 99, 104, 105
table ....................... 37, 78, 275, 341
tapply ................. 33, 44, 106, 171, 177
test = "Chi" .............................. 269
test="F" .................................. 263
text ....................................... 58
tolower ................................... 341
toupper ................................... 341
tree ...................................... 224
TRUE ....................................... 25
trunc ..................................... 325
type = "b" ................................. 71
type = "l" ................................. 53
type = "n" ........................... 66, 71, 85
type = "response" ......................... 260
$t$ 分布 ....................................... 69

## 【U】

update .................................... 221

## 【V】

var ........................................ 62
var.equal = TRUE .......................... 104
var.test ............................ 65, 99, 101

## 【W】

which ............................ 35, 329, 335
while ..................................... 344
wilcox.test ...................... 91, 99, 106
windows ............................... 40, 276
with ....................................... 33

## 【X】

xlab = ..................................... 71
xlim = ..................................... 85

## 【Y】

ylab = ..................................... 53

ylim = ..................................... 53, 81, 85

## 【あ】

逸脱度 ........................................ 253
一般化加法モデル .................... 42, 160, 217
入れ子の計画と分割区画 ..................... 190

ウィルコクソンの順位和検定 ...... 99, 102, 105
上側ヒンジ ..................................... 76
ウェルチ検定 .................................. 102
打ち切りデータ ............................... 317

応答変数 ................................... 1, 125
オッカムの剃刀 .................................. 9
オッズ ........................................ 284

## 【か】

外因的な別名表記 ............................. 18
回帰 .............................................. 1
回帰係数 ..................................... 127
回帰直線 ..................................... 129
回帰分析 ..................................... 125
回帰平方和 .................................. 136
階乗 .......................................... 116
片側検定 ....................................... 99
過分散 .................................. 259, 261
関数 ............................................ 48
観測頻度 ..................................... 112
管理 ............................................. 9

幾何平均 ....................................... 52
棄却 .......................................... 3, 4
棄却限界値 .................................... 99
擬似反復 ................................ 17, 190
期待頻度 ..................................... 112
擬ポアソン誤差 ....................... 259, 261
帰無仮説 ........................................ 3
凝集母数 ..................................... 277
共分散 ....................................... 107
共分散分析 .............................. 1, 203
共変量 ....................................... 211

クック距離 ................................... 147

係数 .......................................... 129
計数 .................................... 111, 257
欠測値 ....................................... 328
決定係数 ..................................... 146
検出力 ......................................... 11
検定統計量 ..................................... 4
ケンドールの $\tau$ 検定 ................... 120

効果の大きさ ................................ 170
交互作用 ............................. 165, 207, 211

交互作用プロット ............................. 44
誤差の独立性 .................................. 17
誤差分散 ............................... 138, 246
誤差平方和 ............................. 136, 169
誤差棒 ....................................... 177
固定効果 ............................... 14, 190
混合効果モデル ............................. 193

## 【さ】

最小 2 乗推定値 ............................. 129
最小モデル ..................................... 6
最小有意差 .................................. 182
最大尤度 ....................................... 6
採択 ............................................ 4
最頻値 ........................................ 47
最尤推定値 ........................ 6, 128, 129
差の標準誤差 ............................... 102
残差 ..................................... 58, 131
残差逸脱度 ............................... 6, 259
残差自由度 .................................. 259
算術平均 ....................................... 48

時間データ .................................. 315
事後対比 ..................................... 235
事前対比 .............................. 235, 238
下側ヒンジ .................................... 76
実験計画 ....................................... 8
四分位点 ....................................... 76
重回帰 ....................................... 213
修正積和 ..................................... 136
修正平方和 ............................. 173, 207
修正全平方和 ............................... 136
集団効果 ..................................... 194
自由度 ........................................ 60
十分モデル ..................................... 6
樹木モデル ............................. 42, 217
順序の問題 ............................. 206, 211
初期状態 ...................................... 18
処理効果の大きさ ........................... 174
処理対比 .......................... 176, 238, 240
処理平方和 ......................... 169, 207, 245
信頼区間 ...................................... 69

水準 ..................................... 1, 165
スチューデントの $t$ 分布 .................... 69
スチューデントの $t$ 検定 ............. 99, 102
スピアマンの順位相関 ........................ 99
スピアマンの $\rho$ 検定 .................... 120

正確確率検定 ............................... 116
生存解析 ................................. 2, 317
説明変数 ................................. 1, 125
節約の原則 ..................................... 9
線形回帰 ..................................... 127

| | | | |
|---|---|---|---|
| 線形構造 | 252 | 反復 | 10 |
| 線形モデル | 128 | ピアソンの $\chi^2$ | 113 |
| 線形予測子 | 252 | ピアソンの積率相関 | 99 |
| 尖度 | 97 | ピアソンの積率相関係数の検定 | 120 |
| 全平方和 | 167, 169, 207 | 引数 | 65 |
| | | 非信頼度 | 68 |
| 相関係数 | 136, 146 | ヒストグラム | 77 |
| 添字選択 | 28 | 非線形回帰 | 156 |
| ソート | 30 | 非直交観測データ | 18 |
| | | 否定演算子 | 347 |
| | | 非復元抽出 | 229 |

【た】

| | | | |
|---|---|---|---|
| タイ | 105 | 被覆パーセント | 282 |
| 第1種の過誤 | 4 | 標準誤差 | 68 |
| 第2種の過誤 | 4 | 標準正規分布 | 83 |
| 第1四分位点 | 32, 76 | 比率 | 257 |
| 第3四分位点 | 32, 76 | 比率データ | 281 |
| 対数線形モデル | 1 | ヒンジ散布度 | 76 |
| 対数連結 | 257 | 頻度 | 257 |
| 対比 | 235 | | |
| 対比係数 | 236 | フィッシャーの $F$ 検定 | 99 |
| 対比分散 | 246 | フィッシャーの正確確率検定 | 99, 116 |
| 対比平方 | 245 | ブートストラップ | 70 |
| 多項式回帰 | 153 | 復元抽出 | 70, 71 |
| 多重比較 | 19 | 不偏最小分散推定量 | 6 |
| | | 分位点 | 69 |
| 中央値 | 49 | 分割区画実験 | 190 |
| 中心極限定理 | 79 | 分割表 | 111 |
| 調和平均 | 54 | 分散 | 61, 62 |
| 直交計画 | 18 | 分散成分分析 | 200 |
| | | 分散分析 | 1, 165 |
| 対標本データ | 107 | 分散分析表 | 140, 170 |
| 強い推測 | 15 | | |
| | | 平滑化関数 | 218 |
| データフレーム | 25 | 平均平方偏差 | 60 |
| 適合値 | 131, 253 | 平方和 | 60 |
| 適合直線 | 131 | 別名表記 | 18, 176 |
| 適合度の指標 | 145 | ベルヌーイ分布 | 301 |
| てこ比 | 147, 163 | 変換 | 148 |
| テューキーの正直有意差 | 19 | 偏差 | 58 |
| | | 変動効果 | 13 |
| 統括関数 | 20 | 変量効果 | 190 |
| 独立 | 112 | | |
| | | ポアソン誤差 | 257, 258 |

【な】

| | | | |
|---|---|---|---|
| 内因的な別名表記 | 18 | | |
| 並べ替え | 30 | | |

【ま】

| | | | |
|---|---|---|---|
| 年齢効果 | 194 | 無作為化 | 12 |
| ノンパラメトリック検定 | 107 | メディアン | 49 |
| | | モード | 47 |
| | | モデル検査 | 146 |

【は】

| | | | |
|---|---|---|---|
| パーセント変化率 | 282 | モデル選択 | 5 |
| 箱ヒゲ図 | 76, 177, 178 | | |

## 【や】

有意 ................................................. 3
有意水準 .............................. 3, 114, 115
有意性 ............................................... 3

要因 ............................................. 1, 165
要因計画 ......................................... 165
要因実験 ......................................... 183
要因水準 ..................................... 15, 19
要約統計量 ....................................... 32
予測値 ............................................. 131
弱い推測 ........................................... 16

## 【ら】

両側検定 .............. 65, 100, 103, 104, 109, 117

列優先 ............................................. 115
連結関数 ......................................... 254

ロジスティック回帰 ........................... 1
論理値 ............................................... 25

## 【わ】

歪度 ................................................. 95
割合 ............................................... 257
割合データ ..................................... 281

### 訳者紹介

**野間口謙太郎**（のまぐち　けんたろう）

- 1951 年　生まれ
- 1974 年　九州大学理学部数学科卒業
- 現　在　高知大学理学部名誉教授・理学博士
- 専　攻　数理統計学
- 著　書　『一般線形モデルによる生物科学のための現代統計学』（グラフェン，ヘイルス著，共立出版（2007 年），共訳）
  『統計データ科学事典』（朝倉書店（2007 年），分担執筆）

**菊池泰樹**（きくち　やすき）

- 1953 年　生まれ
- 1977 年　東京工業大学理学部情報科学科卒業
- 現　在　長崎大学大学院医歯薬学総合研究科保健学専攻准教授・博士（数理学）
- 専　攻　数理統計学
- 著　書　『統計科学の最前線』（九州大学出版会（2003 年），分担執筆）
  『統計データ科学事典』（朝倉書店（2007 年），分担執筆）
  『統計学：R を用いた入門書』（クローリー著，共立出版（2008 年），共訳）

---

| 統計学：R を用いた入門書<br>改訂第 2 版 | 著　者　Michael J. Crawley |
|---|---|
| 原題：Statistics: An Introduction using R<br>Second Edition | 訳　者　野間口謙太郎・菊池泰樹　ⓒ 2016 |
| 2008 年 5 月 10 日　初版 1 刷発行<br>2012 年 9 月 15 日　初版 6 刷発行<br>2016 年 4 月 10 日　改訂第 2 版 1 刷発行 | 発行者　南條光章 |

発行所　**共立出版株式会社**

〒 112-0006
東京都文京区小日向 4-6-19
電話番号 03-3947-2511（代表）
振替口座 00110-2-57035

共立出版 (株) ホームページ
http://www.kyoritsu-pub.co.jp/

印　刷　藤原印刷
製　本

一般社団法人
自然科学書協会
会員

検印廃止
NDC 417, 007
ISBN 978-4-320-11154-7

Printed in Japan

---

**JCOPY** ＜出版者著作権管理機構委託出版物＞

本書の無断複製は著作権法上での例外を除き禁じられています．複製される場合は，そのつど事前に，出版者著作権管理機構（TEL：03-3513-6969，FAX：03-3513-6979，e-mail：info@jcopy.or.jp）の許諾を得てください．

# Rで学ぶデータサイエンス

金 明哲 編 ［全20巻］

本シリーズは、Rを用いたさまざまなデータ解析の理論と実践的手法を、読者の視点に立って「データを解析するときはどうするのか？」「その結果はどうなるか？」「結果からどのような情報が導き出されるのか？」をわかりやすく解説。

## ❶ カテゴリカルデータ解析
藤井良宜著　カテゴリカルデータ／カテゴリカルデータの集計とグラフ表示／割合に関する統計的な推測／二元表の解析／他…192頁・本体3300円

## ❷ 多次元データ解析法
中村永友著　統計学の基礎的事項／Rの基礎的コマンド／線形回帰モデル／判別分析法／ロジスティック回帰モデル／他……264頁・本体3500円

## ❸ ベイズ統計データ解析
姜 興起著　Rによるファイルの操作とデータの視覚化／ベイズ統計解析の基礎／線形回帰モデルに関するベイズ推測他……248頁・本体3500円

## ❹ ブートストラップ入門
汪 金芳・桜井裕仁著　Rによるデータ解析の基礎／ブートストラップ法の概説／推定量の精度のブートストラップ推定他……248頁・本体3500円

## ❺ パターン認識
金森敬文・竹之内高志・村田 昇著　判別能力の評価／k-平均法／階層的クラスタリング／混合正規分布モデル／判別分析他…288頁・本体3700円

## ❻ マシンラーニング 第2版
辻谷將明・竹澤邦夫著　重回帰／関数データ解析／Fisherの判別分析／一般化加法モデル（GAM）による判別／樹形モデルとMARS他 288頁・本体3700円

## ❼ 地理空間データ分析
谷村 晋著　地理空間データ／地理空間データの可視化／地理空間分布パターン／ネットワーク分析／地理空間相関分析他……254頁・本体3700円

## ❽ ネットワーク分析
鈴木 努著　ネットワークデータの入力／最短距離／ネットワーク構造の諸指標／中心性／ネットワーク構造の分析他………192頁・本体3300円

## ❾ 樹木構造接近法
下川敏雄・杉本知之・後藤昌司著　分類回帰樹木法とその周辺／検定統計量に基づく樹木／データピーリング法とその周辺他…232頁・本体3500円

## ❿ 一般化線形モデル
粕谷英一著　一般化線形モデルとその構成要素／最尤法と一般化線形モデル／離散的データと過分散／擬似尤度／交互作用他…222頁・本体3500円

## ⑪ デジタル画像処理
勝木健雄・蓬来祐一郎著　デジタル画像の基礎／幾何学的変換／色、明るさ、コントラスト／空間フィルタ／周波数フィルタ他 258頁・本体3700円

## ⑫ 統計データの視覚化
山本義郎・飯塚誠也・藤野友和著　統計データの視覚化／Rコマンダーを使ったグラフ表示／Rにおけるグラフ作成の基本／他 236頁・本体3500円

## ⑬ マーケティング・モデル 第2版
里村卓也著　マーケティング・モデルとは／R入門／確率・統計とマーケティング・モデル／市場反応の分析と普及の予測他…200頁・本体3500円

## ⑭ 計量政治分析
飯田 健著　政治学における計量分析の役割／統計的推測の考え方／回帰分析1・2／パネルデータ分析／ロジット／他………160頁・本体3500円

## ⑮ 経済データ分析
野田英雄・姜 興起・金 明哲著　統計学の基礎／国民経済計算／Rに基本操作／時系列データ分析／産業連関分析／回帰分析他………続　刊

## ⑯ 金融時系列解析
川﨑能典著　時系列オブジェクトの基本操作／一変量時系列モデル／非定常性時系列モデル／時系列回帰分析／他………………続　刊

## ⑰ 社会調査データ解析
鄭 躍軍・金 明哲著　R言語の基礎／社会調査データの特徴／標本抽出の基本方法／社会調査データの構造／調査データの加工他 288頁・本体3700円

## ⑱ 生物資源解析
北門利英著　確率的現象の記述法／統計的推測の基礎／生物学的パラメータの統計的推定／生物学的パラメータの統計的検定他………続　刊

## ⑲ 経営と信用リスクのデータ科学
董 彦文著　経営分析の概要／経営実態の把握方法／経営成果の予測と関連要因／経営要因分析と潜在要因発見／他………248頁・本体3700円

## ⑳ シミュレーションで理解する回帰分析
竹澤邦夫著　線形代数／分布と検定／単回帰／重回帰／赤池の情報量基準（*AIC*）と第三の分散／線形混合モデル／他…………238頁・本体3500円

---

【各巻】B5判・並製本・税別本体価格
（価格は変更される場合がございます）

共立出版

http://www.kyoritsu-pub.co.jp/
https://www.facebook.com/kyoritsu.pub